普通高等院校计算机专业(本科)实用教程系列

Java 程序设计案例教程(第 3 版)

杨树林　胡洁萍　编　著

清华大学出版社
北　京

内 容 简 介

Java具有面向对象、与平台无关、安全、稳定和多线程等特点,是目前最流行的程序设计语言之一。全书共分为9章,按Java知识的系统性,由浅入深、循序渐进地介绍Java语言实用知识与编程技术,内容包括Java语言基础、控制结构与异常处理、Java面向对象编程、数组与集合、GUI程序设计、Java数据库编程、流和文件、Java多线程机制和Java网络编程。每部分内容既有示例,又有案例。通过示例帮助学生理解知识,通过案例将各知识点结合起来,指导学生应用知识,达到学以致用。教材中引进一些新知识和新方法,内容实用、重点突出、语言精练、案例典型,既方便学习,又便于应用。配备的课后习题参考了目前市场上常用的企业面试题,针对性强,训练价值大。为便于学习和实践,教材在每章开始给出了内容简介和教学目标,每章结束给出了实验题目。

本书内容丰富,实例典型,知识讲解系统,适合作为大中专院校计算机及其相关专业的教材或参考书,也适合作为软件开发人员及其他有关人员的自学参考书或培训教程。

本书封面贴有清华大学出版社防伪标签,无标签者不得销售。
版权所有,侵权必究。侵权举报电话: 010-62782989 13701121933

图书在版编目(CIP)数据

Java程序设计案例教程/杨树林,胡洁萍编著. --3版. --北京:清华大学出版社,2016(2020.2重印)
普通高等院校计算机专业(本科)实用教程系列
ISBN 978-7-302-42018-7

Ⅰ. ①J… Ⅱ. ①杨… ②胡… Ⅲ. ①JAVA语言-程序设计-高等学校-教材 Ⅳ. ①TP312

中国版本图书馆CIP数据核字(2015)第263115号

责任编辑: 郑寅堃 薛 阳
封面设计: 张 昱
责任校对: 焦丽丽
责任印制: 沈 露

出版发行: 清华大学出版社
网　　址: http://www.tup.com.cn, http://www.wqbook.com
地　　址: 北京清华大学学研大厦A座　　　　邮　编: 100084
社 总 机: 010-62770175　　　　　　　　　　邮　购: 010-62786544
投稿与读者服务: 010-62776969, c-service@tup.tsinghua.edu.cn
质量反馈: 010-62772015, zhiliang@tup.tsinghua.edu.cn
课件下载: http://www.tup.com.cn, 010-83470236

印　刷　者: 北京九州迅驰传媒文化有限公司
经　　销: 全国新华书店
开　　本: 185mm×260mm　　印　张: 20　　字　数: 480千字
版　　次: 2006年8月第1版　2016年1月第3版　印　次: 2020年2月第5次印刷
印　　数: 18501~18800
定　　价: 39.00元

产品编号: 063308-01

第 3 版前言

　　解决学生实践应用能力不强的问题,必须更新教学内容、改变教学模式。为了适应应用型本科院校教学的需要,教学内容的选取、设计和组织是至关重要的。案例教学是计算机语言教学的最有效的方法之一,为此,如何将知识和案例有机结合起来,是教材的关键所在。2006 年出版的《Java 语言最新实用案例教程》(第 1 版)得到了兄弟院校教师的认可,2010 年出版的《Java 语言最新实用案例教程》(第 2 版)更是得到了广大高等学校专家、教师、学生的赞同、支持和厚爱。尽管第 2 版教材纠正了第 1 版教学的不足,纠正了第 1 版教材案例过于复杂,部分内容实用性不大,以及知识讲解不够系统性等问题,但经过使用,发现第 2 版教材还有改进的余地,如一些知识实用性不强或过于复杂,有些内容还需要引进,案例联系性还不够,内容组织还有待优化等。为此,作者着手编写这一版教材,并将教材更名为《Java 程序设计案例教程》,目的是突出基础性、教学性和应用性。新版教材不仅保留了前两版教材的优点,又在如下方面做了改进。

　　(1) 对教与学的指导性加强。例如,教材在每章增加了知识简介、教学目标和实验题目,教学内容的选取更加体现应用型人才的培养要求,强调基础性。

　　(2) 教材内容进一步优化。例如,删减了一些不常用(如 Applet 知识)和一些偏难的内容(如线程新特征),调整了一些案例,引进了新内容(如 Properties),强化了对面向对象程序设计的理解(如给出了引例),并优化了内容结构。

　　(3) 教材更加强调案例引导。一些综合性的案例贯穿多个章节,与知识结合得更加紧密。例如,在面向对象编程中,去掉了原来零散的案例,而主要以银行账户和绘图软件两个案例为主;银行账户案例随知识进展不断提升,并且在多线程机制一章进一步设计;绘图软件案例综合应用了接口、继承、绘图等知识,并在 GUI 程序设计一章,围绕界面设计及事件处理得到完整实现,有利于培养学生综合应用能力。

　　全书共分为 9 章,内容包括 Java 语言基础、控制结构与异常处理、Java 面向对象编程、数组与集合、GUI 程序设计、Java 数据库编程、流和文件、Java 多线程机制和 Java 网络编程。除包含许多配合知识学习的示例外,全书还包含 40 个较完整的案例。

　　本书得到了北京印刷学院校级教学改革项目和北京印刷学院优秀教学团队项目的资助,在此表示感谢。

　　由于作者水平有限,书中难免存在疏漏和不足,恳请读者批评指正,使本书得以改进和完善。

作　者
2015 年 8 月于北京

第 2 版前言

要解决学生实践应用能力不强的问题,不仅要重视软件技术类课程,更要更新教学内容、改变教学模式。案例教学是计算机语言教学的最有效的方法之一。好的案例对学生理解知识,掌握如何应用知识十分重要。《Java 语言最新实用案例教程》(第 1 版)于 2006 年出版,已经历了近四年的使用,得到了广大高等学校专家、教师、学生的支持和厚爱。这本教材以指导案例教学为目的,以知识为线索设计案例,将案例有机联系起来,围绕案例讲解知识,教材组织方式新颖,案例丰富,适应了应用型人才培养的要求。但经过几年的使用发现还存在一些不足,如过分强调案例,知识不够系统;有些案例偏难,不适于学习;强调 Swing 过多,部分内容实用性不强;教材中没有习题,不便于教学等。为此,我们及时修订,出版了第 2 版教材,力求在知识讲解和案例之间找到最佳结合点,既便于教学和学习,又有利于培养学生的应用能力,适应案例教学的要求。第 2 版教材除保留原教材案例教学的特色外,又结合多年来的教学实践,在以下几个方面做了改进。

(1) 适当加强知识讲解的系统性,调整先讲案例再围绕案例介绍知识的方式,而是先系统、精练地讲解知识,再围绕知识渗透案例。知识内容不强调细而全,但强调系统、实用和精练,突出市场中常用的内容。同时,为了便于教学和学习,增加了许多辅助理解知识的小例子。

(2) 继续体现案例教学的思想。一方面沿用原版教材中好的案例,但对案例重新设计,使其更加优化;另一方面舍弃原版教材中偏难、实用性不大的案例,增加一些新的案例,使案例更接近于实际应用,同时便于教学和学习。新版教材仍然强调案例之间的联系,每部分的案例尽可能是通过大案例的分解而得,将案例穿插到知识讲解中,使案例与知识相辅相成,形成有机的整体,既有利于学生学习知识,又有利于指导学生实践。

(3) 跟踪 Java 新发展,注意适应市场需求,及时引进新内容,如可变参数、枚举、线程新特征等;强调了集合的应用;渗透了一些新思想,如 MVC 设计模式、面向接口编程、分层架构;使用了新的开发模式;配备了每章总结和习题,这些习题参考了常见的企业面试题,更具训练价值。

全书共分为 9 章,内容包括 Java 语言概述、流程控制与异常处理、Java 面向对象程序设计、数组与集合、GUI 程序设计、Java 数据库编程、流和文件、多线程与 Applet、Java 网络编程。除包含许多配合知识学习的例子外,全书还包含 68 个案例。主要特点如下。

(1) 精心设计知识结构,讲解精炼,重点突出,便于教学和学习。
(2) 注意吸收新方法和新技术,强调实用性,重视应用能力的培养。
(3) 案例系统、典型,将知识内容和案例有机结合,便于指导学生实践。
(4) 较好地处理具体案例与思想方法、局部知识应用与综合应用的关系。

本书是北京市精品教材立项项目,得到了北京市委的经费支持,在此表示感谢。
由于作者水平有限,书中难免存在疏漏和不足,恳请读者批评指正,使本书得以改进和完善。

作　者
2010 年 7 月于北京

第1版前言

Java语言具有面向对象、与平台无关、安全、稳定和多线程等特点,不仅可以用来开发大型的应用程序,而且特别适合于Internet的应用开发,近年来已逐渐成为一门主流语言。目前无论是高校的计算机专业还是IT培训学校都将Java语言作为教学内容之一,这对于培养学生的应用能力,提高学生就业素质具有重要的意义。

解决学生实践应用能力不强的问题,不仅要重视软件技术类课程,更要更新教学内容、改变教学模式。案例教学是计算机语言教学的最有效的方法之一。好的案例对学生理解知识,掌握如何应用知识十分重要。目前一些教材类书籍,内容繁杂,常用知识突出不够;新内容没有及时引入,与市场缺乏衔接;例子缺乏实用性和系统性,相互联系不够,对学生的技术指导不利,无法适应案例教学。而一些技术性较强的参考书,又过分强调技术,知识讲解不够系统,不适合于教学。为此,最好的办法就是把案例和知识有机结合起来。一方面,跟踪Java发展,适应市场需求,精心选择内容,突出重点,强调实用,使知识讲解系统、精练;另一方面,设计典型的案例,将案例分解、融入到知识讲解中,使知识与案例相辅相成,达到既有利于学生学习知识,又有利于指导学生实践的目的。按照这种思想,本教材吸收了其他教材的优点,克服了其案例过于复杂、部分内容实用性不强、知识讲解不够系统等缺点,重新调整了教材内容的组织方法,精选了教学内容,引进了一些实用内容和程序设计方法,也借鉴了普通教材的优点。

全书共分为9章,内容包括Java语言概述、流程控制与异常处理、Java面向对象程序设计、数组与集合、GUI程序设计、Java数据库编程、流和文件、多线程与Applet、Java网络编程。教材中突出了一些实际应用中常用的内容,引进了可变参数、枚举、线程新特征等一些新内容,强调了集合应用,渗透了一些新思想,如MVC设计模式、面向接口编程、分层架构,增加了一些有价值的习题,这些习题参考了常见的企业面试题。本书不同于普通教材的组织方式,它重视学生应用能力培养,精选教学内容,体现案例教学思想,教材中既包含许多辅助理解知识的示例,也包含许多指导应用知识的案例,主要特点如下。

(1) 精心设计知识结构,知识讲解系统,语言精练,重点突出。
(2) 注意吸收新方法和新技术,强调实用性,重视应用能力的培养。
(3) 突出案例教学思想,知识内容和案例有机结合,有利于指导学生实践。
(4) 较好地处理具体案例与思想方法、局部知识应用与综合应用的关系
(5) 知识讲解循序渐进,难度适宜,便于教学和学习。

本书是北京市精品教材立项项目,得到了北京市委的经费支持,在此表示感谢。

由于作者水平有限,书中难免存在疏漏和不足,恳请读者批评指正,使本书得以改进和完善。

作　者
2006年7月于北京

目 录

第 1 章　Java 语言基础 ··· 1

1.1　Java 语言简介 ··· 1
　　1.1.1　Java 语言的发展 ·· 1
　　1.1.2　Java 的运行机制 ·· 2
　　1.1.3　Java 语言的特点 ·· 3
1.2　Java 编程环境安装 ··· 5
　　1.2.1　JDK 及其安装 ··· 5
　　1.2.2　Java 开发工具 ··· 6
1.3　初识 Java 应用程序 ··· 9
　　1.3.1　Java 应用程序的结构 ·· 9
　　1.3.2　编写和运行 Java 应用程序 ·································· 10
　　1.3.3　案例 1-1　包含两个类的程序 ······························· 13
1.4　Java 语言基本语法 ··· 14
　　1.4.1　基本编码规则 ··· 14
　　1.4.2　案例 1-2　为程序加注释 ····································· 16
　　1.4.3　数据类型及其转换 ··· 17
　　1.4.4　常量、变量和表达式 ·· 20
1.5　字符串和日期 ··· 25
　　1.5.1　字符串 ·· 25
　　1.5.2　案例 1-3　对输入的字符串进行处理 ····················· 30
　　1.5.3　日期和时间 ·· 31
　　1.5.4　案例 1-4　日期工具类 ·· 32
小结 ·· 35
习题 ·· 35
实验 ·· 36

第 2 章　控制结构与异常处理 ··· 37

2.1　分支结构 ·· 37
　　2.1.1　if 语句 ··· 37
　　2.1.2　案例 2-1　求一元二次方程的根 ···························· 41
　　2.1.3　switch 语句 ··· 42
　　2.1.4　案例 2-2　求下一天日期 ····································· 44
2.2　循环结构 ·· 46

2.2.1 for 循环 46
   2.2.2 案例 2-3 求素数 47
   2.2.3 while 循环 48
   2.2.4 循环嵌套 48
   2.2.5 案例 2-4 求 sin(x) 49
   2.2.6 do…while 循环 50
   2.2.7 案例 2-5 进制转换 51
   2.2.8 迭代循环 52
  2.3 异常处理 53
   2.3.1 异常及其体系结构 53
   2.3.2 异常处理机制 54
   2.3.3 抛出异常 57
   2.3.4 案例 2-6 整数的算术计算 58
   2.3.5 自定义异常 59
   2.3.6 案例 2-7 求三角形面积 60
 小结 61
 习题 61
 实验 62

第 3 章 Java 面向对象编程 64
  3.1 面向对象概述 64
   3.1.1 对象和类的概念 64
   3.1.2 面向对象程序设计 65
   3.1.3 OOP 的关键性理念 67
   3.1.4 OOP 的 4 个基本特征 67
  3.2 定义类与创建对象 68
   3.2.1 定义类 69
   3.2.2 创建和使用对象 69
   3.2.3 构造方法 70
   3.2.4 访问控制与属性 71
   3.2.5 案例 3-1 银行账户类 73
  3.3 类的方法与重载 75
   3.3.1 方法的定义 75
   3.3.2 方法的参数类型 76
   3.3.3 方法重载 78
  3.4 实例成员和类成员 78
   3.4.1 实例变量和类变量 78
   3.4.2 实例方法和类方法 79
   3.4.3 案例 3-2 为银行账户类增加功能 80

3.5 类的继承 ·· 82
　　3.5.1 继承的基本概念 ·· 83
　　3.5.2 定义子类 ··· 83
　　3.5.3 方法覆盖与多态性 ·· 86
　　3.5.4 案例 3-3 完善银行账户类 ··································· 87
3.6 抽象类与接口 ·· 90
　　3.6.1 抽象类 ··· 90
　　3.6.2 接口 ··· 91
　　3.6.3 案例 3-4 为绘图软件设计一组图形类 ························ 93
3.7 内部类与枚举类型 ··· 97
　　3.7.1 内部类 ··· 97
　　3.7.2 枚举类型 ··· 99
小结 ·· 101
习题 ·· 102
实验 ·· 103

第 4 章 数组与集合 ··· 104

4.1 数组 ··· 104
　　4.1.1 数组的概念 ··· 104
　　4.1.2 数组的定义 ··· 104
　　4.1.3 案例 4-1 成绩排序和统计 ··································· 106
4.2 集合 ··· 108
　　4.2.1 Java 集合框架 ·· 108
　　4.2.2 Collection 接口常用方法 ···································· 109
　　4.2.3 遍历 Collection ··· 109
　　4.2.4 Collection 的批量操作 ······································ 110
4.3 集 ··· 110
　　4.3.1 HashSet 类 ··· 111
　　4.3.2 TreeSet 类 ·· 113
4.4 列表 ··· 115
　　4.4.1 List 接口 ··· 115
　　4.4.2 ArrayList 类 ·· 115
　　4.4.3 案例 4-2 竞赛评分程序 ····································· 116
　　4.4.4 Vector 类 ··· 120
4.5 映射 ··· 120
　　4.5.1 Map 接口 ·· 120
　　4.5.2 HashMap 类 ·· 121
　　4.5.3 案例 4-3 网络书城中的购物车类 ···························· 121
　　4.5.4 Hashtable 类 ·· 124

4.6 Collections 和 Arrays ··········· 125
 4.6.1 Collections 类 ··········· 125
 4.6.2 Arrays 类 ··········· 126
小结 ··········· 127
习题 ··········· 128
实验 ··········· 128

第 5 章 GUI 程序设计 ··········· 130

5.1 Java 图形 API ··········· 130
 5.1.1 界面组件类 ··········· 130
 5.1.2 界面绘制类 ··········· 132
5.2 GUI 界面设计基础 ··········· 134
 5.2.1 窗口 ··········· 134
 5.2.2 常用组件 ··········· 135
 5.2.3 界面布局 ··········· 137
 5.2.4 案例 5-1 设计绘图软件界面 ··········· 141
5.3 事件处理机制 ··········· 143
 5.3.1 事件处理模型 ··········· 143
 5.3.2 事件处理 ··········· 144
 5.3.3 常用事件 ··········· 146
 5.3.4 案例 5-2 实现绘图软件 ··········· 148
5.4 菜单和工具栏 ··········· 151
 5.4.1 菜单 ··········· 152
 5.4.2 工具栏 ··········· 153
 5.4.3 案例 5-3 设计学生管理系统主界面 ··········· 154
5.5 对话框与其他常用组件 ··········· 158
 5.5.1 对话框 ··········· 158
 5.5.2 其他组件介绍 ··········· 160
 5.5.3 案例 5-4 用户登录与添加学生界面设计 ··········· 162
小结 ··········· 166
习题 ··········· 166
实验 ··········· 167

第 6 章 Java 数据库编程 ··········· 168

6.1 JDBC 简介 ··········· 168
 6.1.1 什么是 JDBC ··········· 168
 6.1.2 JDBC 的重要类和接口 ··········· 169
6.2 创建 MySQL 数据库 ··········· 169
 6.2.1 MySQL 安装与使用 ··········· 169

  6.2.2 案例 6-1 学生管理系统数据库设计 ·················· 181
 6.3 基于 JDBC 编写数据库应用程序 ································ 184
  6.3.1 创建与数据库的连接 ·· 184
  6.3.2 操作数据的基本原理 ·· 186
  6.3.3 MVC 设计模式 ··· 188
  6.3.4 案例 6-2 按 MVC 模式设计学生管理系统 ··············· 188
 6.4 数据查询 ·· 191
  6.4.1 查询一条记录 ·· 192
  6.4.2 查询多条记录 ·· 192
  6.4.3 聚合查询 ·· 193
  6.4.4 分页查询数据 ·· 194
  6.4.5 案例 6-3 实现对学生数据的查询 ························ 194
 6.5 数据更新 ·· 202
  6.5.1 添加记录 ·· 202
  6.5.2 修改记录 ·· 203
  6.5.3 删除记录 ·· 204
  6.5.4 事务处理 ·· 204
  6.5.5 案例 6-4 实现对学生数据的管理 ························ 205
 6.6 使用存储过程 ·· 214
  6.6.1 存储过程的定义 ··· 214
  6.6.2 调用存储过程 ·· 215
  6.6.3 案例 6-5 使用存储过程查询学生成绩 ·················· 216
小结 ·· 219
习题 ·· 220
实验 ·· 220

第 7 章 流和文件 ·· 222

 7.1 文件管理基础 ·· 222
  7.1.1 使用 File 类管理文件和目录 ······························ 222
  7.1.2 案例 7-1 递归显示或删除文件 ·························· 225
  7.1.3 过滤器与文件选择对话框 ································ 226
 7.2 字符流与文本文件读写 ·· 229
  7.2.1 字符流简介 ··· 230
  7.2.2 文件字符流 ··· 231
  7.2.3 案例 7-2 用字符流复制文件 ····························· 232
  7.2.4 配置文件的读取 ··· 234
 7.3 字节流与二进制文件读写 ··· 235
  7.3.1 字节流简介 ··· 236
  7.3.2 文件字节流简介 ··· 237

7.3.3 案例7-3 用字节流复制文件 ……………………………… 238
7.4 数据流和对象流 ………………………………………………… 240
　　7.4.1 数据流简介 …………………………………………… 240
　　7.4.2 对象流简介 …………………………………………… 241
　　7.4.3 案例7-4 为绘图软件增加保存和打开功能 ……………… 242
小结 …………………………………………………………………… 245
习题 …………………………………………………………………… 245
实验 …………………………………………………………………… 246

第8章 Java多线程机制 …………………………………………… 247

8.1 线程概述 ………………………………………………………… 247
　　8.1.1 线程与进程 …………………………………………… 247
　　8.1.2 线程的优点 …………………………………………… 248
　　8.1.3 线程体与线程载体 …………………………………… 248
8.2 线程的创建 ……………………………………………………… 248
　　8.2.1 Thread类 ……………………………………………… 248
　　8.2.2 创建线程的两种方式 ………………………………… 249
　　8.2.3 案例8-1 为学生管理系统增加启动界面和状态时钟 …… 250
8.3 线程的状态与优先级 …………………………………………… 253
　　8.3.1 线程的状态 …………………………………………… 253
　　8.3.2 线程的控制 …………………………………………… 254
　　8.3.3 线程组与线程优先级 ………………………………… 256
　　8.3.4 案例8-2 图片浏览程序 ……………………………… 258
8.4 线程同步与通信 ………………………………………………… 262
　　8.4.1 Java线程同步机制 …………………………………… 262
　　8.4.2 案例8-3 取款和存款 ………………………………… 262
　　8.4.3 Java线程通信机制 …………………………………… 264
　　8.4.4 案例8-4 哲学家用餐问题 …………………………… 265
　　8.4.5 "生产者-消费者"问题 ……………………………… 267
　　8.4.6 案例8-5 吃苹果 ……………………………………… 267
小结 …………………………………………………………………… 270
习题 …………………………………………………………………… 271
实验 …………………………………………………………………… 271

第9章 Java网络编程 ……………………………………………… 273

9.1 网络编程基础 …………………………………………………… 273
　　9.1.1 网络基本概念 ………………………………………… 273
　　9.1.2 网络协议 ……………………………………………… 274
9.2 获取网络信息与资源 …………………………………………… 275

		9.2.1 获取网络地址信息	275
		9.2.2 获取网络资源属性	276
		9.2.3 获取网络资源	278
		9.2.4 案例9-1 读取和下载网上文件	280
	9.3	基于TCP的网络通信	282
		9.3.1 客户/服务器模式和套接字	282
		9.3.2 客户端程序的原理	283
		9.3.3 案例9-2 TCP客户端程序	284
		9.3.4 服务器程序的原理	288
		9.3.5 案例9-3 TCP服务器端程序	289
	9.4	基于UDP的网络通信	293
		9.4.1 基于UDP网络通信的原理	293
		9.4.2 案例9-4 基于UDP的网络通信	295
小结			299
习题			299
实验			300
参考文献			**301**

第1章 Java 语言基础

【内容简介】

Java 是 1995 年美国 Sun 公司正式推出的完全面向对象的程序设计语言,具有简单、稳定、与平台无关、安全、解释执行、多线程等特点,是目前使用最为广泛的网络编程语言。本章详细介绍 Java 语言的发展、运行机制和特点,Java 编程环境的安装,如何创建和运行 Java 程序,以及 Java 语言的基本语法、字符串和日期等知识。

本章将通过"包含两个类的程序"、"为程序加注释"、"对输入的字符串进行处理"和"日期工具类" 4 个案例,帮助读者熟悉集成开发环境、掌握 Java 程序的设计步骤、理解 Java 语言的基本知识。

通过本章的学习,读者将学会利用 NetBeans 开发环境设计简单的 Java 应用程序。

【教学目标】

- ❏ 了解 Java 语言的发展、体系结构;
- ❏ 理解 Java 程序的运行机制及 Java 语言的特点;
- ❏ 掌握 Java 集成开发的安装和使用;
- ❏ 初步理解 Java 应用程序的基本结构;
- ❏ 掌握 Java 语言基本的语法;
- ❏ 掌握 Java 字符串、日期和时间的常用处理方法;
- ❏ 能够用 Java 语言编写简单的应用程序。

1.1 Java 语言简介

1.1.1 Java 语言的发展

Java 语言的前身是 Oak 语言。Sun 公司 1995 年正式发布了 Java 的第一个公开版本。

1991 年,在 Sun 公司由 James Gosling(图 1-1)和 Patrick Naughton 领导的 Green 研究小组,为了能够在消费电子产品上开发应用程序,积极寻找合适的编程语言。消费电子产品种类繁多,包括 PDA、机顶盒、手机等,即使是同一类消费电子产品所采用的处理芯片和操作系统也不相同,也存在着跨平台的问题。起初他们考虑采用 C++ 语言来编写消费电子产品的应用程序,但是研究表明,对于消费电子产品而言,C++ 语言过于复杂和庞大,并不适用,安全性也不令人满意。最后,Green 小组基于 C++ 开发出一种新的语言 Oak,该语言采用了许多 C 语言的语法,提高了安全性,并且是面向对象的语言。但是 Oak 语言在商业上并未获得成功。之后随着互联网在世界上蓬勃发展,Sun 公司发现 Oak 语言所具有的跨平台、面向对象、安全性高等特点,非常符合互

图 1-1　James Gosling

联网的需要,于是转向互联网应用,进一步改进该语言的设计,并最终将这种语言取名为Java。

1995年5月23日,Sun在SunWorld'95上正式发布Java和HotJava浏览器,并被美国杂志 *PC Magazine* 评为1995年十大优秀科技产品,标志Java语言的诞生。Java的出现,正好迎合了当时的互联网市场的需求,这使得Java语言犹如雨后的竹节迅速得以发展,之后Sun相继推出了Java开发工具包JDK 1.0、JDK 1.1。

1998年JDK 1.2发布,JDK更名为J2SDK(Java 2 Software Development Kit),又称Java 2。此时根据Java的应用可以分为三大技术方向:一是J2SE(Java 2 Standard Edition),桌面应用开发,包括C/S结构;二是J2ME(Java 2 Micro Edition),主要应用在移动应用开发;三是J2EE(Java 2 Enterprise Edition),企业级应用开发。

2004年J2SE 1.5的发布,是Java语言历史发展的又一个里程碑。为了表示该版本的重要性,Sun公司将此版改名为Java SE 5。2005年,在Sun公司发布了Java SE 6之后,将Java的各种版本都进行了更名,正式改为Java SE 6,Java EE 6,Java ME 6。目前已经发布了Java SE 8,Java EE 8,Java ME 8。

近年来,移动互联网的发展又使Java焕发出了新的生机。Google发布的Android占据了手机操作系统的半壁江山,而Android系统正是使用了Java语言。这就使得Java在移动业务方面占据着不可估量的市场优势。

1.1.2 Java的运行机制

1. Java虚拟机

Java源程序不是编译成可执行文件,而是编译成字节码文件,Java虚拟机(Java Virtual Machine,JVM)可以解释和运行Java字节码文件。

Java虚拟机由Java解释器和运行平台构成,它的作用类似CPU,负责执行指令,管理内存和存储器,因此可看成是软件模拟的计算机。Java虚拟机的"机器码"保存在.class文件中,有时也可以称之为字节码文件。Java程序的跨平台主要是指字节码文件可以在任何具有Java虚拟机的计算机或者电子设备上运行。Java虚拟机中的Java解释器负责将字节码文件解释成为特定的机器码进行运行。Java源程序需要通过编译器编译成为.class文件(字节码文件)。Java程序的编译和执行过程如图1-2所示。

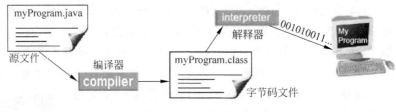

图1-2 Java工作原理

2. 无用内存自动回收机制

在程序的执行过程中,部分内存在使用过后就处于废弃状态,如果不及时进行无用内存的回收,就会导致内存泄漏,进而导致系统崩溃。在 C++语言中是由程序员进行内存回收的,程序员需要在编写程序的时候把不再使用的对象内存释放掉;但是这种人为管理内存释放的方法却往往由于程序员的疏忽而致使内存无法回收,同时也增加了程序员的工作量。而在 Java 运行环境中,始终存在着一个系统级的线程,专门跟踪内存的使用情况,定期检测出不再使用的内存,并进行自动回收,避免了内存的泄漏,也减轻了程序员的工作量。

3. 代码安全性检查机制

字节码的执行需要经过三个步骤,首先由类装载器(Class Loader)负责把类文件(.class 文件)加载到 Java 虚拟机中,在此过程中需要检验该类文件是否符合类文件规范;其次字节码校验器(Bytecode Verifier)检查该类文件的代码中是否存在着某些非法操作,例如,Applet 程序中向本机文件系统进行写操作;如果字节码校验器检验通过,由 Java 解释器负责把该类文件解释成为机器码进行执行。Java 虚拟机采用的是"沙箱"运行模式,即把 Java 程序的代码和数据都限制在一定内存空间里执行,不允许程序访问该内存空间外的内存,如果是 Applet 程序,还不允许访问客户端机器的文件系统。

1.1.3 Java 语言的特点

Java 语言是一种完全面向对象的语言。它充分吸取了 C++语言的优点,采用了程序员所熟悉的 C 和 C++语言的许多语法,同时又去掉了 C 语言中指针、内存申请和释放等影响程序健壮性的部分,并增加了很多新的特性。Java 语言具有如下特点。

1. 简单

一方面,Java 语言的语法与 C 语言和 C++语言很接近,使得大多数程序员很容易学习和使用。另一方面,Java 丢弃了 C++中很少使用的、难理解的那些特性,更简单、更精练。在语法规则方面,Java 语言放弃了全程变量、goto 语句、宏定义、全局函数以及结构、联合等;在面向对象方面放弃了操作符重载、多继承、虚基类等。特别地,Java 语言不使用指针,并提供了自动的垃圾收集,使得程序员不必为内存管理而担忧。

2. 面向对象

基于面向对象思想编写的程序结构化程序高,提高了代码的可重用性,增加了程序的可读性和可维护性。与 C++不同,Java 对面向对象的要求十分严格,是一种纯粹的面向对象程序设计语言。Java 以类和对象为基础,任何变量和方法都只能包含于某个类的内部,这使得 Java 程序结构更为清晰,并为集成和代码重用带来了便利。为了简单起见,Java 不支持多重继承,但支持实现多接口,并且 Java 语言全面支持动态绑定。

3. 分布式

分布式计算涉及几台计算机在网络上一起工作。Java 的设计使分布计算变得容易起来。Java 提供了用于网络应用编程的类库,包括 URL、URLConnection、Socket、ServerSocket

等。Java 的 RMI(Remote Method Invocation,远程方法激活)机制也是开发分布式应用的重要手段。

4. 健壮

Java 的强类型机制、异常处理、垃圾的自动回收等是 Java 程序健壮性的重要保证。对指针的丢弃是 Java 的明智选择。Java 致力于检查程序在编译和运行时的错误,类型检查帮助检查出许多早期开发出现的错误。Java 自己操纵内存减少了内存出错的可能性。Java 的安全检查机制使得 Java 更具健壮性。

5. 结构中立

Java 将它的程序编译成一种结构中立的中间文件格式。只要有 Java 运行环境的机器都能执行这种中间代码。中间文件格式是一种高层次的与机器无关的字节码格式语言,这种语言被设计在虚拟机上运行。

6. 安全

Java 通常被用在网络环境中,为此,Java 提供了一个安全机制以防恶意代码的攻击。除了具有的许多安全特性以外,Java 对通过网络下载的类具有一个安全防范机制,如分配不同的名字空间以防替代本地的同名类、字节代码检查,并提供安全管理机制为 Java 应用设置安全哨兵。

7. 可移植性

与体系结构无关的特性使得 Java 应用程序可以在配备了 Java 解释器和运行环境的任何计算机系统上运行,这成为 Java 应用软件便于移植的良好基础。通过定义独立于平台的基本数据类型及其运算,Java 数据得以在任何硬件平台上保持一致。

8. 解释性

如前所述,Java 程序在 Java 平台上被编译为字节码格式,然后可以在实现这个 Java 平台的任何系统中运行。在运行时,Java 平台中的 Java 解释器对这些字节码进行解释执行,执行过程中需要的类在连接阶段加载到运行环境中。

9. 多线程

Java 提供的多线程功能使得在一个程序里可同时执行多个小任务。Java 比 C 和 C++更健壮。多线程带来的更大的好处是更好的交互性能和实时控制性能。

10. 动态

Java 语言的设计目标之一是适应于动态变化的环境。Java 程序需要的类能够动态地被载入到运行环境,也可以通过网络来载入所需要的类。这也有利于软件的升级。另外,Java 中的类有一个运行时刻的表示,能进行运行时刻的类型检查。

1.2 Java 编程环境安装

1.2.1 JDK 及其安装

1. JDK 简介

JDK(Java Development Kit)是 Sun 公司最新提供的基础 Java 语言开发工具软件包。其中包含 Java 语言的编译工具、运行工具以及类库。

1) JDK 目录结构

(1) bin 目录：包含编译器、解释器和一些工具。

(2) lib 目录：包含类库文件。

(3) demo 目录：包含各种演示例子。

(4) include 目录：包含 C 语言头文件,支持 Java 本地接口与 Java 虚拟机调试程序接口的本地编程技术。

(5) jre 目录：包含 Java 虚拟机、运行时的类包和 Java 应用启动器。

(6) sample 目录：Sun 配带的帮助学习者学习的 Java 例子。

(7) src.zip：源码压缩文件。

2) bin 目录下的常用工具

(1) javac.exe：Java 语言编译器,输出结果为 Java 字节码。

(2) java.exe：Java 字节码解释器。

(3) javadoc.exe：帮助文档生成器。

(4) jar.exe：打包工具。

(5) appletviewer.exe：小应用程序浏览工具,用于测试并运行 Applet 小程序。

2. JDK 下载与安装

1) JDK 下载

JDK 是一个开源、免费的工具,可以到 Sun 公司的官方网站上下载 JDK 最新版本,网址为 http://www.oracle.com/technetwork/java/javase/downloads/index.html。本书使用的 JDK 版本是 Java SE Development Kit 8u45。

2) JDK 安装

下载后得到 jdk-8u45-windows-i586.exe 文件(如果是 64 位操作系统,下载的文件是 jdk-8u45-windows-x64.exe),直接双击运行即开始安装。在安装过程中可以选择安装路径和安装组件,如果没有特殊要求,使用默认设置即可。默认的安装路径是 C:\Program Files\Java\jdk1.8.0_45。

3) 设置环境变量

设置环境变量是为了更方便地使用 JDK 开发,某些 Java 程序也依赖环境变量来定位。环境变量设置如下。

```
JAVA_HOME = <JSEDK 安装目录>
CLASSPATH = .;%JAVA_HOME%\lib\dt.jar;%JAVA_HOME%\lib\tools.jar
Path = <原 Path>;%JAVA_HOME%\bin;%JAVA_HOME%\jre\bin
```

1.2.2 Java 开发工具

Java 程序的编写可以使用任何一种文本编辑器,如 UltraEdit、Notepad、WordPad,甚至 Word。当然最好是使用集成开发环境。目前比较流行的集成开发环境主要有 NetBeans、Eclipse、MyEclipse、JCreator、JBuilder。本书使用的是 NetBeans 8.0.2。

NetBeans 是 Sun 公司推出的开放源码的 Java 集成开发环境(Integrated Development Environment,IDE)。它是使用 Java 语言编写的,具有很好的可移植性,适用于各种客户机和 Web 使用,是业界第一款支持创新型 Java 开发的开放源码 IDE。NetBeans 的下载地址是 https://netbeans.org/downloads/index.html。

下载后安装步骤如下。

(1) 运行 netbeans-8.0.2-javase-windows.exe,出现如图 1-3 所示的窗口。在这个对话框中单击【下一步】按钮。

图 1-3 安装起始界面

(2) 出现【许可证协议】窗口,如图 1-4 所示。选中【我接受许可证协议中的条款】复选框,单击【下一步】按钮。

(3) 出现【JUnit 许可证协议】窗口,如图 1-5 所示。选择【我接受许可证协议中的条款。安装 JUnit】单选按钮,单击【下一步】按钮。

图 1-4　许可证协议

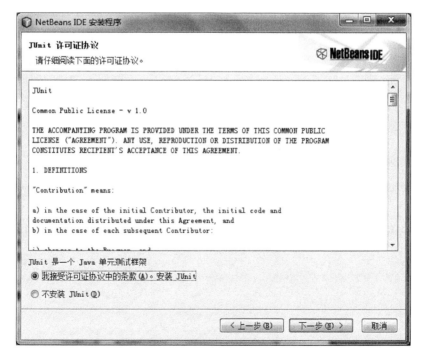

图 1-5　JUnit 许可证协议

(4)出现【选择安装文件夹和JDK】窗口,如图1-6所示。这里保留默认设置,单击【下一步】按钮。

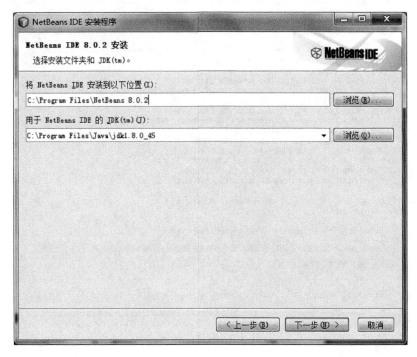

图1-6 选择安装位置

(5)继续单击【下一步】按钮。最后出现如图1-7所示的【概要】窗口,单击【安装】按钮。

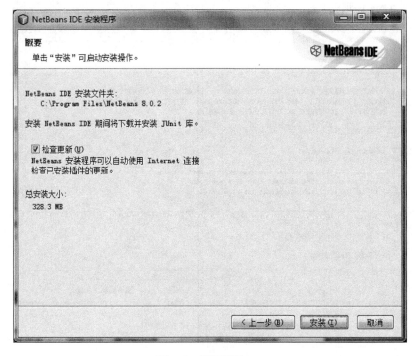

图1-7 【概要】窗口

（6）安装完成后出现如图 1-8 所示的【安装完成】窗口，单击【完成】按钮。

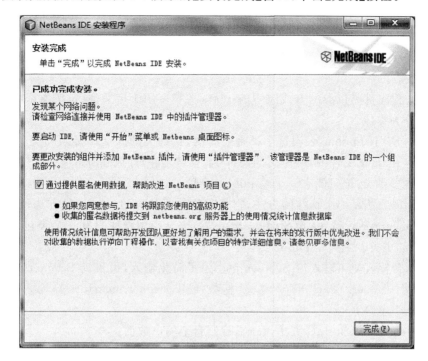

图 1-8 【安装完成】窗口

1.3 初识 Java 应用程序

Java Application 程序，也称为 Java 应用程序，是可独立运行的程序。该类程序以 main()方法作为入口，由独立的 Java 解释器加载执行。

1.3.1 Java 应用程序的结构

下面的示例是一个简单的 Java 应用程序。

```java
package exam1_3_1;                              //打包语句
import java.util.Scanner;                       //导入语句
public class SquareArea {                       //定义一个类,名为 SquareArea
    public static void main(String args[]) {    //main 是类的主方法
        Scanner scanner = new Scanner(System.in);
        float a = scanner.nextFloat();          //输入浮点数,回车结束
        double area = a * a;
        System.out.println("area = " + area);   //控制台输出面积
    }
}
```

(1) package 语句(打包语句)是程序的第一条语句,它是可选的。一个源程序最多只能有一个打包语句。它指明编译后的字节码文件(.class)存放的位置。当编译后的字节文件存在在默认包时该语句省略。

(2) import 语句(导入语句)用于导入所需的其他类,可以有多个,但必须放在 package 之后,class 之前。

(3) Java 程序都是以类的方式组织的,class 关键字用于定义类,每个类都有类名,花括号括起的部分为类体。

(4) class 前面的 public 表明这个类是公有的,这种类的源文件必须和类名同名。Java 源文件都保存在.java 文件中,编译后的文件(字节码文件)存放在.class 文件中。一个源文件中可以包含多个类,但只能有一个是 public 类型。

(5) main()方法是一个特殊的方法,它是程序执行的入口。main()方法说明的格式是特定的:public static void main(String args[])。一个应用程序只有一个类包含 main()方法,它是程序的主类。主类是 public 类。

(6) 控制台输入使用输入流 System.in。为了简化输入,可借助 Scanner 类。例如,输入字符串使用 scanner.nextLine(),输入整数使用 scanner.nextInt(),输入浮点数使用 scanner.nextFloat()等。

(7) System.out.println()方法用于在控制台上输出数据。

(8) Java 程序是大小写敏感的。语句的分隔用分号(;)。

(9) //为行注释。

1.3.2 编写和运行 Java 应用程序

Java 源程序的扩展名是 java,是一个普通的文本文件。源程序经过 Java 编译器(javac.exe)编译成字节码文件(.class)。字节码是一种中间代码,不能直接运行,需要由 Java 解释器来运行。

1. 使用记事本编写和运行 Java 应用程序

上面的例子由记事本编写,由于这个类是主类,因此保存时要与类名同名,即文件名为 SquareArea.java 文件。编译和运行方法如下。

1) 编译源程序

利用 Java 编译器 javac.exe 将源文件编译成字节码文件。可执行如下命令。

```
javac -d . SquareArea.java
```

一个类如果含有打包语句时,在编译时需使用-d 和".。-d 指的是让该类生成的时候按照包结构去生成,"."指的是在当前路径下生成。如果没有打包语句可以省略-d 和"."。编译以后在 Exam1_3_1 文件夹下生成 SquareArea.class 文件,该文件就是字节码文件。

2) 运行 Java 程序

使用 Java 解释器(java.exe)运行字节码文件,在当前目录下执行如下命令。

```
javaExam1_3_1.SquareArea
```

运行后,在控制台输入"yang",输出的结果如下。

```
FriMay 12 07:31:34 CST 2015
欢迎 yang 进入 Java 世界!
```

2. 利用 NetBeans 建立和运行 Java 应用程序

(1) 选择【文件】→【新建项目】菜单,打开【新建项目】对话框,如图 1-9 所示。选择项目类别为 Java,选择【Java 应用程序】项目,单击【下一步】按钮。

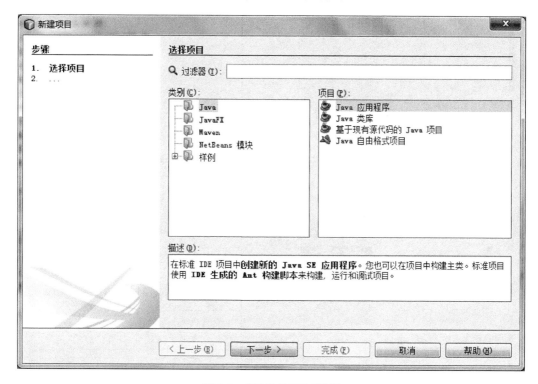

图 1-9 【新建项目】对话框

(2) 在如图 1-10 所示的【新建 Java 应用程序】对话框中,输入项目名称,如"Exam1_3_1"。取消【创建主类】复选框的选中状态,单击【完成】按钮,即可创建项目。

(3) 在【源包】上单击鼠标右键,在弹出的菜单上选择【新建】→【Java 包】命令,打开如图 1-11 所示的【New Java 包】对话框,输入包名,如"exam1_3_1",单击【完成】按钮。

(4) 在新建的包上,单击鼠标右键,在弹出的菜单上选择【新建】→【Java 类】命令,打开如图 1-12 所示的【New Java 类】对话框,输入类名,如 SquareArea,单击【完成】按钮。

(5) 编写并保存程序。

(6) 单击工具栏上的【运行项目】按钮或按 F6 键,或在主类上单击鼠标右键,然后在弹出的菜单中选择【运行文件】命令,都可运行程序。

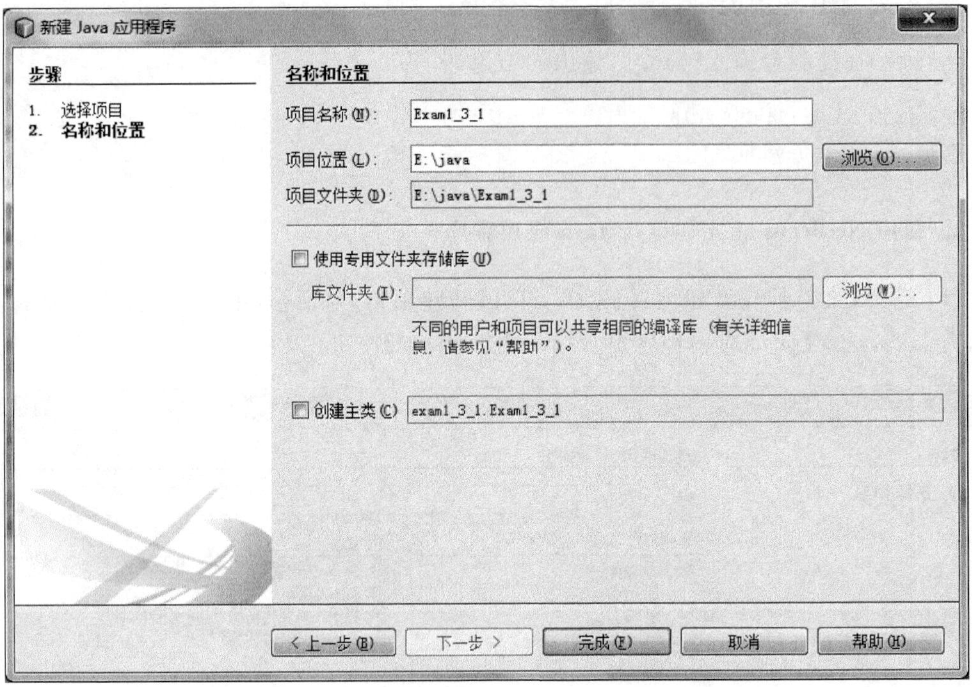

图 1-10　【新建 Java 应用程序】对话框

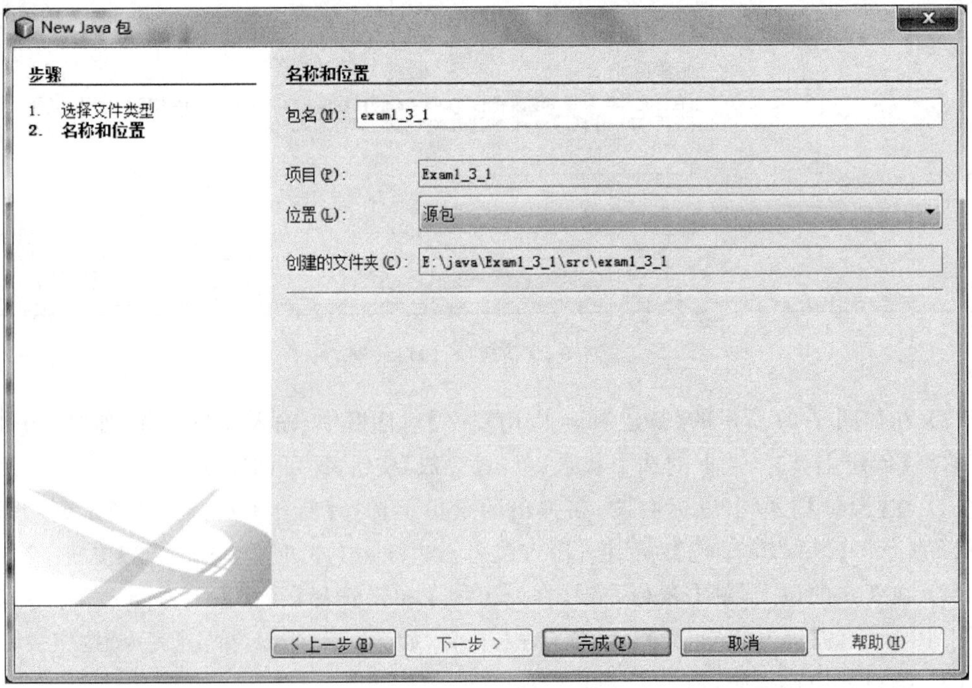

图 1-11　【New Java 包】对话框

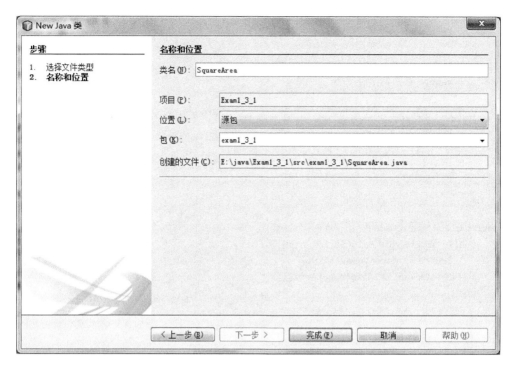

图 1-12 【New Java 类】对话框

1.3.3 案例 1-1 包含两个类的程序

该程序包含两个类,一个是正方形类 Square,另一个是 SquareDemo 类。SquareDemo 类用于演示 Square 类的使用。运行效果如图 1-13 所示。

【技术要点】

(1) 新建一个类,命名为 SquareDemo,使用 psvm+Tab 键快捷方式添加 main()方法。

图 1-13 两个类的程序运行界面

(2) 将 Square 类直接写在同一个文件中,class 前不要写 public。

【设计步骤】

(1) 在 NetBeans 中新建一个 Java 应用程序项目,项目命名为 Exam1_3_1。新建项目时不创建主类。

(2) 新建一个包,命名为 exam1_3_1。在该包下新建一个类,命名为 SquareDemo,并编写代码如下所示。

```java
package exam1_3_1;
class Square {
    private float a;
    public Square() {
    }
```

```java
    public Square(float a) {
        this.a = a;
    }
    public float getArea() {
        return a * a;
    }
    public float getA() {
        return a;
    }
    public void setA(float a) {
        this.a = a;
    }
}
public class SquareDemo {
    public static void main(String args[]) {
        Square s = new Square(5.0f);
        System.out.println(s.getArea());
    }
}
```

(3) 保存并运行程序。

1.4 Java 语言基本语法

1.4.1 基本编码规则

1. 标识符和关键字

Java 语言中,为各种变量、方法、类、接口等起的名字称为标识符。

(1) 标识符可以由字母、下划线、美元符＄或数字组合而成。

(2) 标识符应以字母、下划线、美元符＄开头,不能以数字开头。

(3) Java 标识符大小写敏感,长度无限制。

(4) 系统的关键字(又叫保留字)不能作为标识符。系统预先定义的,具有专门意义和用途的标识符称为关键字。

2. Java 命名规范

(1) 包:由小写字母组成,如 com.sun.eng。

(2) 类:由一个或几个单词组成,每个单词的第一个字母大写。类名一般使用完整单词,避免缩写词(除非该缩写词被更广泛使用,如 URL、HTML)。

(3) 接口:与类相同,可以使用形容词词缀,如 Runnable、Comparable。

(4) 方法:除第一个字母小写外,和类、接口的命名规则一样,如 getPersonInfo()。属性方法遵循 JavaBean 命名规范:getXXX()和 setXXX()。转换对象类型的方法一般命名成 toType()形式,比如 toString()。返回 boolean 类型的方法命名成 isXXX()形式,比如

isTriangle()。

(5) 全局变量：除第一个字母小写外,和类、接口的命名规则一样,如 personInfo。

(6) 常量：由一个或多个被下划线分开的大写单词组成,如 PAGE_SIZE。

(7) 局部变量：命名与全局变量相同,可以使用简写,如 i、j、temp、maxNumber。

3. Java 的注释

注释是源程序中起说明作用的语句,这种语句在编译时将被编译器忽略。注释是程序设计中不可缺少的组成部分,注释的目的是为了增加程序的可读性。Java 的注释有以下三种。

(1) 单行注释：以//开头,直到行末尾。

(2) 多行注释：以/* 开头,直到 */结束,用来注释一行或多行。

(3) 文档注释：以/** 开头,直到 */结束,这是 Java 语言特有的注释方法,能被转化为 HTML 格式的帮助文档。

在 Java 程序设计中,要注意注释的规范性。一般遵循如下规范。

1) 文件注释

源文件注释采用/* … */,在每个源文件的头部,主要描述文件名、版权信息等。

2) 类注释

类注释采用/** … */,在类的前面,主要描述类的作用、版本、可运行的 JDK 版本、作者、时间、相关参考等。可以使用的标记如下。

(1) @author：描述作者。

(2) @version：描述版本。

(3) @since：描述该类可以运行的 JDK 版本。

(4) @see：参考转向,也就是相关主题。

(5) @link：转向成员的超链接。label 为链接文字。package.class#member 将被自动转换成指向 package.class 的 member 文件的 URL。格式为：

{@link package.class#member label}

3) 方法注释

方法注释采用/** … */,在方法前,描述方法的功能、参数、返回值、异常等。可使用如下标记。

(1) @param：描述方法的参数。

(2) @return：描述返回值,对于无返回值的方法或构造方法,@return 可省略。

(3) @throws：描述在什么情况下抛出什么类型的异常。

4) 全局量注释

如果是 public 类型的变量或常量,应使用/** … */注释,主要对其进行说明。其他类型的变量,可以使用//注释加以简单说明,但要在它的设置(Set 方法)与获取(Get 方法)成员方法上加上方法注释。

5) 内部代码注释

方法内部的代码,使用/* … */或//进行注释,对代码加一些必要的说明。

1.4.2 案例 1-2 为程序加注释

为了增加程序的可读性,注释是程序设计中不可缺少的组成部分。这个案例是为案例 1-1 加注释。

【技术要点】

文件注释采用/*…*/,描述文件名、版权信息等;类注释采用/** … */,在类的前面,主要描述类的作用、版本等;共有成员使用/** … */注释;私有成员使用/*…*/或//。

【设计步骤】

(1) 在 NetBeans 下,选择菜单【文件】→【打开项目】命令,打开【打开项目】对话框。

(2) 在【打开项目】对话框中,选择 Exam1_3_1 项目,单击【打开项目】按钮。

(3) 打开 SquareDemo 类文件,添加注释代码如下所示。

```java
/*
 * SquareDemo.java
 * Copyright © 2015 YSL Co. BIGC.
 * 版权所有.
 */
package exam1_3_1;
/**
 * 该类是一个正方形类.
 * @version 1.0
 * 2015-6-28
 * @author Yang Shulin
 */
class Square {
    private float a;                        //正方形边长
    /**
     * 默认的构造方法
     */
    public Square() {
    }
    /**
     * 带一个参数的构造方法
     * @param a 正方形的边长
     */
    public Square(float a) {
        this.a = a;
    }
    /**
     * 带一个参数的构造方法
     * @return 正方形的面积
     */
    public float getArea() {
        return a * a;
    }
    /**
```

```java
     *  取 a 的值
     *  @return a 的值
     */
    public float getA() {
        return a;
    }
    /**
     *  设置 a 的值
     *  @param a 新的 a 值
     *  @return 无
     */
    public void setA(float a) {
        this.a = a;
    }
}
/**
 *  该类是一个测试正方形的类,在该类中建立一个正方形对象,并输出其面积.
 *  @version 1.0
 *  @author Yang Shulin
 */
public class SquareDemo {
    public static void main(String args[]) {
        /*  下面的语句是建立一个正方形对象,
            5.0f 表示正方形的边长
         */
        Square s = new Square(5.0f);              //创建正方形对象
        System.out.println(s.getArea());          //输出正方形的面积
    }
}
```

1.4.3 数据类型及其转换

Java 语言的数据类型有基本数据类型和引用数据类型,如图 1-14 所示。基本数据类型是一些简单的数据类型,其内存空间存储实际的数据,而引用数据类型存储的是内存地址。

```
                  ┌ 数值类型 ┌ 整数类型(byte,short,int,long)
                  │         └ 浮点类型(float,double)
基本数据类型 ┤ 字符类型(char)
                  └ 布尔类型(boolean)

                  ┌ 类(class)
引用数据类型 ┤ 接口(interface)
                  │ 数组
                  └ 枚举类型(enum)
```

图 1-14 Java 语言的数据类型

1. 基本数据类型

Java 基本数据类型包括整数类型、浮点类型、字符类型和布尔类型。

1) 整数类型

Java 中有 4 种整数类型：字节型(byte)、短整型(short)、整型(int)和长整型(long)，如表 1-1 所示。

表 1-1 Java 的整数类型

整数类型	字节数	取值范围
字节型(byte)	1	$-128 \sim 127$，即 $-2^7 \sim 2^7-1$
短整型(short)	2	$-32\,768 \sim 32\,767$，即 $-2^{15} \sim 2^{15}-1$
整型(int)	4	$-2^{31} \sim 2^{31}-1$
长整型(long)	8	$-2^{63} \sim 2^{63}-1$

整数有以下三种表示形式。

(1) 十进制整数：如 123，-456，0。

(2) 十六进制整数：以 0x 或 0X 开头，如 0x123，-0X12。

(3) 八进制整数：以 0 开头，如 012，-027。

如果要表示长整型数，在数字的后面加上 L 或 l，如 125L。

2) 浮点类型

Java 中有两种浮点类型：单精度浮点型(float)和双精度浮点型(double)，如表 1-2 所示。

表 1-2 Java 的浮点类型

浮点类型	字节数	取值范围
单精度浮点型(float)	32	约 $-3.4E38f \sim +3.4E38f$(6 或 7 位有效数字)
双精度浮点型(double)	64	约 $-1.7E308 \sim +3.4E308$(15 位有效数字)

浮点类型的数据有如下表示形式。

(1) 十进制数形式：由数字和小数点组成，如 0.123，1.23，123.0。

(2) 科学记数法形式：如 123e3 或 123E3。

如果表示 float 型的数据要在数字后加 f 或 F，如 1.23f；表示 double 型的数据在数字后面加 d 或 D，如 2.3d。带小数点的数默认是双精度浮点型，d 可以省略。

3) 字符类型

Java 的字符类型(char)在机器中占 16 位，其范围为 $0 \sim 65\,535$，每个数字代表一个 Unicode 字符。字符数据的表示是用单引号括起来的一个字符，如 'a'，'男'，也可以写成转义字符或 Unicode 表示形式。

```
char ch1 = 'A';
char ch2 = '男';
char ch3 = (char)88;                //整数转换
char ch4 = '\u0058';                //Unicode 形式
char ch5 = '\r';                    //转义字符
```

4) 布尔类型

布尔型数据(boolean)只有两个值：true 和 false，在内存中占用 4 个字节。

2. 引用类型

和基本数据类型相比,引用类型不存储它们所代表的实际数据,而存储实际数据的引用(地址)。在 Java 中引用类型主要包括类、接口、数组和枚举类型。这些内容将在后续的章节中介绍。

3. 数据类型转换

1) 自动转换

几种数值型和字符型数据可以混合运算。运算中,不同类型的数据先转化为同一类型,然后进行运算,转换从低级到高级。基本数据类型间的优先关系(从低到高)如下。

```
byte -> short -> char -> int -> long -> float -> double
```

此外,低级类型的数据可以直接赋值给高级类型的变量。

2) 强制转换

高级别的数据类型要转换成低级的数据类型,需用到强制类型转换,如:

```
int i = 12;
byte b = (byte)i;                              //把 int 型变量 i 强制转换为 byte 型
```

3) 数值变为字符串

用如下方法转换相应类型的数值。

(1) Double.toString(double d):双精度浮点型转换为字符串。
(2) Float.toString(float f):单精度浮点型转换为字符串。
(3) Long.toString(long l):长整型转换为字符串。
(4) Integer.toString(int i):整型转换为字符串。
(5) Short.toString(short s):短整型转换为字符串。
(6) Byte.toString(byte b):字节型转换为字符串。

也可以使用字符串类的 valueOf 方法:String.valueOf(各种类型的数值变量)。
还可以用空字符串连接数字,将数字转换为字符串,如:""+25。

4) 整数类型转换为各种常用进制的字符串

(1) toBinaryString(long or int):转换为二进制形式的字符串。
(2) toOctalString(long or int):转换为八进制形式的字符串。
(3) toHexString(long or int):转换为十六进制形式的字符串。

5) 字符串转换为数值

(1) Byte.parseByte(String s):转换为字节型的数值。
(2) Short.parseShort(String s):转换为短整型的数值。
(3) Integer.parseInt(String s):转换为整型的数值。
(4) Long.parseLong(String s):转换为长整型的数值。
(5) Float.parseFloat(String s):转换为单精度型的数值。
(6) Double.parseDouble(String s):转换为双精度型的数值。

1.4.4 常量、变量和表达式

1. 常量和变量

常量是程序运行过程中不变的量。用关键字 final 来声明,格式如下:

[常量修饰符] **final** 类型 常量名称 = 常量表达式;

例如,下面定义一个整型常量 NUM:

final int NUM = 100;

常量修饰符用来控制常量的可访问性,有 private、public、protected、默认等。具体的含义将在 Java 面向对象编程中讲解。使用常量能够大大提高代码的可读性和可维护性。

变量是程序运行中可变的量,对应内存中的存储单元,它的定义包括变量修饰符、类型和变量名等几个部分。其定义格式如下:

[变量修饰符]类型变量名 1[= 值 1[,变量名 2[= 值 2]…];

变量修饰符用来控制变量的可访问性,这些访问属性类似于常量。变量的命名遵循标识符命名规则。在声明变量时可以给变量直接赋初值,例如:

int count,x = 110;
char c = 'a';

在 Java 中有三种变量类别:类变量(静态变量)、实例变量、局部变量。前两种变量又称为全局变量。在下面的示例中,x 是静态变量,y 是实例变量,m、n、t 都是局部变量。

```
class A {
    public static int x;
    int y;
    public int sum(int m, int n) {
        int t;
        t = m + n;
        return t;
    }
}
```

2. 运算符和表达式

表达式是由操作数和运算符按一定的语法形式组成的符号序列。一个常量或一个变量是最简单的表达式,其值即该常量或变量的值。表达式的值还可以用作其他运算的操作数,形成更复杂的表达式。参与运算的数据称为操作数,表示各种不同运算的符号称为运算符。按操作数的数目来分,可有一元运算符、二元运算符、三元运算符。按功能划分,有算术运算符、关系运算符、逻辑运算符、赋值运算符、条件运算符等。

1) 算术运算符与算术表达式

算术运算完成数学中的加、减、乘、除四则运算。由算术运算符连接起来的表达式称为算术表达式,它的计算结果是一个数值。算术运算符中一元运算符有 4 个:+(正)、-(负)、++(自增)、--(自减)。二元运算符有 5 个:+(加)、-(减)、*(乘)、/(除)、%(求余)。其中,自增运算的作用是使变量加 1,自减运算的作用是使变量减 1。自增/自减运算有两种形式,即在变量前或在变量后。在前是"先引用,后运算",在后是"先运算,后引用"。

例如,下面的示例演示了算术运算符的使用。

```java
package exam1_4_4_a;
public class Exam1_4_4_a {
    public static void main(String args[]) {
        int a = 13;
        int b = 4;
        System.out.println(a + b);          //输出 a+b,结果为 17;
        System.out.println(a - b);          //输出 a-b,结果为 9;
        System.out.println(a * b);          //输出 a*b,结果为 52;
        System.out.println(a / b);          //输出 a/b,结果为 3;
        System.out.println((float)a / b);   //输出 a/b,结果为 3.25;
        System.out.println(a % b);          //输出 a 除 b 的余数,结果为 1
        int c = ++b;                        //相当于 b=b+1;c=b;
        int d = a--;                        //相当于 d=a;a=a-1;
        System.out.println(c);              //输出的结果为 5;
        System.out.println(d);              //输出的结果为 13
    }
}
```

2) 关系运算符与关系表达式

关系运算是指两个数据之间的比较运算,由关系运算符连接起来的表达式称为关系表达式。关系表达式的运算结果是布尔值 true 或 false。关系运算符有 6 个:>(大于)、<(小于)、>=(大于等于)、<=(小于等于)、==(等于)、!=(不等于)。

例如,下面的示例演示了关系运算符的使用。

```java
package exam1_4_4_b;
public class Exam1_4_4_b {
    public static void main(String args[]) {
        int a = 5;
        int b = 4;
        boolean c = (a < b);    //因为 5>4 所以 c=false;
        c = (a <= b);           //c=false;
        c = (a > b);            //c=true;
        c = (a >= b);           //c=true;
        c = (a == b);           //c=false;
        c = (a != b);           //c=true;
    }
}
```

3) 逻辑运算符与逻辑表达式

逻辑运算符用于布尔类型的数据运算,由逻辑运算符连接起来的表达式称为逻辑表达式。逻辑表达式的运算结果是布尔值 true 或 false。逻辑运算符有 6 个:&(逻辑与)、|(逻

辑或)、!(逻辑非)、^(逻辑异或)、&&(条件与)和||(条件或)。逻辑运算的结果是布尔值 true(真)或 false(假)。

例如,下面示例的代码段判断 y 所存的年份是否为闰年。

```java
int y = 2010;
boolean f = (y % 400 == 0) || (y % 4 == 0 && y % 100 != 0);
System.out.println(f);
```

在进行判断时,&、|没有短路计算功能,而 &&、||有短路计算功能。例如:

```java
package exam1_4_4_c;
public class Exam1_4_4_c {
    public static void main(String args[]) {
        boolean b1, b2, b3, b4;
        int i = 5, j = 5, k = 5, t = 5;
        b1 = true || (++i > 5);
        b2 = true && (++j > 5);
        b3 = true | (++k > 5);
        b4 = true & (++t > 5);
        System.out.println("i = " + i + ",j = " + j);           //结果为 i=5,j=6
        System.out.println("b1 = " + b1 + ",b2 = " + b2);       //结果为 b1 = true,b2 = true
        System.out.println("k = " + k + ",t = " + t);           //结果为 k=6,t=6
        System.out.println("b3 = " + b3 + ",b4 = " + b4);       //结果为 b3 = true,b4 = true
    }
}
```

4) 赋值运算符和赋值表达式

赋值运算用于计算表达式并将表达式的值送给变量。赋值运算格式如下:

变量 = 表达式;

赋值运算组成的式子也可以看成表达式,称为赋值表达式。它的值就是左边变量获得的值。赋值表达式的运算方向从右到左。

赋值运算符可以和算术、逻辑、位运算符组合成复合赋值运算符,如＋＝、*＝等。例如:

```java
int x = 3;
x += 2;             //相当于 x = x + 2;
x -= 2;             //相当于 x = x - 2;
x *= 2;             //相当于 x = x * 2;
x /= 2;             //相当于 x = x/2;
```

5) 条件运算符

条件运算用于根据判断选择表达式并获得计算结果,格式如下:

表达式 1?表达式 2: 表达式 3

该运算符的作用是:先计算表达式 1 的值,当值为真时,则将表达式 2 的值作为整个表达式的值;反之则将表达式 3 的值作为整个表达式的值。

6) 对象运算符

用来判断一个对象是否是某个类或其子类的实例(对象),如果是返回 true,否则返回 false。

3. 运算的优先级和结合性

Java 语言规定了运算符的优先级和结合性。优先级是指在同一表达式中多个运算符被执行的次序,在表达式求值时,先按运算符的优先级别由高到低的次序执行。如果在一个运算对象两侧的优先级相同,则按规定的结合方向处理,称为运算符的结合性。Java 中 !(非)、+(正)、-(负)以及赋值运算的结合方向是"先右后左",其余运算符的结合方向都是"先左后右"。

```
int a = 3;
int b = 4;
int k = a - 5 + b;        //先计算 a-5,再计算-2+b,最后将 2 赋给 k
k = a += b -= 2;          //先计算 b-=2,再计算 a+=2,最后执行 k=a
```

运算符的优先级如表 1-3 所示。

表 1-3 运算符的优先级

优先次序	运 算 符
1	. [ ] ( )
2	+(正) -(负) ++ -- ! ~ instanceof
3	new(type)
4	* / %
5	+(加) -(减)
6	>> >>> <<
7	> < >= <=
8	== !=
9	&
10	^
11	|
12	&&
13	||
14	?:
15	= += -= *= /= %= ^=
16	&= |= <<= >>= >>>=

4. Math 类

Math 类为三角函数、对数函数和其他通用数学函数提供常数和静态方法。表 1-4 列出了 Math 类的数学函数。

表 1-4　Math 类的数学函数

函数（方法）	描　　述
IEEEremainder(double, double)	按照 IEEE 754 标准的规定，对两个参数进行余数运算
abs(int a)	返回 int 值的绝对值
abs(long a)	返回 long 值的绝对值
abs(float a)	返回 float 值的绝对值
abs(double a)	返回 double 值的绝对值
acos(double a)	返回角的反余弦，范围在 0.0～pi 之间
asin(double a)	返回角的反正弦，范围在 -pi/2～pi/2 之间
atan(double a)	返回角的反正切，范围在 -pi/2～pi/2 之间
atan2(double a, double b)	将矩形坐标(x, y)转换成极坐标(r, theta)
ceil(double a)	返回最小的（最接近负无穷大）double 值，该值大于或等于参数，并且等于某个整数
cos(double)	返回角的三角余弦
exp(double a)	返回欧拉数 e 的 double 次幂的值
floor(double a)	返回最大的（最接近正无穷大）double 值，该值小于或等于参数，并且等于某个整数
log(double a)	返回(底数是 e)double 值的自然对数
max(int a, int b)	返回两个 int 值中较大的一个
max(long a, long b)	返回两个 long 值中较大的一个
max(float a, float b)	返回两个 float 值中较大的一个
max(double a, double b)	返回两个 double 值中较大的一个
min(int a, int b)	返回两个 int 值中较小的一个
min(long a, long b)	返回两个 long 值中较小的一个
min(float a, float b)	返回两个 float 值中较小的一个
min(double a, double b)	返回两个 double 值中较小的一个
pow(double a, double b)	返回第一个参数的第二个参数次幂的值
random()	返回带正号的 double 值，大于或等于 0.0，小于 1.0
rint(double)	返回其值最接近参数并且是整数的 double 值
round(float)	返回最接近参数的 int
round(double)	返回最接近参数的 long
sin(double)	返回角的三角正弦
sqrt(double)	返回正确舍入的 double 值的正平方根
tan(double)	返回角的三角正切
toDegrees(double)	将用弧度测量的角转换为近似相等的用度数测量的角
toRadians(double)	将用度数测量的角转换为近似相等的用弧度测量的角

例如，下面的示例演示了 Math 类的使用方法。

```java
package exam1_4_4_d;
public class Exam1_4_4_d {
    public static void main(String args[]) {
        int i = -10;
        double x = 1.3, y = 2.7;
        double a = 2, b = 5;
        System.out.println("-10 的绝对值为" + Math.abs(i));
```

```
        System.out.println("大于等于1.3的最小整数为" + Math.ceil(x));
        System.out.println("小于等于2.7的最大整数为" + Math.floor(y));
        System.out.println("1.3 和 2.7 之间的较大者" + Math.max(x, y));
        System.out.println("2 和 5 次方" + Math.pow(a, b));
        System.out.println("1.3 的四舍五入值为" + Math.round(x));
        System.out.println("5 的平方根为" + Math.sqrt(b));
    }
}
```

上述程序的运行结果为:

-10 的绝对值为 10
大于等于 1.3 的最小整数为 2.0
小于等于 2.7 的最大整数为 2.0
1.3 和 2.7 之间的较大者 2.7
2 和 5 次方 32.0
1.3 的四舍五入值为 1
5 的平方根为 2.23606797749979

1.5 字符串和日期

1.5.1 字符串

Java 语言中,把字符串作为对象来处理,类 String 和 StringBuffer 都可以用来表示一个字符串。字符串数据是用双引号括起来的一串字符序列来表示。一个字符串可存储将近 20 亿(2^{31})个 Unicode 字符。

1. 字符串的创建

(1) 创建一个空字符串。例如:

```
String s1 = new String();            //第一种创建空字符串方法
String s2 = "";                      //第二种创建空字符串方法
```

(2) 直接赋值创建字符串。例如:

```
String s = "China";
```

(3) 使用原有的 String 对象创建字符串。例如:

```
String s1 = "abc";
String s2 = new String(s1);
```

(4) 使用字符数组创建字符串。有两种形式:

```
String(char chars[]);
String(char chars[],int offset,int length);
```

其中,offset 表示起始位置,length 表示字符个数。例如:

```
char ch1[] = {'a','b','c','d','e'};
String s2 = new String(ch1);              //创建字符串对象"abcde"
String s3 = new String(ch1,0,3);          //创建字符串对象"abc"
```

(5) 使用字节数组创建字符串。有如下常用形式：

```
String(bytebytes[]);
String(bytebytes[],int offset,int length);
```

其中，offset 表示起始位置，length 表示字符个数。例如：

```
byte b[] = {97,98,99,100,101};
String s4 = new String(b,0);              //创建字符串对象"abcde"
String s5 = new String(b,0,3);            //创建字符串对象"abc"
```

(6) 用 StringBuffer 表示字符串。例如：

```
StringBuffer sb = new StringBuffer("abc");
String str = new String(sb);
String str1 = sb.toString();
```

2. 常用的字符串操作方法

1) 字符串连接

在 Java 中可以使用 contact()方法连接两个字符串。例如：

```
String s1 = "abc";
String s2 = "de";
String s3 = s1.contact(s2);               //结果为"abcde"
```

也可以通过"+"号连接字符串，这种方式可以连接字符串和其他类型数据，在连接时，自动将其他类型的数据转换成字符串。例如：

```
String str = "abc" + 12;                  //结果为"abc12"
```

2) 比较两个字符串

Java 中字符串的比较有如下方法。

(1) boolean equals(String s)：判断是否与字符串 s 相等。

(2) booleanequalsIgnoreCase(String s)：判断是否与字符串 s 相等，忽略大小写。

(3) booleanendsWidth(String s)：判断字符串后缀是否是字符串 s。

(4) boolean startsWidth(String s)：判断字符串前缀是否是字符串 s。

(5) int compareTo(String anotherString)：比较两个字符串，返回 0、1 或 −1。

(6) int compareToIgnoreCase(String str)：比较两个字符串，忽略大小写。

注意：如果用双等号比较字符串，比较的是引用（地址）。要比较两个字符串的值是否相等，应该使用 equals()方法。

例如，下面的示例说明了一些方法的使用。

```
String s1 = new String("a try");
String s2 = "a try";
```

```
String s3 = s1;
System.out.println(s1 == s2);              //结果为 false
System.out.println(s2 == s3);              //结果为 false
System.out.println(s1 == s3);              //结果为 true
System.out.println(s1.endsWith("try"));    //结果为 true
System.out.println(s1.equals(s2));         //结果为 true
System.out.println(s2.equals(s3));         //结果为 true
System.out.println(s3.equals(s1));         //结果为 true
System.out.println(s1.compareTo(s2));      //结果为 0
System.out.println(s2.compareTo(s3));      //结果为 0
System.out.println(s3.compareTo(s1));      //结果为 0
```

3) 查找

利用 indexOf(String str)可以查找 str 在字符串中出现的位置；利用 lastIndexOf(String str)可以查找 str 在字符串中最后一次出现的位置。例如：

```
String str1 = "this is a string";
System.out.println(str1.indexOf("is"));        //结果为 2
System.out.println(str1.lastIndexOf("is"));    //结果为 5
```

4) 取子串

利用 substring(int begin)或 substring(int begin,int end)方法可以取出字符串的子串。例如：

```
String str1 = "this is a string";
System.out.println(str1.substring(0,4));    //结果为 this
System.out.println(str1.substring(10));     //结果为 string
```

5) 取字符

利用 chartAt(int i)方法可取出 i 位置的字符。例如：

```
String str1 = "this is a string";
System.out.println(str1.charAt(3));    //结果为 s
```

6) 替换

利用 replace(char oldChar,char newChar)可以将字符串中所有的字符 oldChar 替换为 newChar 字符；利用 replaceAll(String regex, String str)可以将字符串中所有匹配给定的正则表达式 regex 的子字符串替换成字符串 str。关于正则表达式请查阅相关资料。例如：

```
String str1 = "this is a string";
String str2 = str1.replace('s', 'a');          //结果为 thia ia a atring
String str3 = str1.replace("this","that");     //结果为 that is a string
```

7) 拆分

方法 split(String regex)根据给定正则表达式的匹配拆分此字符串。例如：

```
String str1 = "this is a string";
String[] str = str1.split(" ");
for (int i = 0; i < str.length; i++) {
    System.out.println(str[i]);
}
```

上述代码的输出结果为:

this
is
a
string

8) 大小写转换

利用 toUpperCase() 可以将字符串中的所有英文字母转换为大写;利用 toLowerCase() 可以将字符串中的所有英文字母转换为小写。例如:

```
String str1 = "this is a string";
String str2 = str1.toUpperCase();            //结果为 THIS IS A STRING
```

3. 创建格式化字符串

String 类的 format(String fmt, Object… args) 方法可用于创建格式化字符串。参数 fmt 为格式串,args 为 fmt 中格式符引用的参数。格式串由一般字符和占位符组成,占位符的格式如下:

%[index$][标记][最小宽度][.精度]转换符

(1) %:占位符的标识。若要在格式串内部使用%,则需要写成%%。
(2) index$:指定该占位符对应哪个参数(位置索引从 1 开始计算)。
(3) 标记:格式化的配置信息,用于增强格式化能力。
(4) 最小宽度:用于设置格式化后的字符串最小长度。若使用最小宽度而没设置标记,那么当字符串长度小于最小宽度时,则以左边补空格的方式凑够最小宽度。
(5) 精度:对于浮点数类型格式化使用,设置保留小数点后多少位。
(6) 转换符:用于指定格式化的样式,对应参数的数据类型。

常用的转换符如表 1-5 所示;常用的标记如表 1-6 所示。

表 1-5 常用的转换符

转换符	说 明	示 例
%s	字符串类型	"mingrisoft"
%c	字符类型	'm'
%b	布尔类型	true
%d	整数类型(十进制)	99
%x	整数类型(十六进制)	FF
%o	整数类型(八进制)	77
%f	浮点类型	99.99
%a	十六进制浮点类型	FF.35AE
%e	指数类型	9.38e+5
%g	通用浮点类型(f 和 e 类型中较短的)	
%h	散列码	
%%	百分比类型	%
%n	换行符	
%tx	日期与时间类型(x 代表不同的日期与时间转换符)	

表 1-6　搭配转换符的标志

标志	说　　明	示　　例	结　　果
+	为正数或者负数添加符号	("%+d",15)	+15
-	左对齐	("%-5d",15)	|15 |
0	数字前面补 0	("%04d", 99)	0099
空格	在整数之前添加指定数量的空格	("% 4d", 99)	| 99|
,	以","对数字分组	("%,f", 9999.99)	9,999.990000
(	使用括号包含负数	("%(f", -99.99)	(99.990000)
#	如果是浮点数则包含小数点,如果是十六进制或八进制则添加 0x 或 0	("%#x", 99) ("%#o", 99)	0x63 0143
<	格式化前一个转换符所描述的参数	("%f 和%<3.2f", 99.45)	99.450000 和 99.45
$	被格式化的参数索引	("%1$d,%2$s", 99,"abc")	99,abc

4. StringBuffer

由于 String 的值一旦创建就不能再修改,所以称它是恒定的。看似能修改 String 的方法实际上只是返回一个包含新内容的新的 String 实例。显然,如果这种操作非常多,对内存的消耗是非常大的。解决这个问题的办法是使用 StringBuffer 类。

StringBuffer 是线程安全的可变字符序列,它是一个类似于 String 的字符串缓冲区。虽然在任意时间点上它都包含某种特定的字符序列,但通过某些方法调用可以改变该序列的长度和内容。StringBuffer 可按存储字符的需要分配更多的内存,同时对容量进行相应的调整。StringBuffer 的建立主要有以下三种方法。

（1）StringBuffer()：构造一个字符串缓冲区,初始容量为 16 个字符。
（2）StringBuffer(int capacity)：构造一个字符串缓冲区,并指定其初始容量。
（3）StringBuffer(String str)：构造一个字符串缓冲区,并指定初始的字符串内容。

```
StringBuffer s0 = new StringBuffer();          //分配了 16 字节的字符缓冲区
StringBuffer s1 = new StringBuffer(512);       //分配了 512 字节的字符缓冲区
StringBuffer s2 = new StringBuffer("You are good!");
                //在字符缓冲区中存放字符串"You are good!",另外,后面再留了 16 字节的空缓冲区。
```

StringBuffer 常用的方法是添加方法 append(XXX)和插入方法 insert(int offset, XXX)。XXX 可以是各种基本数据类型的值或 char[]、String、StringBuffer 等类型的数据。再有就是 toString()方法,它可以将 StringBuffer 转换成 String。例如:

```
StringBuffer sb = new StringBuffer();
sb.append("This is ");
sb.append("string");
sb.insert(8, "a ");
System.out.println(sb.toString());             //结果为 This is a string
```

与 StringBuffer 类似的还有 StringBuilder,区别是前者是线程安全的(同步),后者是非线程安全的。

1.5.2 案例1-3 对输入的字符串进行处理

从键盘上输入一英文字符串，字符串中包含"[?]"，例如：

msg = I like to learn [?] language

设计程序，要求如下。
(1) 取出等号(=)后面的字符串，存入 str。
(2) 如果 str 的长度超过 100，给出提示"长度不能超过 100"，否则，执行(3)。
(3) 将 str 字符串中的[?]替换成 Java。
(4) 显示替换后的字符串，如果字符串过长，只显示前 80 个字符。
输出效果如图 1-15 所示。

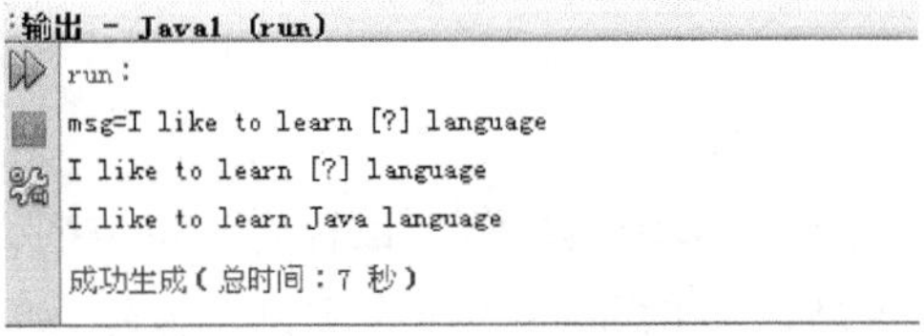

```
输出 - Java1 (run)
run:
msg=I like to learn [?] language
I like to learn [?] language
I like to learn Java language
成功生成（总时间：7 秒）
```

图 1-15 字符串操作案例

【技术要点】
先利用 indexOf()方法查找等号的位置，然后利用 substring()方法取出等号后面的字符串。用 length()方法获得字符串长度，并判断是否大于 100。如果大于 100 输出"长度不能超过 100"，否则利用 replaceAll()方法进行替换。替换后如果长度超过 80，用 substring()方法取前 80 个字符。

【设计步骤】
(1) 在 NetBeans 下新一个 Java 应用程序项目，项目命名为 Exam1_5_2。
(2) 新建一个包，命名为 exam1_5_2，在该包下新建一个类，命名为 Exam1_5_2，编写代码如下所示。

```java
package exam1_5_2;
import java.util.Scanner;
public class Exam1_5_2{
    public static void main(String[] args) {
        Scanner scanner = new Scanner(System.in);
        String s = scanner.nextLine();
        int k = s.indexOf("=");
        String str = s.substring(k+1);
        System.out.println(str);
        if (str.length() > 100) {
            System.out.println("长度不能超过 100");
        } else {
            str = str.replaceAll("\\[\\?\\]", "Java");    //第一个参数是正则表达式
            if (str.length() > 80) {
```

```
            str = str.substring(0, 80);    //取子串
        }
        System.out.println(str);           //显示
    }
}
```

(3) 保存并运行程序。

1.5.3 日期和时间

Java 中主要使用 java.util.Date（日期）、java.util.Calendar（日历）和 java.text.DateFormat（日期格式化）三个类处理日期和时间。Date 是一个具体类，用来表示一个时间点。它包含的是一个长整型数据，表示的是从 GMT（格林尼治标准时间）1970 年 1 月 1 日 00:00:00 这一刻开始经历的毫秒数。Calendar 是一个抽象类，提供许多静态方法，主要用于解释和处理日期和时间。DateFormat 是一个抽象类，用于对日期进行格式化。一般使用它的一个具体子类 java.text.SimpleDateFormat。

1. 创建一个日期对象

下面的示例使用系统的当前日期和时间创建一个日期对象并返回一个长整数。

```
package exam1_5_3_a;
import java.util.Date;
public class Exam1_5_3_a {
    public static void main(String args[]) {
        Date date = new Date();
        System.out.println(date.getTime());
    }
}
```

2. 日期数据的定制格式

使用 SimpleDateFormat 类可以格式化日期。例如：

```
package exam1_5_3_b;
import java.text.SimpleDateFormat;
import java.util.Date;
public class Exam1_5_3_b {
    public static void main(String[] args) {
        SimpleDateFormat fmt = new SimpleDateFormat("yyyy年 MM月 dd日 EEEE");
        Date date = new Date();
        System.out.println(fmt.format(date));
    }
}
```

3. 将文本数据解析成日期对象

下面的示例展示如何将字符串转换成日期。

```java
package exam1_5_3_c;
import java.text.SimpleDateFormat;
import java.util.Date;
public class Exam1_5_3_c {
    public static void main(String[] args) {
        SimpleDateFormat format = new SimpleDateFormat("MM-dd-yyyy");
        String dateStr = "09-29-2001";
        try {
            Date date = format.parse(dateStr);
            System.out.println(date.getTime());
        }catch (Exception ex) {
            ex.printStackTrace();
        }
    }
}
```

4. Calendar 类

使用 Calendar 可以方便地处理日期,设置和获取日期数据的特定部分。例如:

```java
package exam1_5_3_d;
import java.text.SimpleDateFormat;
import java.util.Calendar;
import java.util.Date;
public class Exam1_5_3_d {
    public static void main(String args[]) {
        Calendar calendar = Calendar.getInstance();          //建立实例
        Date date = calendar.getTime();                      //获取相应的 Date 对象
        calendar.set(2011, 10, 13);                          //用年月日指定一个日期
        SimpleDateFormat df = new SimpleDateFormat("yyyy-MM-dd hh:mm:ss");
        System.out.println(df.format(calendar.getTime()));   //格式化日期
        calendar.setTime(date);                              //用日期对象设置一个日期
        calendar.add(java.util.Calendar.DATE, 5);            //加 5 天
        System.out.println(calendar.get(Calendar.YEAR));     //获得年
        System.out.println(calendar.get(Calendar.MONTH));    //获得月,从 0 算起
        System.out.println(calendar.get(Calendar.DATE));     //获取日
        System.out.println(calendar.get(Calendar.DAY_OF_WEEK)); //获取星期几
        System.out.println(calendar.get(Calendar.DAY_OF_MONTH));
                                                             //当前日期所在月份的第几天
    }
}
```

1.5.4 案例 1-4 日期工具类

设计一个关于日期的工具类,封装常用方法。测试类的运行效果如图 1-16 所示。

【技术要点】

(1) 获取当前格式化日期的方法是,先利用 Calendar.getInstance()获得 Calendar 实例,然后调用该实例的 getTime()方法获得当前日期,并利用 SimpleDateFormat 进行格式化。

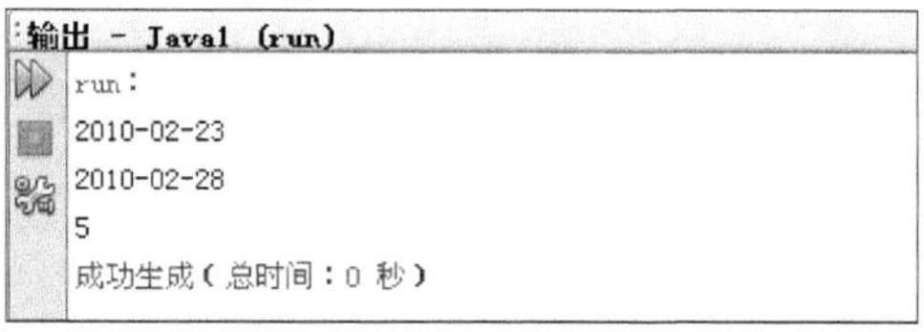

图 1-16 日期工具类的测试效果

（2）求两个日期之间相差的天数，是先利用 getTime() 取出毫秒，计算两毫秒之差，再除以一天的毫秒数。方法 addDate() 的实现，利用了 Calendar 的 add() 方法。

【设计步骤】

（1）在 NetBeans 下新建一个 Java 应用程序项目，项目命名为 Exam1_5_4。

（2）新建一个包，命名为 exam1_5_4，在该包下新建一个类，命名为 DateUtil，并编写代码如下所示。

```java
/*
 * DateUtil.java
 * Copyright © 2015 YSL Co. BIGC.
 * 版权所有.
 */
package exam1_5_4;
import java.text.SimpleDateFormat;
import java.util.Calendar;
import java.util.Date;
/**
 * 该类是关于日期的工具类.
 * @version 1.0
 * 2015 - 6 - 12
 * @author Yang Shulin
 */
public class DateUtil {
    /**
     * 根据给定格式化对当前日期进行格式化
     * @param format 格式
     * @return 格式化后的日期字符串
     */
    public static String getDate(String format) {
        Calendar cd = Calendar.getInstance();
        SimpleDateFormat sdf = new SimpleDateFormat(format);
        return sdf.format(cd.getTime());
    }
    /**
     * 根据给定格式对给定日期进行格式化
     * @param date 要格式化的日期
     * @param format 格式
     * @return 格式化后的日期字符串
     */
    public static String getDate(Date date, String format) {
        SimpleDateFormat sdf = new SimpleDateFormat(format);
```

```java
        return sdf.format(date);
    }
    /**
     * 计算两个时间之间相隔天数
     * @param startday 开始时间
     * @param endday 结束时间
     * @return 天数
     */
    public static int getIntervalDays(Date startday, Date endday) {
        //确保 startday 在 endday 之前
        if (startday.after(endday)) {
            Date cal = startday;
            startday = endday;
            endday = cal;
        }
        //分别得到两个时间的毫秒数
        long sl = startday.getTime();
        long el = endday.getTime();
        long ei = el - sl;
        //根据毫秒数计算间隔天数
        return (int) (ei / (1000 * 60 * 60 * 24));
    }
    /**
     * 计算一个日期加上一定天数以后的日期
     * @param date 原日期
     * @param day 天数
     * @return 新的日期
     */
    public static Date addDate(Date date, int day) {
        java.util.Calendar c = java.util.Calendar.getInstance();
        c.setTime(date);
        c.add(java.util.Calendar.DATE, day);
        return c.getTime();
    }
}
```

（3）在 exam1_5_4 包下再新建一个类，命名为 TestDateUtil，并编写代码如下所示。

```java
package Exam1_5_4;
import java.util.Date;
public class TestDateUtil {
    public static void main(String args[]) {
        System.out.println(DateUtil.getDate("yyyy-MM-dd hh:mm:ss"));
        Date date = new Date();
        Date date1 = DateUtil.addDate(date, 5);                //加上 5 天
        System.out.println(DateUtil.getDate(date1,"yyyy-MM-dd hh:mm:ss"));
        int n = DateUtil.getIntervalDays(date1, date);         //两个日期相差的天数
        System.out.println(n);
    }
}
```

（4）保存并运行程序。

小结

Java 是一种完全面向对象的程序设计语言。它具有简单、稳定、与平台无关、安全、解释执行、多线程等特点。它有三种应用体系：Java EE、Java SE 和 Java ME。

JDK(Java Development Kit)是 Sun 公司最新提供的基础 Java 语言开发工具软件包。其中包含 Java 语言的编译工具、运行工具以及类库。

Java 虚拟机是由 Java 解释器和运行平台构成，它的作用类似 CPU，负责执行指令，管理内存和存储器。

Java 源程序要保存成.java 文件。源程序经过 Java 编译器(javac.exe)编译成字节码文件(.class)。字节码是一种中间代码，不能直接运行，需要由 Java 解释器来运行。

Java 语言的数据类型分为基本数据类型和引用数据类型。基本数据类型包括整数类型、浮点类型、字符类型和布尔类型，引用类型包括类、接口、数组和枚举类型。

Java 提供了丰富的运算功能。按操作数的数目来分，有一元运算符、二元运算符、三元运算符。按功能划分，有赋值运算符、算术运算符、关系运算符、逻辑运算符、位运算符、条件运算符等。Math 类封装了数学函数。

Java 中处理字符串使用类 String 和 StringBuffer。与 StringBuffer 类似的还有 StringBuilder，区别是前者是线程安全的(同步)，后者是非线程安全的。

处理日期和时间主要使用 java.util.Date(日期)、java.util.Calendar(日历)和 java.text.DateFormat(日期格式化)。

习题

一、问答题

1-1　Java 语言有哪几个应用体系？各有什么用途？

1-2　Java 程序的运行机制是怎样的？

1-3　Java 标识符命名有什么规定？命名的规范有哪些？

1-4　Java 注释有几种？注释的规范有哪些？

1-5　Java 的数据类型中包含哪些基本数据类型和哪些引用数据类型？

1-6　如何将字符串转换为整数及整数转换为字符串？

1-7　String、StringBuffer、StringBuilder 有什么区别？

1-8　Date 类和 Calendar 类有什么不同？如何相互转化？

二、程序题

1-9　设计一个控制台应用程序，输入梯形的上底、下底和高，输出梯形的面积。

1-10　设计一个 Java 应用程序，能按类似"2010 年 06 月 30 日 5 时 12 分"格式化输出当前日期和时间。

实验

题目：设计简单的 Java 应用程序

一、实验目的

（1）熟悉 Java 集成开发环境；
（2）掌握 Java 应用程序设计的一般步骤；
（3）熟悉 Java 应用程序的结构；
（4）掌握控制台输入输出的方法；
（5）练习设计简单的 Java 应用程序。

二、实验要求

基本要求：设计一个控制台应用程序，求三角形面积。要求按 Java 命名规范和注释规范写程序。（提示：输入三条边 a、b、c，先求出三边之和的一半 p，再利用公式 Math.sqrt(p×(p−a)×(p−b)×(p−c)) 求面积。）

第 2 章 控制结构与异常处理

【内容简介】

流程控制语句是程序中非常关键和基本的部分。异常是程序运行时产生的错误,Java语言提供了独特的异常处理机制,为提高程序的健壮性提供了保证。本章将详细介绍Java的分支结构、循环结构以及异常处理机制。

本章将通过"求一元二次方程的根"、"求下一天日期"、"求素数"、"求sin(x)"、"进制转换"、"整数的算术计算"、"求三角形面积"7个案例帮助读者理解和应用所学知识。

通过本章的学习,读者将具有利用分支结构、循环结构以及异常处理机制设计基本应用程序的能力。

【教学目标】

❑ 掌握几种分支结构的语法格式、执行过程和用法;
❑ 掌握几种循环结构的语法格式、执行过程和用法;
❑ 理解异常及其体系结构;
❑ 掌握异常处理机制,会自定义异常;
❑ 能利用分支结构和循环结构编写基本的应用程序。

2.1 分支结构

分支结构是根据条件选择程序流程的结构。Java有几种分支结构的语句:简单if语句,if…else语句,嵌套if语句,多选择if语句以及switch语句。

2.1.1 if 语句

1. 简单if语句(单分支结构)

简单if语句只在条件为真时执行。其语法格式如下:

```
if(布尔表达式){
    语句;
}
```

执行过程如图2-1所示。如果布尔表达式的值为true,则执行其后的语句,否则不执行任何语句。

例如,下面的示例实现输入两个整数,按从小到大排序输出。

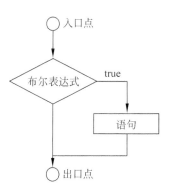

图 2-1 单分支结构流程图

```
package exam2_1_1_a;
import java.util.Scanner;
public class Exam2_1_1_a {
    public static void main(String[] args) {
        Scanner scanner = new Scanner(System.in);
        int x = scanner.nextInt();
        int y = scanner.nextInt();
        if (x > y) {
            int t = x;                              //交换两个数,必须借助第三个变量
            x = y;
            y = t;
        }
        System.out.println(x + "," + y);
    }
}
```

提示:条件必须写在圆括号里面。语句可以是一条语句或多条语句。若语句为一条语句,大括号可以省略,但建议都写上大括号,这样比较符合规范。

2. if…else 语句(双分支结构)

这种结构根据条件的真假执行不同的语句。其语法格式如下:

```
if(布尔表达式) {
    语句 1;
}
else {
    语句 2;
}
```

其执行过程如图 2-2 所示。当布尔表达式的值为 true 时执行语句 1,否则执行语句 2。

下面的示例计算如下分段函数的值,输入 x 的值,输出 y 的值。

$$y = \begin{cases} x^2 - 1 & x < 10 \\ 2x + 1 & x \geq 10 \end{cases}$$

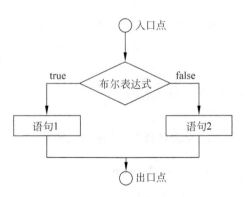

图 2-2 双分支结构流程图

```
package exam2_1_1_b;
import java.util.Scanner;
public class Exam2_1_1_b{
    public static void main(String[] args) {
        Scanner scanner = new Scanner(System.in);
        float x = scanner.nextFloat();
        float y;
        if (x > 10) {
            y = x * x - 1;
        }else {
            y = 2 * x + 1;
        }
```

```
        System.out.println(y);
    }
}
```

3. 嵌套 if 语句(嵌套结构)

嵌套 if 语句是指在 if 语句中又包含 if 语句。

例如,下面的示例程序解决如下问题:在购买某物品时,按所花钱数给予不同的折扣,设 x 为所花钱数,d 为折扣率。

$$d = \begin{cases} 0 & x < 1000 \\ 0.1 & 1000 \leqslant x < 2000 \\ 0.2 & 2000 \leqslant x \end{cases}$$

编写程序输入所花钱数 x,计算应付款 y。程序如下。

```
package exam2_1_1_c;
import java.util.Scanner;
public class Exam2_1_1_c{
    public static void main(String[] args) {
        Scanner scanner = new Scanner(System.in);
        float x = scanner.nextFloat();
        float d;
        if (x < 1000) {
            d = 0f;
        }else {
            if (x < 2000) {
                d = 0.1f;
            }else {
                d = 0.2f;
            }
        }
        float y = x - x * d;
        System.out.println(y);
    }
}
```

4. 多选择 if 语句(多分支结构)

多选择 if 语句是一种特殊的嵌套形式。其语法格式如下:

```
if(布尔表达式 1){
    语句 1;
}else if(布尔表达式 2) {
    语句 2;
}
    ⋮
else if(布尔表达式 n){
    语句 n;
}else{
    语句 n+1;
}
```

执行过程如图 2-3 所示。程序根据条件判断执行相应分支,只执行第一个条件为真的分支,即执行了一个分支后,其余分支不再执行。

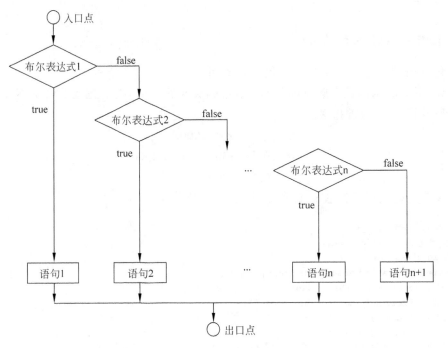

图 2-3 多分支结构流程图

例如,下面的示例演示输入成绩 mark,输出对应的等级:优(90≤mark≤100),良(80≤mark<90),中(70≤mark<80),及格(60≤mark<70),不及格(mark<60)。

```java
package exam2_1_1_d;
import java.util.Scanner;
public class Exam2_1_1_d {
    public static void main(String[] args) {
        Scanner scanner = new Scanner(System.in);
        float x = scanner.nextFloat();
        String y;
        if (x < 0 || x > 100) {
            y = "成绩数据错误!";
        }else if (x < 60) {
            y = "不及格";
        }else if (x < 70) {
            y = "及格";
        }else if (x < 80) {
            y = "中";
        }else if (x < 90) {
            y = "良";
        }else {
            y = "优";
        }
        System.out.println(y);
    }
}
```

2.1.2 案例 2-1 求一元二次方程的根

设计程序求一元二次方程的根,要求输入二次方程的三个系数,能够判断是否为二次方程,如果是二次方程,根据判别式,按不同的情况求出方程的根。运行界面如图 2-4 所示。

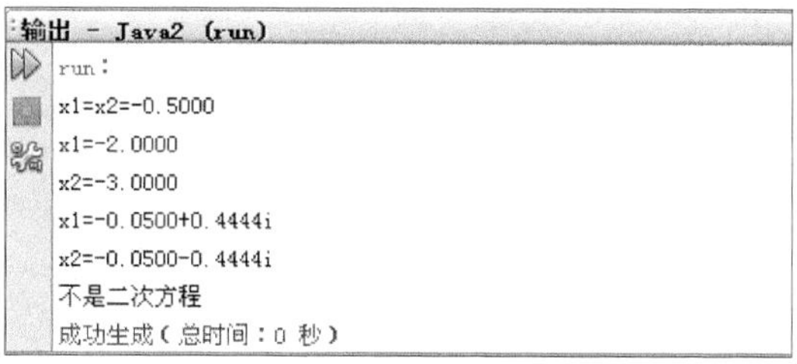

```
输出 - Java2 (run)
run:
x1=x2=-0.5000
x1=-2.0000
x2=-3.0000
x1=-0.0500+0.4444i
x2=-0.0500-0.4444i
不是二次方程
成功生成(总时间:0 秒)
```

图 2-4 求二次方程的根

【技术要点】

(1) 利用双分支结构先判断 a 是否为零,若不为零,则求根,否则显示"不是二次方程"。若求根,先求判别式 d=b×b-4×a×c,再利用多选择结构判断 d,根据不同的情况求根。

(2) 为了使根保留小数点后 4 位,使用了浮点数据格式化类 DecimalFormat。

【设计步骤】

(1) 在 NetBeans 下新建一个 Java 应用程序项目,项目命名为 Exam2_1_2。

(2) 在项目中建立一个包 exam2_1_2,在该包下建立类 Equation,编写代码如下所示。

```java
package exam2_1_2;
import java.text.DecimalFormat;
public class Equation {
    static void getRoot(double a, double b, double c) {
        if (a != 0) {
            double d = b * b - 4 * a * c;
            DecimalFormat df = new DecimalFormat("0.0000"); //用于浮点数格式化
            if (d > 0) {
                double x1 = (-b + Math.sqrt(d)) / (2 * a);
                double x2 = (-b - Math.sqrt(d)) / (2 * a);
                System.out.println("x1 = " + df.format(x1));
                System.out.println("x2 = " + df.format(x2));
            }else if (d == 0) {
                double x = -b / (2 * a);
                System.out.println("x1 = x2 = " + df.format(x));
            }else {
                double real = -b / (2 * a);
                double image = Math.sqrt(-d) / (2 * a);
                System.out.println("x1 = " + df.format(real) + " + "
                        + df.format(image) + "i");
                System.out.println("x2 = " + df.format(real) + " - "
                        + df.format(image) + "i");
            }
        }else {
```

```
            System.out.println("不是二次方程");
        }
    }
    public static void main(String[] args) {
        getRoot(4, 4, 1);
        getRoot(1, 5, 6);
        getRoot(10, 1, 2);
        getRoot(0, 2, 3);
    }
}
```

(3) 保存并运行程序。

2.1.3　switch 语句

switch 语句用于根据表达式的值决定执行哪个分支。它的功能类似于 if 语句的多分支结构。其语法格式如下：

```
switch(表达式){
    case 常量表达式 1:
        语句 1;
        [break;]
    case 常量表达式 2:
        语句 2;
        [break;]
     ⋮
    case 常量表达式 n:
        语句 n;
        [break;]
    [default :
        语句 n+1;
        [break;]]
}
```

其执行过程如图 2-5 所示。如果表达式的值等于常量表达式 i 的值，则执行语句 i；如果表达式的值和 n 个常量表达式的值都不相等，则执行 default 后的语句。break 用来指出流程的出口点，流程执行到任意一个 break 语句，都将跳出 switch 语句，如果某种情况没有使用 break 语句，那么程序将继续向下执行。

使用 switch 语句需要注意以下几个问题。

(1) switch 之后括号内的表达式必须兼容 int，可以是 byte、short、int、char 以及枚举类型，不能是长整型或其他任何类型。JDK 7 之后支持 String 类型。

(2) 在 case 后的各常量表达式的值不能相同，否则会出现错误。

(3) 在 case 后，允许有多个语句，可以不用{}括起来。

(4) 每种情况执行完，一般使用 break 跳出 switch 结构，否则程序继续向下执行。

(5) case 和 default 语句的先后顺序可以变动，而不会影响程序执行结果。但把 default 语句放在最后是一种良好的编程习惯。

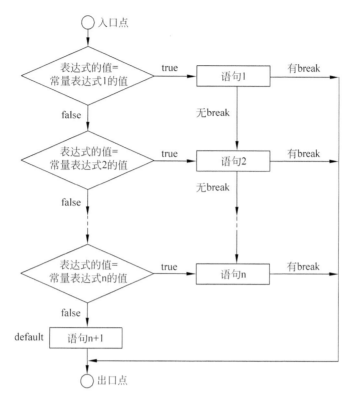

图 2-5 switch 语句流程图

（6）default 子句可以省略。

例如，下面的示例演示利用 switch 语句解决输入成绩输出等级的问题。

```
package exam2_1_3;
import java.util.Scanner;
public class Exam1 {
    public static void main(String[] args) {
        Scanner scanner = new Scanner(System.in);
        float x = scanner.nextFloat();
        String y;
        switch ((int) (x / 10)) {
            case 0:
            case 1:
            case 2:
            case 3:
            case 4:
            case 5:
                y = "不及格";
                break;
            case 6:
                y = "及格";
                break;
            case 7:
                y = "中";
```

```
                break;
            case 8:
                y = "良";
                break;
            case 9:
            case 10:
                y = "优";
                break;
            default:
                y = "成绩数据错误!";
                break;
        }
        System.out.println(y);
    }
}
```

2.1.4 案例 2-2 求下一天日期

输入一个日期,求下一天的日期。运行界面如图 2-6 所示。

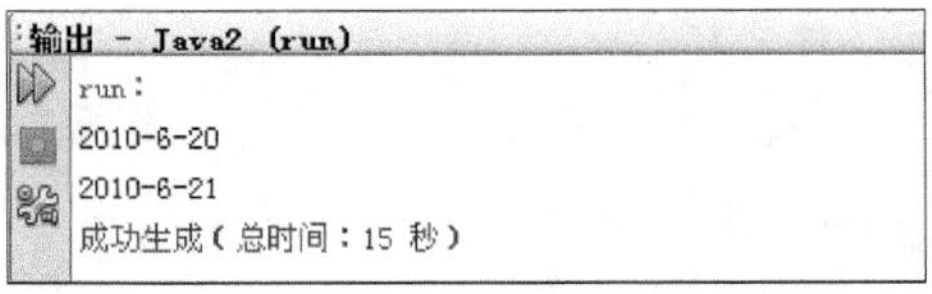

【技术要点】

以字符串的方式输入日期,再分离取出年月日。先用 if 语句判断年月是否合法。若合法,再判断是否为闰年,然后使用 switch 语句判断月份,求出该月份的天数。之后,判断日是否合法。若合法,再判断是否为当月最后一天。若不是最后一天,日加 1,年和月不变。否则,判断月份是否为 12,如果是 12,年加 1,月置 1,日置 1;否则,年不变,月加 1,日置 1。

图 2-6 求下一天日期运行界面

【设计步骤】

(1) 在 NetBeans 下新建一个 Java 应用程序项目,项目命名为 Exam2_1_4。

(2) 在项目中建立一个包 exam2_1_4,在该包下建立类 GetNextDate,编写代码如下所示。

```java
package exam2_1_4;
import java.util.Scanner;
public class GetNextDate {
    public static void main(String[] args) {
        int y, m, d;                                //年、月、日
        int dnum = 0;                               //月里的天数
        boolean isLeap = false;                     //是否为闰年
        Scanner scanner = new Scanner(System.in);
        String date = scanner.nextLine();
        String ymd[] = date.split("-");
        y = Integer.parseInt(ymd[0]);
        m = Integer.parseInt(ymd[1]);
        d = Integer.parseInt(ymd[2]);
        if (y < 1000 || y > 9999 || m < 1 || m > 12) {
```

```java
        System.out.println("日期不合法!");
        return;
    }
    if ((y % 400 == 0) || (y % 4 == 0 && y % 100 != 0)) {
        isLeap = true;
    }
    switch (m) {
        case 1:
        case 3:
        case 5:
        case 7:
        case 8:
        case 10:
        case 12:
            dnum = 31;
            break;
        case 4:
        case 6:
        case 9:
        case 11:
            dnum = 30;
            break;
        case 2:
            if (isLeap) {
                dnum = 29;
            }else {
                dnum = 28;
            }
    }
    if (d < 1 || d > dnum) {
        System.out.println("日期不合法!");
        return;
    }
    if (d != dnum) {
        d++;
    }else {
        if (m == 12) {
            y++;
            m = 1;
            d = 1;
        }else {
            m++;
            d = 1;
        }
    }
    System.out.println(y + "-" + m + "-" + d);
}
```
}

（3）保存并运行程序。

2.2 循环结构

循环结构是控制语句反复执行的结构。循环中要重复执行的语句称为循环体。循环体可以是任意 Java 语句,如复合语句、条件语句、单个语句或空语句等,当然还可以是循环语句。Java 支持的循环结构有:for 循环、while 循环、do…while 循环、迭代循环。

2.2.1 for 循环

for 循环可使语句重复执行一定的次数。循环的次数使用循环变量来控制,每重复一次循环之后,循环变量的值就会增加或者减少。for 循环的语法如下:

```
for(表达式1;表达式2;表达式3) {
    语句;                                    //循环体
}
```

在关键字 for 后的括号内有三个表达式语句。其中,表达式 1 和表达式 3 可以是任意表达式语句或空语句,甚至是逗号表达式;表达式 2 必须为布尔型的常量、变量或表达式。大括号括起的语句为循环体。循环语句的执行过程如图 2-7 所示。

(1) 求解表达式 1。
(2) 求解并判断表达式 2,若其值为真(true),则执行循环体;若其值为假(false),则转到第 5 步结束循环。
(3) 求解表达式 3。
(4) 转回第(2)步,继续执行。
(5) 循环结束,执行 for 语句之后的语句。

例如,下面的示例求 1+2+3+…+100 的和。

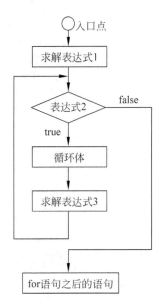

图 2-7 for 语句流程图

```
package exam2_2_1_a;
public class Exam2_2_1_a {
    public static void main(String[] args) {
        int sum = 0;
        for (int i = 1; i <= 100; i++) {
            sum += i;
        }
        System.out.println("sum = " + sum);
    }
}
```

for 循环中的三个表达式,可以视不同情况省略,但分号不能省略。例如,对上面的问题,也可以把程序修改成如下代码。

```
package exam2_2_1_b;
public class Exam2_2_1_b {
```

```java
public static void main(String[] args) {
    int sum = 0;
    int i = 1;
    for (; i <= 100;) {
        sum += i;
        i += 1;
    }
    System.out.println("sum = " + sum);
}
}
```

2.2.2 案例 2-3 求素数

设计程序,求 2～100 之间的所有素数,5 个一行。运行界面如图 2-8 所示。

【技术要点】

一个整数为素数的条件是,它只能被 1 或它本身整除,如 3、7、13 都是素数。判断一个数 i 是否为素数,要看 2～i－1 这些数有没有能整除 i 的,可以用一个循环从 2 遍历到 i－1,逐个去除 i,如果有一个能整除 i,i 就不是素数。

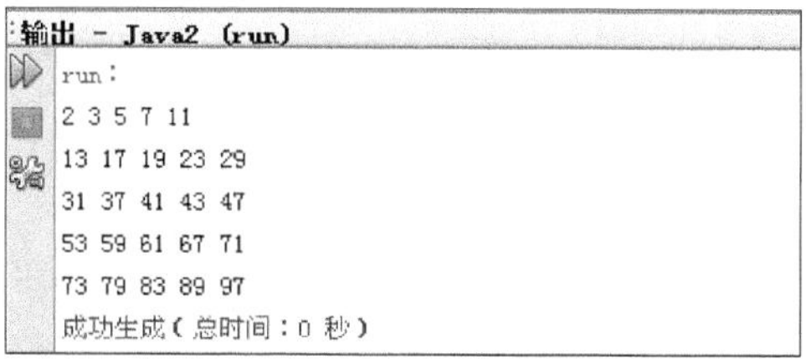

【设计步骤】

(1) 在 NetBeans 下新建一个 Java 应用程序项目,项目命名为 Exam2_2_2。

图 2-8 求素数运行界面

(2) 在项目中建立一个包 exam2_2_2,在该包下建立类 FindPrime,编写代码如下所示。

```java
package exam2_2_2;
public class FindPrime {
    public static void main(String[] args) {
        int t = 0;
        boolean f = true;
        for (int i = 2; i <= 100; i++) {
            f = true;
            for (int j = 2; j < i - 1; j++) {
                if (i % j == 0) {
                    f = false;
                    break;
                }
            }
            if (f) {
                t++;
                if (t % 5 == 0) {
                    System.out.println(i + " ");
                } else {
                    System.out.print(i + " ");
                }
            }
```

            }
        }
    }

（3）保存并运行程序。

提示：break 语句有两种作用：一是在 switch 语句中,用于终止 case 语句序列,跳出 switch 语句;二是用在循环结构中,用于终止循环语句,跳出循环结构。

2.2.3 while 循环

for 循环比较适合于循环次数一定的情况。对于循环次数未知而希望通过条件来控制循环的情况,使用 while 循环更为方便。其语法格式如下：

```
while(布尔表达式){
    语句;                              //循环体
}
```

其执行过程如图 2-9 所示。在循环体执行前先判断条件,若条件为 true,执行循环体,否则,整个循环结束,转到循环语句后面的语句去执行。

下面的示例求 1+2+3+…大于 1000 的最小值。

```java
package exam2_2_3;
public class Exam2_2_3{
    public static void main(String[] args) {
        int i = 1;
        int sum = 0;
        while (sum <= 1000) {
            sum += i;
            i += 1;
        }
        System.out.println("sum = " + sum);
    }
}
```

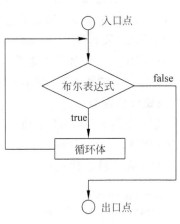

图 2-9 while 语句流程图

2.2.4 循环嵌套

循环是可以嵌套的,即在一个循环语句的循环体中又包含循环语句。外层循环每循环一次,内层循环都要从头循环到最后(条件不满足为止)。

下面的示例输出如图 2-10 所示的九九乘法表。

```java
package exama2_2_4;
public class Exama2_2_4{
    public static void main(String[] args) {
        for (int i = 1; i <= 9; i++) {
            for (int j = 1; j <= i; j++) {
                System.out.printf("%2d*%d=%-2d", i, j, i * j);
```

```
            }
            System.out.println();
        }
    }
}
```

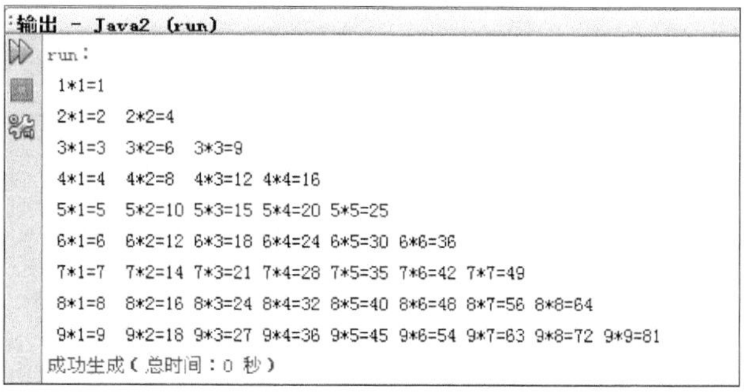

图 2-10 九九乘法表

2.2.5 案例 2-4 求 sin(x)

设计程序求 sin(x),当第 n 项的精度小于 10^{-5} 时结束计算。要求用两种方法:一重循环和二重循环。运行界面如图 2-11 所示。

$$\sin(x) = \frac{x}{1} - \frac{x^3}{3!} + \frac{x^5}{5!} - \frac{x^7}{7!} + \cdots + (-1)^{n-1} \frac{x^{2n-1}}{(2n-1)!}$$

【设计要点】

用单重循环方法是:用循环累乘(每次乘两个数)的方法求每一项,同时进行累加。用双重循环的方法是:内层循环求阶乘,外层循环遍历项。

图 2-11 求 sin(x)运行界面

【设计步骤】

(1) 在 NetBeans 下新建一个 Java 应用程序项目,项目命名为 Exam2_2_5。

(2) 在项目中建立一个包 exam2_2_5,在该包下建立类 Exam2_2_5,编写代码如下所示。

```java
package exam2_2_5;
import java.text.DecimalFormat;
public class Exam2_2_5{
    public static double f1(double x) {           //用一层循环求
        double s = 0;
        double t = x;
        int n = 1;
        while (Math.abs(t) >= 0.00001) {
            s = s + t;
            t = (-1) * t * x * x / ((n + 1) * (n + 2));
            n = n + 2;
```

```java
        }
        return s;
    }
    public static double f2(double x) {              //用双重循环求
        double s = 0;
        double t = 1;
        int n = 1;
        double p = x;
        while (Math.abs(p / t) >= 0.00001) {
            s = s + p / t;
            p = (-1) * p * x * x;
            t = 1;
            n = n + 2;
            for (int i = 1; i <= n; i++) {
                t = t * i;
            }
        }
        return s;
    }
    public static void main(String[] args) {
        DecimalFormat df = new DecimalFormat("0.0000");//用于格式化
        System.out.println(df.format(f1(2)));
        System.out.println(df.format(f2(2)));
    }
}
```

(3) 保存并运行程序。

2.2.6 do…while 循环

与 for 语句和 while 语句不同的是，do…while 语句先执行循环体，再判定循环条件，当循环条件为 true 时反复执行循环体，直到循环条件为 false 时终止循环。因此，它的循环体将至少被执行一次，而前两种循环的循环体有可能一次也不执行。图 2-12 说明了 do…while 语句的执行过程。do…while 语句的语法格式如下：

```
do{
    语句；    //循环体
}while(布尔表达式);
```

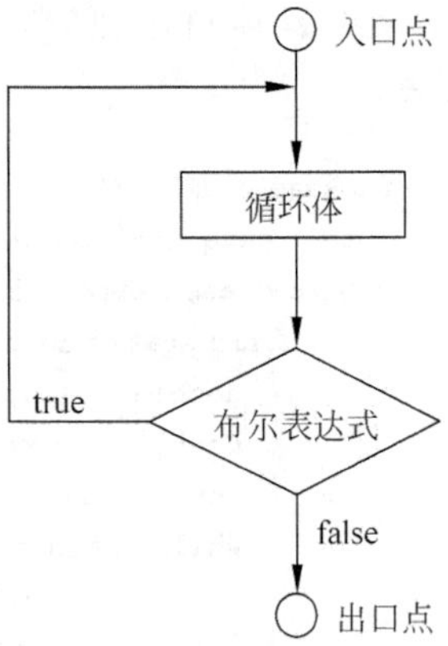

例如，以下示例求 Fibonacci 数列前 15 项，数列 $a_0=0, a_1=1, a_n=a_{n-2}+a_{n-1}$。

```java
package exam2_2_6;
public class Exam2_2_6{
    public static void main(String[] args) {
        final int N = 10;
        int i = 1;
        int a = 0, b = 1;
```

图 2-12 do…while 语句流程图

```java
        do {
            System.out.print(a + " " + b + " ");
            a = a + b;
            b = a + b;
            i++;
        }while (i < N);
    }
}
```

2.2.7 案例 2-5 进制转换

设计一个程序,能够将十进制整数转换成其他进制(二进制、八进制和十六进制)表示的整数,也能将其他进制表示的整数转换为十进制整数。运行界面如图 2-13 所示。

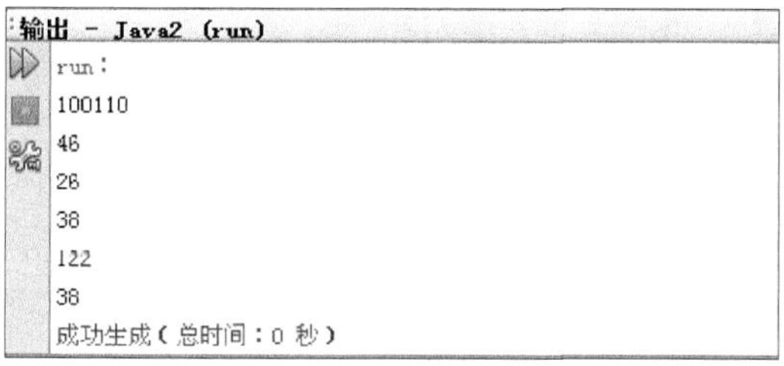

图 2-13 进制转换程序运行界面

【设计要点】

将十进制转换成其他进制,采用循环除基取余的方法。把其他进制转换成十进制,采用循环累乘并相加的方法。

【设计步骤】

(1) 在 NetBeans 下新建一个 Java 应用程序项目,项目命名为 Exam2_2_7。

(2) 在项目中建立一个包 exam2_2_7,在该包下建立类 Exam2_2_7,编写代码如下所示。

```java
package exam2_2_7;
public class Exam2_2_7{
    public static String f1(int n, int b) {
        StringBuffer s = new StringBuffer();
        int r = 0;
        do {
            r = n % b;
            if (r >= 10) {
                r = r + 55;
            }else {
                r = r + 48;
            }
            s.append((char) r);
            n = n / b;
        }while (n != 0);
```

```java
        s.reverse();
        return s.toString();
    }
    public static int f2(String s, int b) {
        int n = 0;
        for (int i = 0; i < s.length(); i++) {
            char c = s.charAt(i);
            if (c >= '0' && c <= '9') {
                n = n * b + ((int) c - 48);
            }else if (c >= 'a' && c <= 'z') {
                n = n * b + ((int) c - 87);
            }else if (c >= 'A' && c <= 'Z') {
                n = n * b + ((int) c - 55);
            }
        }
        return n;
    }
    public static void main(String[] args) {
        System.out.println(f1(38, 2));
        System.out.println(f1(38, 8));
        System.out.println(f1(38, 16));
        System.out.println(f2("100110", 2));
        System.out.println(f2("38", 38));
        System.out.println(f2("26", 16));
    }
}
```

(3) 保存并运行程序。

2.2.8 迭代循环

迭代循环是为简化集合类、枚举和数组的迭代过程而提出来的。其一般形式如下：

```
for(类型变量:可迭代的表达式) {
    语句;
}
```

在关键字 for 后的括号中有两个控制元素，它们之间用一个冒号分隔开。第一个元素是用于遍历的变量，它的类型必须与集合或数组中存放的对象相兼容；第二个元素是可迭代的表达式(结果是集合或数组)。

例如，下面的示例演示随机产生 20 个 1~100 之间的整数，求大于 50 的数的个数。

```java
package exam2_2_8;
public class Exam2_2_8{
    public static void main(String[] args) {
        int a[] = new int[20];
        for (int i = 0; i < a.length; i++) {
            a[i] = (int) (Math.random() * 100) + 1;
            System.out.print(a[i] + " ");
        }
        System.out.println();
```

```
        int n = 0;
        for (int x : a) {
            if (x > 50) {
                n++;
            }
        }
        System.out.println(n);
    }
}
```

2.3 异常处理

2.3.1 异常及其体系结构

程序的错误有三类：编译错误、运行错误和逻辑错误。编译错误是因为没有遵循语言的规则，它由编译程序检查发现。在运行过程中，如果环境发现了一个不可执行的操作，就会出现运行时错误。如果程序没有按预期的方案执行，就是逻辑错误。

异常指的是程序运行过程中出现的非正常情况，它中断指令的正常执行。Java 中提供了一种独特的处理异常的机制，通过异常来处理程序运行中出现的错误。

Java 把异常当作对象来处理。如图 2-14 所示，Throwable 类是所有异常和错误的超类，它有两个子类：Error(错误)和 Exception(异常)。从程序设计的角度来看，这些类可以分为以下几类。

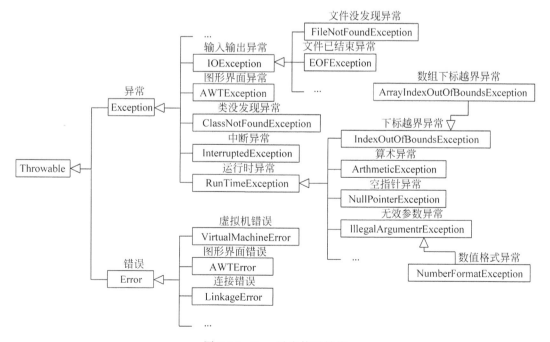

图 2-14　Java 异常体系结构

(1) 程序无法捕获和处理的错误(称为错误)——Error 类及其子类。描述的是内部系统错误,如内存溢出、链接错误等。这些异常发生时,Java 虚拟机会终止线程。

(2) 程序能捕获和处理的异常(称为检查性异常或非运行时异常)——Exception 及子类中的非 RuntimeException 异常。这类异常一般是由外在的环境条件不满足引发的,如类没发现、IO 操作错误等。Java 编译器强制要求处理这类异常,如果不捕获这类异常,程序将不能被编译。

(3) 可以捕获处理也可以不捕获处理的异常(称为非检查性异常或运行时异常)——RuntimeException 及其子类。例如,除零、不合适的类型转换、下标越界、空指针等。虽然这类异常也是由 Exception 派生而来,但这类异常在程序中可以捕获处理,也可以不捕获处理。这些异常一般是由程序逻辑错误引起的,应该从逻辑角度尽可能避免这类异常的发生。在调试程序时,经常会遇到这类异常,熟悉这些异常,对调试程序非常有利。

例如,下面的示例程序运行后会发生运行时异常。

```java
package exam2_3_1;
public class Exam2_3_1{
    public static void main(String[] args) {
        int a[] = {1, 2, 3, 3};
        for (int i = 0; i < 5; i++) {
            System.out.println("  a[" + i + "]=" + a[i]);
        }
    }
}
```

上面程序的运行结果是:

```
a[0] = 1
a[1] = 2
a[2] = 3
a[3] = 3
Exception in thread "main" java.lang.ArrayIndexOutOfBoundsException: 4
        at java2_3_2.exam.Exam.main(Exam.java:6)
```

从运行的结果可以看出,程序出现了数组下标越界异常,并且可以看出这时的下标为 4,错误发生在第 6 行。

2.3.2 异常处理机制

Java 异常的处理采用一个统一的和相对简单的抛出和处理错误的机制。如果一个方法本身可能引发异常,当调用该方法出现异常时,调用者可以捕获异常使之得到处理,也可以回避异常,抛给调用它的程序,这时异常将在调用的堆栈中向下传递,直到被处理。

1. 处理异常的程序结构

```
try {
    …                                                      //程序块
}catch (异常类型 e){
```

```
        ...                                    // 对异常的处理
    }finally {
        ...                                    //无论出现异常否都要执行的代码
    }
```

例如,下面的示例演示从键盘上读入一个字符并显示。

```
package exam2_3_2_a;
import java.io.IOException;
public class Exam2_3_2_a{
    public static void main(String[] args) {
        try {
            int x = System.in.read();          //该语句会引发检查性异常,必须捕获异常
            System.out.println(x);
        }catch (IOException ex) {
            ex.printStackTrace();
        }
    }
}
```

1) try

用 try{}选定捕获异常的范围,由 try{}所限定的代码块中的语句在执行过程中可能会产生并抛出异常。

2) catch

try{}之后可以有一个或多个 catch 语句,用于处理所产生的异常。catch 语句有一个参数,指明它所能够捕获的异常类型,这个类型必须是 Throwable 的子类。运行时系统通过这个参数把异常对象传递给 catch 块,catch 块可使用异常对象获得异常信息。

(1) String getMessage():得到有关异常事件的信息。

(2) Void printStackTrace():用来跟踪异常事件发生时执行堆栈的内容。

若捕获异常的代码块可能会引起多个异常,这时可用多个 catch 语句分别处理不同类型的异常。捕获的顺序和 catch 语句的顺序有关,当捕获到一个异常时,剩下的 catch 语句就不再进行匹配。因此,在安排 catch 语句的顺序时,首先应该捕获最特殊的异常,然后再逐渐一般化,也就是先安排子类,再安排父类。

例如,下面是一个有两个 catch 语句的程序的示例。

```
package exam2_3_2_b;
import java.util.Scanner;
class Exam2_3_2_b{
    public static void main(String[] args) {
        try {
            Scanner scanner = new Scanner(System.in);
            int a = scanner.nextInt();
            int b = scanner.nextInt();
            int d[] = {1, 3, 4, 5, 6};
            System.out.println(26/a);
            System.out.println(d[b]);
        }catch (ArithmeticException e) {
            System.out.println("被零除: " + e);
```

```java
        }catch (ArrayIndexOutOfBoundsException e) {
            System.out.println("数据下标越界：" + e);
        }
    }
}
```

程序的运行结果有以下 4 种情况。

第一种：输入 1 和 2，显示 26 和 4。是不出现异常的情况。

第二种：输入 0 和 1，显示"被零除：java.lang.ArithmeticException：/ by zero"。

第三种：输入 1 和 6，显示 26 和"数据下标越界：java.lang.ArrayIndexOutOfBoundsException：6"。

第四种：输入 0 和 6，"被零除：java.lang.ArithmeticException：/ by zero"。

注意：ArithmeticException 和 ArrayIndexOutOfBoundsException 都属于运行时异常，因此不捕获也是可以的。尽管这类异常不用捕获，但如果明显有可能因为外界引起异常，比如输入除法运算的除数，这时捕获也是必要的。

3) finally

捕获异常的最后一步是通过 finally 语句为异常处理提供一个统一的出口，使得在控制流转到程序的其他部分以前，能够对程序的状态做统一的管理。不论在 try 代码块中是否发生了异常事件，finally 块中的语句都会被执行，即使在 try 和 catch 中有 return 语句。

例如，对上面的示例做如下修改。

```java
package exam2_3_2_c;
import java.util.Scanner;
public class Exam2_3_2_c {
    public static void main(String[] args){
        try {
            Scanner scanner = new Scanner(System.in);
            int a = scanner.nextInt();
            int b = scanner.nextInt();
            int d[] = {1, 3, 4, 5, 6};
            System.out.println(26/a);
            System.out.println(d[b]);
        }catch (ArithmeticException e) {
            System.out.println("被零除：" + e);
            throw e;
        }catch (ArrayIndexOutOfBoundsException e) {
            System.out.println("数据下标越界：" + e);
        }finally {
            System.out.println("ccc");
        }
        System.out.println("ddd");
    }
}
```

运行此程序，如果输入 1 和 2，程序会出现：

26
4

ccc
ddd

运行此程序,如果输入 0 和 1,程序会出现:

被零除: java.lang.ArithmeticException: / by zero
ccc
Exception in thread "main" java.lang.ArithmeticException: / by zero
    at java2_3_2.exam.Exam3.main(Exam3.java:13)

如果输入 1 和 6,程序会出现:

26
数据下标越界: java.lang.ArrayIndexOutOfBoundsException: 6
ccc
ddd

2. try、catch、finally 三个语句块应注意的问题

(1) try、catch、finally 三个语句块均不能单独使用,三者可以组成 try…catch…finally、try…catch、try…finally 三种结构,catch 语句可以有一个或多个,finally 语句最多一个。

(2) try、catch、finally 三个代码块中变量的作用域为代码块内部,分别独立而不能相互访问。如果要在三个块中都可以访问,则需要将变量定义到这些块的外面。

(3) 有多个 catch 的时候,只会匹配其中一个异常类并执行 catch 块代码,而不会再执行别的 catch 块,并且匹配 catch 语句的顺序是由上到下。

(4) 异常发生时,匹配的 catch 中如果抛出异常,finally 之外的语句将不能被执行。

2.3.3 抛出异常

一个异常对象可以由 Java 虚拟机抛出,也可以由程序主动抛出。如果在产生异常的方法中不能确切知道该如何处理所产生的异常,可以将异常交给调用它的方法,为此要抛出异常。抛出异常涉及两个关键字 throws 和 throw。

throws 关键字用于方法的声明部分,以表明方法可能会抛出的异常类型。

throw 关键字用来抛出一个异常。如果抛出了检查异常,则还应该在方法头部声明方法可能抛出的异常类型。该方法的调用者也必须捕获处理抛出的异常。如果抛出的是运行时异常,则该方法的调用者可以捕获异常,也可以不捕获异常。

例如,在下面的示例中,方法 demoproc() 抛出了 NullPointerException 异常。由于该异常是运行时异常,所以不需要在方法的说明部分加 throws 选项,调用方法时可以不捕获异常。

```
package exam2_3_3;
class Exam2_3_3{
    static void demoproc() {
        try {
            throw new NullPointerException("空指针");
        }catch (NullPointerException e) {
```

```
            System.out.println("在方法 demoproc 中捕获");
            throw e;                                    //抛出异常
        }
    }
    public static void main(String args[]) {
        demoproc();                                     //可以不捕获异常
    }
}
```

再如,在下面的示例中,方法 procedure()抛出了 ClassNotFoundException,这种异常是检查性异常,所以方法的说明部分需要加 throws 选项,调用方法时也需要捕获异常。

```
package exam2_3_3;
class Exam2_3_3{
    static void procedure() throws ClassNotFoundException {
        System.out.println("方法 procedure 中的语句");
        throw new ClassNotFoundException("类没发现");
    }
    public static void main(String[] args) {
        try {
            procedure();
        }catch (ClassNotFoundException e) {
            System.out.println("捕获: " + e);
        }
    }
}
```

2.3.4 案例 2-6 整数的算术计算

设计一个程序,输入两个整数和一个算术运算符,根据运算符计算两个整数的运算结果。运行界面如图 2-15 所示。

【技术要点】

利用 Scanner 从键盘输入整数和运算符。考虑到用户输入的数据可能不合法,因此,需要捕获异常。对于运算符不合法的情况采用抛出异常的方法来处理。

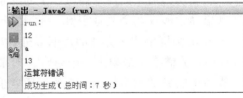

图 2-15 算术计算程序运行界面

【设计步骤】

(1) 在 NetBeans 下新建一个 Java 应用程序项目,项目命名为 Exam2_3_4。

(2) 在项目中建立一个包 exam2_3_4,在该包下建立类 Calculate,编写代码如下所示。

```
package exam2_3_4;
import java.util.InputMismatchException;
import java.util.Scanner;
public class Calculate {
    public static void main(String[] args) {
```

```java
        int x, y;                              //操作数变量
        int result = 0;                        //结果变量
        String op;
        try {                                  //异常捕获机制
            Scanner scanner = new Scanner(System.in);
            x = scanner.nextInt();
            op = scanner.next();
            y = scanner.nextInt();
            if (op.equals("+")) {              //运算符为"+"
                result = x + y;
            }else if (op.equals("-")) {        //运算符为"-"
                result = x - y;
            }else if (op.equals("*")) {        //运算符为"*"
                result = x * y;
            }else if (op.equals("/")) {        //运算符为"/"
                result = x / y;
            }else {
                throw new Exception();         //抛出异常
            }
            System.out.println(x + op + y + "=" + result);
        }catch (InputMismatchException ex) {
            System.out.println("数据错误");
        }catch (ArithmeticException ex) {
            System.out.println("除零错误");
        }catch (Exception ex) {
            System.out.println("运算符错误");
        }
    }
}
```

（3）保存并运行程序。

2.3.5 自定义异常

虽然 Java 类库提供了十分丰富的异常类，可以满足绝大多数编程的需要，但由于程序的复杂性，在开发较大的应用程序时，程序员仍要建立自己的异常类。自定义的异常类都继承已有异常类，如继承 Throwable、Exception 或 RuntimeException 来建立自定义异常。

例如，下面的示例中定义了一个异常类 MyException。

```java
package exam2_3_5;
class MyException extends Exception {
    public MyException(String message) {
        super(message);
    }
    public MyException() {
        super("我的异常");
    }
}
public class Exam1 {
```

```java
    static void f() throws MyException {
        throw new MyException();
    }
    public static void main(String[] args) {
        try {
            f();
        }catch (MyException ex) {
          //ex.printStackTrace();      //使用该语句,能显示错误信息,也能显示错误位置
            System.out.println(ex);    //只显示错误信息
        }
    }
}
```

2.3.6　案例 2-7　求三角形面积

设计程序,根据三角形三条边求三角形面积。运行界面如图 2-16 所示。

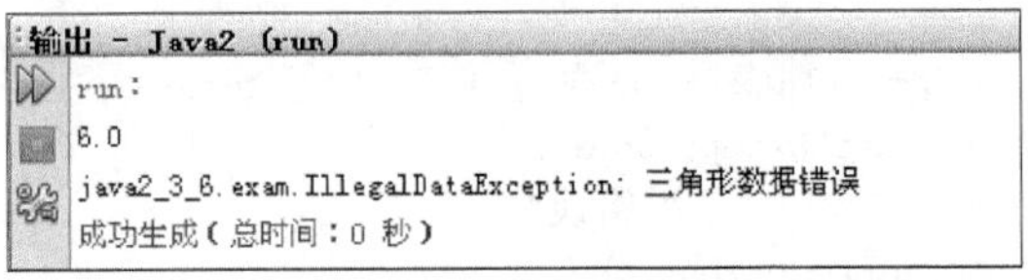

图 2-16　求三角形面积

【技术要点】

自定义一个异常类 IllegalDataException,求面积的方法 area()声明抛出这个异常类型,当三条边的数据不能构成三角形时抛出异常。

【设计步骤】

(1) 在 NetBeans 下新建一个 Java 应用程序项目,项目命名为 Exam2_3_6。

(2) 在项目中建立一个包 exam2_3_6,在该包下建立类 TestMyApp,编写代码如下所示。

```java
package exam2_3_6;
class IllegalDataException extends Exception{
    public IllegalDataException() {
        super("数据无效");
    }
    public IllegalDataException(String s)
    {
        super(s);
    }
}
class MyApp {
  public double area(float a,float b,float c) throws IllegalDataException
    {
        if(a+b>c && a+c>b && b+c>a)
         {
            float p = (a+b+c)/2;
```

```java
            return Math.sqrt(p*(p-a)*(p-b)*(p-c));
        }
        else
            throw new IllegalDataException("三角形数据错误");
    }
}
public class TestMyApp {
    public static void main(String[] args) {
        MyApp m = new MyApp();
        try {
            double s1 = m.area(3, 4, 5);
            System.out.println(s1);
            double s2 = m.area(3, 4, 1);
            System.out.println(s1);
        }catch (IllegalDataException ex) {
            System.out.println(ex);
        }
    }
}
```

（3）保存并运行程序。

小结

　　Java 支持的分支结构有：简单 if 语句，if…else 语句，嵌套 if 语句，多选择 if 语句以及 switch 语句。各种 if 语句都是根据布尔表达式做出控制选择。根据表达式计算结果 true 或 false，选择不同的分支。switch 语句根据表达式的值做出控制决定，表达式的值属于 byte、short、int、char 以及枚举型。

　　Java 支持的循环结构有：for 循环、while 循环、do…while 循环、迭代循环。for 循环比较适合于循环次数已知的情况。对于循环次数未知，而是希望通过条件来控制循环的情况，使用 while 循环更为方便。与 for 语句和 while 语句不同的是，do…while 语句先执行循环体，再判定循环条件，因此它的循环体将至少被执行一次，而前两种循环的循环体有可能一次也不执行。迭代循环用于集合、枚举和数组的遍历。

　　异常是程序运行时产生的错误，Java 语言提供了独特的异常处理机制，为提高程序的健壮性提供了保证。

习题

一、思考题

2-1　条件结构有哪几种形式？各适用于什么场合？

2-2　可以把 switch 语句转换成等价的 if 语句吗？反过来可以吗？使用 switch 的优点

是什么?

2-3 switch 是否能作用在 byte 上?是否能作用在 long 上?是否能作用在 String 上?

2-4 简述 for、while、do…while 三种循环语句的特点和区别?

2-5 什么是异常?解释抛出、捕获的含义。

2-6 简述 Java 异常处理的机制。

2-7 error 和 exception 有什么区别?

2-8 检查性异常和非检查性异常有什么区别?

2-9 try{}里有一个 return 语句,那么紧跟在这个 try 后的 finally{}里的代码会不会被执行?什么时候被执行?在 return 前还是后?

二、程序题

2-10 编写程序求如下分段函数的值:

$$y = \begin{cases} 2x+10 & x<0 \\ e^x + \sin x & 0 \leqslant x < 30 \\ \sqrt{x} & x \geqslant 30 \end{cases}$$

2-11 飞机票的标准价格是 1000 元/张。1 月或 3~6 月,每张打 6 折;9~11 月每张打 7 折;7,8 两个月每张打 8 折;其他月份每张打 9 折。要求设计程序,输入月份和张数,能计算出应付的金额。

2-12 用三种循环语句分别实现输出 10~50 之间 3 的倍数。

2-13 编写程序求 $1^2-2^2+3^2-4^2+\cdots+97^2-98^2+99^2-100^2$。

2-14 求 $1+(1+2)+(1+2+3)+\cdots+(1+2+\cdots+n)<1000$ 的最大值及此时的 n。

2-15 设计程序,求 $1+1/1!+1/2!+1/3!+\cdots+1/n!$ 的近似值,要求误差小于 0.0001。

2-16 2015 年我国工业总产值为 11.15 万亿元,按年增长 7% 计算,编写程序求:①10 年以后是多少?②多少年翻一番?

2-17 将华氏温度转换成摄氏温度($C=5/9(F-32)$),要求自定义异常类进行异常处理,对于输入的温度数据格式不正确或值小于 −273.15 按异常来处理。

实验

题目:求一个日期是这年的第几天

一、实验目的

(1) 进一步熟悉 Java 集成开发环境。
(2) 强化基础语言知识。
(3) 熟练掌握控制语句及其应用。
(4) 掌握异常处理的有关知识。
(5) 学习利用控制语句及异常处理设计简单的 Java 应用程序。

二、实验要求

输入一个日期求该日期是这年的第几天,要求:

(1) 自定义一个异常类 MyException,用于处理日期不合法的情况。

(2) 单独设计一个方法 int dayNum(int y,int m,int d)求天数。在方法中判断日期的合法性,如果日期不合法,抛出异常。

(3) 在主方法中,输入年、月、日,调用 dayNum()方法获得下一天日期,并输出,调用时要捕获异常。

第 3 章 Java 面向对象编程

【内容简介】

Java 作为一门完全面向对象的程序设计语言,充分体现了面向对象的编程思想。本章将详细介绍 Java 面向对象的有关知识,包括面向对象的概念、类的定义方法、如何创建对象、类的方法与重载、实例成员和类成员,以及继承、抽象类与接口,内部类和枚举类型等主要知识。

本章将通过"银行账户类"、"为银行账户类增加功能"、"完善银行账户类"和"为绘图软件设计一组图形类" 4 个案例,帮助读者理解和应用 Java 面向对象编程的有关知识。

通过本章的学习,读者将初步具有利用 Java 面向对象程序设计方法设计应用程序的能力。

【教学目标】

- ❑ 理解面向对象程序设计的基本概念;
- ❑ 掌握如何定义类和创建对象;
- ❑ 掌握类的继承概念和应用方法;
- ❑ 理解抽象类和接口的区别;
- ❑ 掌握内部类和枚举的应用方法;
- ❑ 会利用面向对象方法设计简单的应用程序。

3.1 面向对象概述

面向对象是一种新的程序设计方法,或者是一种新的程序设计规范,强调从现实世界中客观存在的事物(即对象)出发来构造软件系统,并且在系统构造中尽可能运用人类的自然思维方式。

3.1.1 对象和类的概念

类和对象是面向对象程序设计的核心和本质。

1. 对象

对象(Object)代表现实世界中可以明确标识的任何事物。例如,一个人,一张桌子,一个矩形,甚至一笔抵押贷款都可以看作是对象,对象有自己的状态和行为。在 Java 语言中,对象的状态用数据来描述,对象的行为用方法来描述。以矩形为例,数据有长度和宽度,方法有求面积和求周长。从更抽象的角度来说,对象是问题域或实现域中某些事物的一个抽象,它反映该事物在系统中需要保存的信息和发挥的作用;它是一组数据和有权对这些数据进行操作的一组方法的封装体。客观世界是由对象和对象之间的联系组成的。

2. 类

把众多的事物归纳、划分成一些类(Class),是人类在认识客观世界时经常采用的思维方法。分类的原则是抽象。类是具有相同数据和方法的一组对象的集合,它为属于该类的所有对象提供了统一的抽象描述,其内部包括数据和方法两个主要部分。在面向对象的编程语言中,类是一个独立的程序单位,它应该有一个类名并包括数据说明和方法说明两个主要部分。类与对象的关系如同图纸和楼房的关系,类的实例化结果就是对象,而对一类对象的抽象就是类。

3.1.2 面向对象程序设计

面向对象(Object Oriented,OO)是一种解决问题的方法或者观点,它认为自然界是由一组彼此相关并能相互通信的实体——对象组成。面向对象程序设计(Object Oriented Programming,OOP)是使用面向对象的观点来描述现实问题,然后用计算机语言来模仿并处理问题的一种程序设计方法。

在用面向对象程序设计方法解决现实世界的问题时,先将物理存在的实体抽象成概念世界的抽象数据类型,这个抽象数据类型里面包括实体中与需要解决的问题相关的数据和操作;然后再用面向对象的工具,如Java语言,将这个抽象数据类型用计算机逻辑表达出来,即构造计算机能够理解和处理的类;最后将类实例化就得到现实世界实体的映射——对象。在程序中对对象进行操作,就可以模拟现实世界实体上的问题并且解决它,如图3-1所示。

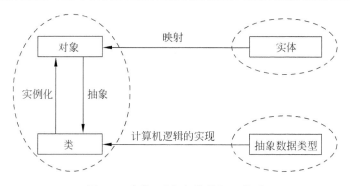

图 3-1 实体、对象与类的相互关系

以求圆的面积为例,我们可以按过程写代码,一步步实现各项功能;也可以把圆看成对象,先设计对象的模板——类,再用类建立对象,即建立程序。前者是过程化程序设计方法,后者是面向对象程序设计方法。如果用过程化程序设计方法,代码如下。

```java
import java.util.Scanner;
//案例: 求圆的面积
public class GetCircleAre{
    public static void main(String[] args) {
        //定义变量
        double radius, area;
```

```java
        //输入圆的半径
        Scanner sc = new Scanner(System.in);
        radius = sc.nextFloat();
        //求圆的面积
        area = Math.PI * radius * radius;
        //输出面积
        System.out.println(area);
    }
}
```

上述设计方法比较直观,适合简单的程序,但对于较复杂的程序,就暴露出一些弊端。例如,如果求多个圆的面积,就要重复写代码,难以重用;多个圆的变量之间也容易混淆和干扰,调试困难。

按照面向对象设计方法来解决这个问题,我们把圆看成对象,对象包含状态和行为,反映在程序世界中,就是数据和方法。按照这种思维方式,首先要抽象出圆的数据和方法。圆的数据是半径(radius),方法是求面积(getArea())。当然,这种抽象是针对具体问题的,如果仅仅就是为了求圆的面积,抽出圆的半径就够了,但如果要设计绘图软件,还需要抽出坐标、颜色、填充方式、线条粗细等数据。这体现了抽象性。

抽象出数据和方法之后,要用类来描述。类相当于程序的模板。

```java
//定义圆类
class Circle {
    double radius;                              //描述数据
    double getArea() {                          //描述方法
        return Math.PI * radius * radius;
    }
}
```

有了类以后,就可以利用类来建对象,对象就是具体的程序。例如,下面的代码中建立了两个圆对象。

```java
class GetCircleArea {
    public static void main(String[] args) {
        Circle c = new Circle();                    //建立一个圆的对象
        c.radius = 10;
        System.out.println(c.getArea());            //输出圆的面积
        Circle c1 = new Circle();                   //再建立一个圆的对象
        c1.radius = 5;
        System.out.println(c1.getArea());           //输出圆的面积
    }
}
```

类和对象的关系,可以比喻成图纸和楼房的关系。一份图纸可以盖很多楼,一个类也可以建很多对象。这体现了重用性。

如同楼房相对独立一样,对象之间也是相对独立的。楼房作为一个整体,一个楼房内的人员,只使用本楼房的房间;同样,一个对象里的数据和方法构成一个整体,自己的方法操作自己的数据;楼房里的设施有不同的使用权限,对象里的成员也可设置不同的访问权限,这样极大地避免了干扰。这体现了封装性。

在原有的图纸基础上,可以设计新的图纸;同样,有了圆类以后,也可在此基础上设计新的类。比如在圆类的基础上设计圆柱类,使圆柱类的设计变得简单。这种关联也称为继承或者扩展,即新的类继承原来的类,也是对原有的类扩展。这是一种间接重用,体现了继承性。

不仅如此,对于圆和圆柱来说,若都有求面积的功能,求面积的方法可以用同样的名称,这给使用带来很大方便。面向对象程序具有这样的功能:同样的指令发生在不同对象上可以得到不同的结果。同样是求面积,发生在圆上,就是圆的面积;发生在圆柱上,就是圆柱的表面积,这体现了多态性。

通过上面的例子,可以初步看到,采用面向对象的设计方法有如下好处。

(1) 代码重用。设计好的类可以多次使用,这就好像楼房的图纸,可以重复使用来盖楼房。

(2) 简化设计。在考虑具体对象时,不用考虑其他对象,这就好像盖房子,窗户和门是独立的对象,它们可以由专门的公司去生产。复杂的程序也可以由设计好的组件组装。

(3) 减少干扰。对象是相对独立的,更容易减少干扰,便于调试。

(4) 便于扩展。可以在已经设计好的类的基础上进行扩展,从而设计出新的类。

3.1.3　OOP 的关键性理念

按照面向对象的思想,程序是以类的实例——对象组成的,对象是由数据结构和对数据结构的操作封装而成的一个整体。一个个不同类型的对象相互作用,自底向上构建整个应用程序,它以"对象=数据结构+算法,程序=(对象+对象……对象)+消息"取代了"程序=算法+数据结构"的传统程序设计模式,因而引起了一场程序设计概念的革命。

面向对象编程技术的关键性观念如下。

(1) 将数据及对数据的操作封装在一起形成了类,类是描述相同类型的对象集合。面向对象编程就是定义类。

(2) 类作为抽象的数据类型用于创建类的对象。

(3) 程序的执行,表现为一组对象之间的交互通信。对象之间通过公共接口进行通信,从而完成系统功能。对象的公共接口是该对象的应用程序编程接口,把对象的内部详细信息隐藏起来,使得对象变得抽象,将这种技术称为数据的抽象化。

3.1.4　OOP 的 4 个基本特征

从前面的例子也可以看到,面向对象程序设计具有如下几个特征。

1. 抽象

为了能够处理客观事物,必须对对象进行抽象。抽象就是忽略一个主题中与当前目标无关的那些方面,以便更充分地注意与当前目标有关的方面。抽象并不打算了解全部问题,而只是选择其中的一部分,忽略暂时不用的部分细节。在 OOP 中,抽象就是找出对象的本质,抽出这一类对象的共有性质(数据和方法)并加以描述的过程。对一个问题可能有不同的抽象结果,这取决于程序员看问题的角度和解决问题的需要。

2. 封装

封装就是把对象的数据和方法结合成一个独立的单位,并尽可能隐蔽对象的内部细节。

(1) 把对象的全部数据和方法结合在一起,形成一个不可分割的独立单位(即对象)。

(2) 信息隐蔽,尽可能隐蔽对象的内部细节,对外形成一个边界(或者说形成一道屏障),只保留有限的对外接口使之与外部发生联系。

在 Java 语言中,类是支持封装的工具。定义类时通过花括号{}封装了类的成员。使用 private 和 public 等关键字来控制对成员的访问,其中,private 修饰的成员是隐蔽的,而 public 修饰的成员是对外的公共接口。封装的作用如下。

(1) 彻底消除了传统结构方法中数据与操作分离所带来的种种问题,提高了程序的可复用性和可维护性,降低了程序员保持数据与操作相容的负担。

(2) 把对象的私有数据和公共数据分离开来,保护了私有数据,减少了可能的模块间干扰,达到降低程序复杂性、提高可控性的目的。

(3) 增强使用的安全性,使用者不必了解实现细节,而只需要通过设计者提供的外部接口来操作它。优点是实现高度模块化,从而产生软件构件,利用构件快速地组装程序。

3. 继承与派生

对象之间不仅在横向上具有关联特性,在纵向上也存在继承与派生的特性(遗传与变异)。在已有类基础上派生出新的类,这个过程称为继承。例如,可以在圆类的基础上定义圆柱类。新类继承了原始类的特性,新类称为原始类的派生类或子类,而原始类称为新类的基类、父类或超类。派生类可以从它的基类那里继承方法和变量,并且可以修改或增加新的方法使之更适合特殊的需要。继承是一种连接类的层次模型,它提供了一种明确表述共性的方法,它允许和鼓励类的重用。利用继承能够将共性的东西抽出来放在父类中,从而简化程序的设计,也可以对现有系统或程序加以重用,扩充或完善现有系统。

4. 多态性

多态性是指允许不同类的对象对同一消息做出不同的响应。比如同样是绘图,圆和矩形将画出不同的结果。在 OOP 中,多态性是通过方法重写实现的,即在基类中定义的方法在子类中加以重写并给出自己的实现,但要求保持方法说明形式的一致。方法被子类重写后,可以表现出不同的行为,这使得同一行为在父类及其各子类中具有不同的操作结果。其好处是达到行为标识统一,减少程序中标识符的个数,方便使用,也为扩展或调整功能提供了机制。

3.2 定义类与创建对象

类是组成 Java 程序的基本要素,它是描述一类对象的数据成员和方法成员的封装体,是对象的原型。定义一个新的类,就是定义一个新的数据类型。

3.2.1 定义类

再来看一下圆(Circle)类的定义。处在大括号内部的是类体。类体中包含一个数据成员 radius(半径)和一个方法成员 getArea()(求面积)。

```
class Circle {
    double radius;                          //圆半径
    double getArea() {                      //求面积
        return Math.PI * radius * radius;
    }
}
```

类使用 class 关键字定义,包括类声明和类体两个部分。声明部分描述了类的修饰、名称及所继承的父类或实现的接口;类体部分包含数据成员和方法成员的声明。定义类的一般形式为:

```
[修饰符] class 类名 [extends 父类名] [implements 接口名列表] {
    [声明数据成员]
    [声明方法成员]
}
```

(1) 修饰符表示类的访问权限和一些其他特性(abstract、final 等)。对于一般的类有两种访问权限:public(公有)和 default(默认);内部类还可以有 private(私有),protected(保护)权限。

(2) extends 表示类的继承关系。Java 中的类都是由 java.lang.Object 派生而来。如果父类是 Object,不需要指明;否则,需要用 extends 指明其父类,且一个类最多只能继承一个父类。

(3) implements 表示类所实现的某些接口。接口是与类很相似的数据结构,但其所包含的方法只有声明、没有实现。一个类可以同时实现多个接口,接口名之间用逗号分隔。

3.2.2 创建和使用对象

1. 声明和创建对象

声明对象,就是用类来定义对象变量。声明对象的格式为:

类名 对象名;

下面的语句声明一个 Circle 类型的变量 myCircle:

Circle myCircle;

声明一个对象变量后,该变量的初值是 null,对象尚未创建。创建对象需要使用 new。一旦一个对象被创建,它的引用(地址)就被赋给对应的变量。例如,下面的语句通过为对象分配存储空间,并将它的内存引用赋给变量 myCircle,创建了一个 Circle 对象。

```
myCircle = new Circle();
```

注意：对象变量的值是一个引用，是对象的地址，因此一个对象类型的变量有时被称为引用变量。使用一个对象之前必须先创建它。操作一个尚未创建的对象会造成空指针异常（NullPointerException）。

声明对象和创建对象也可以利用下面的语法一步完成：

```
类名 对象名 = new 类名();
```

例如，下面的语句声明并实例化 myCircle：

```
Circle myCirlce = new Circle();
```

2. 对象的使用

创建对象后，它的数据成员和方法成员可以通过运算符"."来访问。例如，给圆的半径赋值10.0，调用 getArea() 得到面积：

```
myCircle.radius = 10.0;                          //圆的半径为10.0;
double s = myCircle.getArea();                   //获得圆的面积
```

注意：如果认为一个对象已经不再需要，可以将该对象的引用变量明确赋值为 null，Java 虚拟机自动收回那些不被任何变量引用的对象所占的空间。

3.2.3 构造方法

有的时候我们希望在创建对象时，直接给对象的数据赋值。比如，在创建圆的时候就给半径赋值。在 Java 中，可以在类中定义一个特殊的方法，称为构造方法，利用它能够初始化对象的数据。例如，将下述构造方法添加到 Circle 类中：

```
public Circle(double r){
    radius = r;
}
```

这样，就可以使用下面的语句创建圆，并直接给圆的半径赋值：

```
myCircle = new Circle(5.0);                      //将 myCircle.radius 赋值为 5.0
```

这时候，是否还能使用如下语句创建对象？

```
myCircle = new Circle();
```

不能，因为它使用了无参的构造方法。一个类没有定义构造方法时，系统自动会为其设置一个默认的构造方法，默认的构造方法是无参的构造方法。但是，当类中定义了构造方法，系统就不再为类自动添加默认的构造方法。如果自定义的构造方法是有参的，这时，如果还想利用无参的构造方法建立对象就会出错。为此，可以再人为地增加一个构造方法：

```
public Circle(){
}
```

构造方法是可以有多个的,这称为构造方法的重载。构造方法是在创建对象时自动调用的。在创建对象时,根据参数的不同将调用不同的构造方法。构造方法主要用来初始化对象,如给数据成员赋值。在 Java 中,类的构造方法遵循以下规定。

(1) 构造方法与类同名。

(2) 构造方法没有返回类型,甚至连 void 也没有。

(3) 一个类可以有多个构造方法,但参数不同(个数或类型不同)。

(4) 如果类没有构造方法,将自动生成一个默认的无参数构造方法,并使用默认值初始化对象的属性(如 int 变量初始化为 0,boolean 变量初始化为 false)。

下面的示例中,类 Employee 没有定义构造方法;在这种情况下,将自动提供默认构造方法,同时将数据初始化为它们的默认值。

```java
import java.sql.Date;                        //导入所需的类
class Employee {
    int no;                                  //员工编号
    String name;                             //员工名
    char sex;                                //性别
    Date birthDate;                          //出生日期
    boolean isMarried;                       //是否已婚
}
public class TestEmployee {
    public static void main(String[] args) {
        Employee p = new Employee();
        System.out.println("p.no:" + p.no);
        System.out.println("p.name:" + p.name);
        System.out.println("p.sex:" + p.sex);
        System.out.println("p.birthDate:" + p.birthDate);
        System.out.println("p.isMarried:" + p.isMarried);
    }
}
```

上述程序的输出结果是:

p.no:0
p.name:null
p.sex:
p.birthDate:null
p.isMarried:false

(5) 类的一个构造方法可通过关键字 this 调用另一个构造方法。例如:

```java
public Circle() {
    this(1.0);
}
```

(6) 构造方法只能由 new 操作符调用,即建立对象时自动调用。

3.2.4 访问控制与属性

在 Java 中,类之间的相互访问是可以限制的,这是封装性的体现。

1. 包与类的访问控制

当程序中包含多个类时，我们希望对类进行分组。在 Java 中，可以使用包对类进行分组。包是一组相关的类和接口的集合。一个包里的类和接口可以认为是要共同完成一项任务或一些相关的任务。包像目录一样可以有层次结构，各层之间以"."分隔，在物理上对应着操作系统中的目录结构，一个包事实上就是一个文件夹。例如，包 xgsl.model 对应 xsgl/model 文件夹。

要将某个类归入某个包中，需在该类的源代码第一行声明：

package package_name;　　　　　　//将当前类存入 package_name 包中

使用包中的成员，需要使用导入语句：

import package_name.class_name;　　//导入 package_name 包中 class_name 类
import package_name.*;　　　　　　//导入 package_name 中所有成员(不包括子包)

例如，在定义圆时指定包为 exam1_1_2：

package exam1_1_2;　　　　　　　　//打包语句
public class Circle {　　　　　　　//这里要使用 public,此外,所使用的方法前也要用 public
　　…
}

如果 test 包中的类 GetCircleArea 使用 Circle 类，需要指明 Circle 类所在的包，如 exam1_1_2.Circle,或使用导入语句，例如：

package test;　　　　　　　　　　　//打包语句
import exam1_1_2.Circle;　　　　　//导入语句导入所需的类
class GetCircleArea {
　　…
}

使用包可以解决同名冲突问题；可以避免一个目录下存在过多的类文件，便于管理和调用；可以只把功能相关的类和接口放在一起，有利于功能的封装和实现细节的隐藏。

同一包中的类是可以相互引用的，而不同包中的类能否相互引用要看类的访问权限。Java 中类的访问权限有以下两种。

(1) public(公有)：无论是同一包中的类，还是其他包中的类都可引用。
(2) 默认(友好)：只允许同一包中的类引用。

2. 成员的访问控制

让用户通过对象直接访问数据成员去修改数据，不是一个好做法，这样做经常引起难以调试的程序错误，程序间的耦合性大，也不利于安全。为了解决这个问题，可以使用权限修饰符控制成员的访问权限。

Java 中类的成员有 4 种访问权限：public(公有)、protected(保护)、private(私有)和默认(友好)，如表 3-1 所示。默认情况下，成员的访问权限是友好的，这种成员可以被这个类本身和同包中的其他类访问。使用 private 修饰的成员是私有成员,只能被这个类本身访问。使用 public 修饰的成员是公有成员,可以被所有的类访问。使用 protected 修饰的成员是保护成员,可以被这个类本身访问,也可被同一包中的其他类或不同包的子类访问。

表 3-1 权限修饰的比较

权限	同一个类	同一个包	不同包的子类	不同包非子类
private	∗			
friend	∗	∗		
protected	∗	∗	∗	
public	∗	∗	∗	∗

3. 属性方法

按照 JavaBean 规范,把类的变量定义成私有的,并为每个变量添加读取方法(getter)和设置方法(setter),这些方法统称为属性方法。例如,圆类中 radius 的属性方法为:

```
public double getRadius() {            //读取方法
    return radius;
}
public void setRadius(double radius) { //设置方法
    this.radius = radius;
}
```

注意:读取方法和设置方法的命名规则。在 NetBeans 中可以自动生成属性方法,可在插入代码的地方单击右键,选择【插入代码】命令,再选择【getter 和 setter…】命令。

3.2.5 案例 3-1 银行账户类

定义一个银行账户类(Account),包含账号、用户名、余额和创建时间,能够进行存款、取款操作。运行界面如图 3-2 所示。

图 3-2 银行账户类演示

【技术要点】

(1) 定义一个 Account 类,为类设计一个无参的构造方法和一个有参的构造方法,无参的构造方法利用 this 调用有参的构造方法。

(2) 在创建账户对象时,初始化账号、用户名、余额和时间。

(3) 存款和取款方法改变余额,并显示记录信息。

(4) 在 AccountManage 类中创建两个对象进行测试。

【设计步骤】

(1) 在 NetBeans 中建立一个 Java 应用程序项目,项目命名为 Exam3_2_5。

(2) 在项目中建立包 exam3_2_5,并在该包下建立 Account 类,代码如下所示。

```java
package exam3_2_5;
import java.util.Date;
public class Account {
    private String ownerName;       //所有者
    private String accountNo;       //账号
    private double balance;         //余额
    private Date datetime;          //创建时间
    public Account(String accountNo, String ownerName) {
        this(accountNo, ownerName, 0);
    }
    public Account(String accountNo, String ownerName, double balance) {
        this.accountNo = accountNo;
        this.ownerName = ownerName;
        this.balance = balance;
        this.datetime = new Date();
    }
    //存款
    public void desposit(double amount) {
        balance += amount;
        String recordStr = String.format("%1$s %2$tF %2$tT 存款:%3$.2f,账户余额:%4$.2f", accountNo, new Date(), amount, balance);
        System.out.println(recordStr);
    }
    //取款
    public void withdraw(double amount) {
        if (amount <= balance) {
            balance -= amount;
            String recordStr = String.format("%1$s %2$tF %2$tT 取款:%3$.2f,账户余额:%4$.2f", accountNo, new Date(), amount, balance);
            System.out.println(recordStr);
        } else {
            System.out.println("额度不够,不能支取!");
        }
    }
    public void show() {
        System.out.println("姓名:" + ownerName);
        System.out.println("账号:" + accountNo);
        System.out.println("当前余额:" + new java.text.DecimalFormat(".00").format(balance));
        System.out.println("账号创建时间:" + new java.text.SimpleDateFormat("yyyy-MM-dd hh:mm:ss").format(datetime));
```

```
        }
        public String getOwnerName() {
            return ownerName;
        }
        public void setOwnerName(String ownerName) {
            this.ownerName = ownerName;
        }
        public String getAccountNo() {
            return accountNo;
        }
         public void setAccountNo(String accountNo) {
            this.accountNo = accountNo;
        }
        public void setBalance(double balance) {
            this.balance = balance;
        }
        public double getBalance() {
            return balance;
        }
        public Date getDatetime() {
            return datetime;
        }
}
```

(3) 在 exam3_2_5 包下建立类 AccountManage,代码如下所示。

```
package exam3_2_5;
public class AccountManage {
    public static void main(String[] args) {
        Account a1 = new Account("10001", "John", 30);
        Account a2 = new Account("10002", "Mary");    // 建立对象
        a1.desposit(60);                              //向第一个账户存款
        a1.withdraw(10);                              //从第一个账户取款
        a2.desposit(100);                             //从第二个账户取款
        a1.show();
        a2.show();
    }
}
```

(4) 运行程序。

3.3 类的方法与重载

3.3.1 方法的定义

在 Java 中,数据和操作均封装在类中,数据是以成员变量的形式出现,而操作主要体现在方法的使用上。

在类中,方法定义的一般格式为:

```
[方法修饰符]  返回值类型 方法名([参数列表]){
    方法体
}
```

Java 中的方法除了 3.2.4 节提到的访问控制修饰符外,还有 static、final、abstract 等修饰符,如表 3-2 所示。

表 3-2 方法的其他修饰符

修饰符	说 明
static	该方法是静态方法(称为类方法),是类的一部分,而不是类实例的一部分
final	禁止派生类覆盖此方法
abstract	该方法不包含具体实现细节,而且必须由子类实现。只能用作 abstract 类的成员

3.3.2 方法的参数类型

Java 中类的方法参数有 4 种类型:值参数、引用参数、数组参数和可变参数。

简单数据类型的参数是值参数,传递的是值,其生存期是方法的调用过程。修改简单参数的值不会影响到实参。

对象类型的参数是引用参数,传递的是地址。对引用参数的成员的修改将直接影响相应实参。在方法调用时,引用参数必须被赋初值。

以数组作为参数是数组参数,可以是简单数据类型的数组,也可以是对象数组。数组传递的也是地址。对数组成员的改变会影响到实参。

可变参数是在参数前使用了"…"定义的,这种参数允许向方法传递个数变化的数据。在方法的参数列表中只允许出现一个可变参数,而且如果方法同时具有固定参数和可变参数,那么,可变参数必须放在整个参数列表的最后。可变参数可以传递数组,也可以传递实参列表(逗号分隔),对于前者可变参数值的改变会影响到实参,后者不会。在方法内部,可变参数以数组的方式使用。

下面的示例演示中,类 ParamDemo 的 4 个方法分别使用值参数、引用参数、数组参数和可变参数。

```java
package exam3_3_2;
class AB {
    int a;
    int b;
}
public class ParamDemo {
    public static void sort1(int a, int b) {        //a,b 为值参数
        int t;
        if (a > b) {
            t = a; a = b; b = t;
        }
    }
    public static void sort2(AB x) {                //x 为引用参数
        int t;
```

```java
        if (x.a > x.b) {
            t = x.a; x.a = x.b; x.b = t;
        }
    }
    public static void sort3(int x[]) {           //x为数组参数
        int t;
        for (int i = 0; i < x.length - 1; i++) {
            for (int j = 0; j < x.length; j++) {
                if (x[i] > x[j]) {
                    t = x[i];  x[i] = x[j];  x[j] = t;
                }
            }
        }
    }
    public static void sort4(int... x) {          //x为可变参数
        int t;
        for (int i = 0; i < x.length - 1; i++) {
            for (int j = 0; j < x.length; j++) {
                if (x[i] > x[j]) {
                    t = x[i]; x[i] = x[j]; x[j] = t;
                }
            }
        }
    }
    public static void main(String[] args) {
        int a = 5, b = 2;
        sort1(a, b);
        System.out.println(a + "," + b);          //值不变
        AB x = new AB();
        x.a = 5; x.b = 2;
        sort2(x);
        System.out.println(x.a + "," + x.b);      //成员的值被改变
        int p[] = {5, 2};
        sort3(p);
        System.out.println(p[0] + "," + p[1]);    //数组的值被改变
        int q[] = {5, 2};
        sort4(q);                                 //可变参数,传递数组
        System.out.println(q[0] + "," + q[1]);    //数组的值被改变
        int c = 5, d = 2;
        sort4(c, d);                              //可变参数,传递值列表
        System.out.println(c + "," + d);          //值不被改变
    }
}
```

上述程序的运行结果如下:

5,2
2,5
2,5
2,5
5,2

3.3.3 方法重载

方法重载(Overload)是指一个类有多个方法,名字相同,但方法的参数列表不一样,这里的不一样可能是个数或类型不一样。重载和方法的返回值无关,返回值可以相同,也可以不同。在同一个类中可以定义多个同名方法。

下面的示例中,OverTest 类包含三个 Area()方法,分别用于求圆、矩形、立方体的面积。

```java
package exam3_3_3
class OverTest {
    public double area(double radius) {
        return (Math.PI * radius * radius);
    }
    public double area(double length, double width) {
        return (length * width    );
    }
    public double area(double length, double width, double height) {
        return (length * width * height);
    }
}
package exam3_3_3
public class Exam3_3_3 {
    public static void main(String args[]){
        OverTest s = new OverTest();
        System.out.println("圆的半径为4,面积为:" + s.area(4));
        System.out.println("矩形长为4,宽为5,面积为:" + s.area(4, 5));
        System.out.println("立方体长为4,宽为5,高为6,面积为:" + s.area(4, 5, 6));
    }
}
```

上述程序的运行结果如下:

圆的半径为4,面积为:50.26548245743669
矩形长为4,宽为5,面积为:20.0

立方体长为4,宽为5,高为6,面积为:120.0

3.4 实例成员和类成员

实例成员属于类的实例,只能通过对象来访问。类成员属于类,可通过类名直接来访问。加 static 修饰的成员为静态成员,也称为类成员,否则为实例成员。

3.4.1 实例变量和类变量

前面知识中所提到的 Circle 类中的变量 radius,是一个实例变量,它属于类中的每一个对象实例,不能被同一个类的不同对象共享。例如,对于下面两条语句创建的两个对象:

```
Circle c1 = new Circle(8.0);
Circle c2 = new Circle(5.0);
```

c1 中的 radius 独立于 c2 中的 radius,存储在不同的内存空间。c1 中的 radius 的变化不会影响 c2 的 radius,反之亦然。

类中的所有方法都可以访问实例变量,所以它们称为全局变量。而在方法内说明的变量只能在该方法内部使用,称为局部变量。局部变量与全局变量同名时,局部变量优先,同名的全局变量被隐藏。用关键字 this 可以访问隐藏的实例变量。this 是实例(对象)的引用。例如,圆类构造函数中就使用了 this:

```
public Circle(double radius) {
    this.radius = radius;                    //等号左边是实例变量,右边是局部变量
}
```

如果想让一个类的所有实例共享数据,可使用类变量。这种变量是使用 static 修饰符的数据成员,也称为静态变量,而没有使用 static 修饰符的数据成员是实例变量。例如,下面的语句定义了一个类变量:

```
static int numOfCircle;
```

类变量的值存储于类的共用内存。因为是共用内存,所以,如果某个对象修改了类变量的值,同一类的所有对象都会受到影响。对于整个类来说,类变量的值只存一份。

3.4.2 实例方法和类方法

没有使用 static 修饰符的方法为实例方法,这种方法必须通过对象来调用。在案例 3-1 中,Account 类中的方法都是实例方法。通过不同的对象调用实例方法,实例方法操作的数据是不同的。

例如,对于下面两条语句创建的两个对象:

```
Account a1 = new Account("韩磊", "10003", 100);
Account a2 = new Account("李学志", "10004", 500);
```

a1.show()操作的是 a1 的数据,而 a2.show()操作的是 a2 的数据。

Java 也支持类方法,也称为静态方法。一个方法在定义的时候加上 static 修饰符,就是类方法。与实例方法不同的是,类方法只能操作类变量,但实例方法既可以操作实例变量也可以操作类变量。

例如,如果在 Account 类中增加一个类变量 numOfAccount(账户总数),那么可以定义一个类方法 getNumOfAccount():

```
private static int numOfAccount
…
public static int getNumOfAccount() {
    return numOfAccount;
}
```

类方法既可以通过类名调用,也可以通过对象调用,但提倡使用类名来调用。而实例方

法是不能通过类名调用的。例如：

```
System.out.println(Account.getNumOfAccount());
```

3.4.3 案例 3-2 为银行账户类增加功能

增强案例 3-1 所设计的银行账户类的功能，使其能统计账号总数和银行总余额，并能够对新建的账号自动生成账号。运行界面如图 3-3 所示。

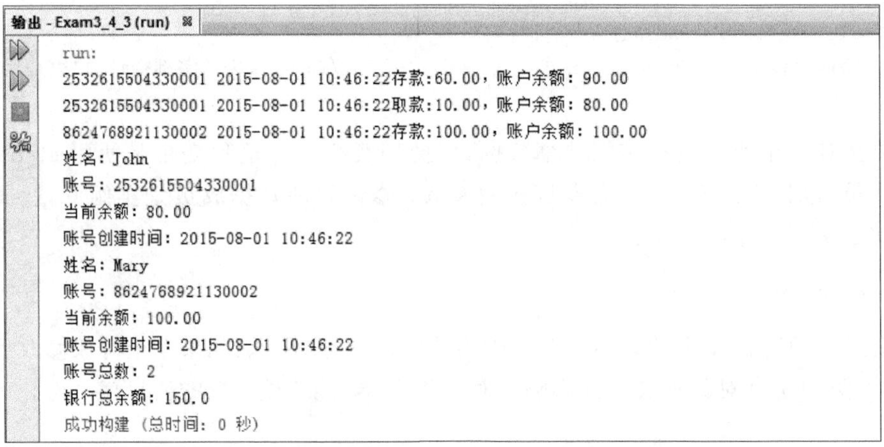

```
输出 - Exam3_4_3 (run)
run:
2532615504330001 2015-08-01 10:46:22存款：60.00,账户余额：90.00
2532615504330001 2015-08-01 10:46:22取款：10.00,账户余额：80.00
8624768921130002 2015-08-01 10:46:22存款：100.00,账户余额：100.00
姓名：John
账号：2532615504330001
当前余额：80.00
账号创建时间：2015-08-01 10:46:22
姓名：Mary
账号：8624768921130002
当前余额：100.00
账号创建时间：2015-08-01 10:46:22
账号总数：2
银行总余额：150.0
成功构建（总时间：0 秒）
```

图 3-3 银行账户案例运行界面

【技术要点】

（1）定义类变量 numOfAccount 和 totalBalance，分别用于存储账户总数和银行总余额。

（2）定义一个私有方法 newAccountNo()，用于在内部产生新的账户号。该方法用随机函数生成账号，账号的后 4 位为计数值，不够 4 位前面补 0。

（3）定义类方法用于访问存储账户总数和银行总余额。

【设计步骤】

（1）在 NetBeans 下建立一个 Java 应用程序项目，项目命名为 Exam3_4_3。

（2）在项目中建立包 exam3_4_3，并在该包下建立类 Account，代码如下所示。

```java
package exam3_4_3;
import java.util.Date;
public class Account {
    private String ownerName;                   //所有者
    private String accountNo;                   //账号
    private double balance;                     //余额
    private Date datetime;                      //创建时间
    private static long numOfAccount;           //账号总数
    private static double totalBalance;         //银行总余额
    public Account(String ownerName) {
        this(ownerName, 0);
```

```java
    }
    public Account(String ownerName, double balance) {
        numOfAccount++;
        this.accountNo = newAccountNo();
        this.ownerName = ownerName;
        this.balance = balance;
        this.datetime = new Date();
    }
    //存款
    public void desposit(double amount) {
        balance += amount;
        String recordStr = String.format("%1$s %2$tF %2$tT 存款:%3$.2f,账户余额:%4$.2f", accountNo, new Date(), amount, balance);
        System.out.println(recordStr);
    }
    //取款
    public void withdraw(double amount) {
        if (amount <= balance) {
            balance -= amount;
            String recordStr = String.format("%1$s %2$tF %2$tT 取款:%3$.2f,账户余额:%4$.2f", accountNo, new Date(), amount, balance);
            System.out.println(recordStr);
        } else {
            System.out.println("额度不够,不能支取!");
        }
    }
    public void show() {
        System.out.println("姓名: " + ownerName);
        System.out.println("账号: " + accountNo);
        System.out.println("当前余额: " + new java.text.DecimalFormat(".00").format(balance));
        System.out.println("账号创建时间: " + new java.text.SimpleDateFormat("yyyy-MM-dd hh:mm:ss").format(datetime));
    }
    public static long getNumOfAccount() {
        return numOfAccount;
    }
    public static void setTotalBalance(double totalBalance) {
        Account.totalBalance = totalBalance;
    }
    public static double getTotalBalance() {
        return totalBalance;
    }
    private String newAccountNo() {
        StringBuilder sb = new StringBuilder();
        for (int i = 0; i < 12; i++) {
            sb.append((int)(Math.random() * 10));
        }
        sb.append(String.format("%04d", numOfAccount));
        return sb.toString();
    }
```

```java
    public String getOwnerName() {
        return ownerName;
    }
    public void setOwnerName(String ownerName) {
        this.ownerName = ownerName;
    }
    public String getAccountNo() {
        return accountNo;
    }
    public void setAccountNo(String accountNo) {
        this.accountNo = accountNo;
    }
    public void setBalance(double balance) {
        this.balance = balance;
    }
    public double getBalance() {
        return balance;
    }
    public Date getDatetime() {
        return datetime;
    }
}
```

(3) 在包 exam3_4_3 下建立类 AccountManage,代码如下所示。

```java
package exam3_4_3;
public class AccountManage {
    public static void main(String []args) {
        Account a1 = new Account("John", 30);
        Account a2 = new Account("Mary");          // 建立对象
        a1.desposit(60);                            //向第一个账户存款
        a1.withdraw(10);                            //从第一个账户取款
        a2.desposit(100);                           //从第二个账户取款
        a1.show();
        a2.show();
        a2.show();
        System.out.println("账号总数: " + Account.getNumOfAccount());
        System.out.println("银行总余额: " + Account.getTotalBalance());
    }
}
```

(4) 运行程序。

3.5 类的继承

继承是面向对象程序设计方法的一种重要手段,通过继承可以更有效地组织程序结构,明确类之间关系,并充分利用已有的类来完成更复杂、深入的开发。Java 中不支持多继承,通过接口可弥补这方面的一些缺陷。

3.5.1 继承的基本概念

继承是面向对象程序设计的一个重要特征,它允许在现有类的基础上创建新类,新类从现有类中继承类的成员,而且可以重新定义或加进新的成员,从而形成类的层次或等级。一般称被继承的类为基类、父类或超类,而继承后产生的新类为派生类或子类。

(1) 如果类 A 是类 B 的子类,则类 A 继承了类 B 的变量和方法。在子类 B 中,包括两部分内容:从父类 A 中继承下来的变量和方法,自己新增加的变量和方法。

(2) 在 Java 中类只支持单一继承,不支持多重继承,接口可弥补这方面的一些缺陷。

(3) 继承是可传递的。如果 C 从 B 派生,而 B 从 A 派生,那么 C 就会既继承在 B 中声明的成员,又继承在 A 中声明的成员。

(4) 派生类可扩展它的直接基类,添加新的成员,但不能移除父类中定义的成员。

(5) 除构造方法外,其他非私有成员都可以被继承。私有数据成员虽然不能被继承,但在派生类中可以通过公有方法间接访问。

(6) 派生类可以通过声明具有相同说明的新成员来隐藏那个被继承的成员。但隐藏继承成员并不移除该成员,它只是使被隐藏的成员在派生类中不可直接访问。

(7) 不是所有类都能被继承。在类名前加上 final 修饰符的类就不能被继承,这种类称为最终类。例如,系统中定义的 String 类和 Math 类都是最终类。

3.5.2 定义子类

1. 定义子类的格式

Java 中的类都是由 java.lang.Object 派生而来。如果父类是 Object,不需要指明;否则,需要用 extends 指明其父类,且一个类最多只能继承一个父类。定义子类的格式如下:

[类修饰符] **class** 子类名 **extends** 父类名 {
  类体
}

例如,在下面的示例中,Cylinder 类继承 Circle 类。

```java
package exam3_5_2;
class Circle {
    private double radius;
    public Circle() {
        radius = 1.0;
    }
    public Circle(double radius) {
        this.radius = radius;
    }
    public double getRadius() {
        return radius;
    }
    public void setRadius(double radius) {
```

```java
        this.radius = radius;
    }
    public double getArea() {
        return Math.PI * radius * radius;
    }
    public double getPerimeter() {
        return 2 * Math.PI * radius;
    }
}
public class Cylinder extends Circle {
    private float height;
    public Cylinder(){
    }
    public Cylinder(float radius,float height) {
        super(radius);                          //调用父类构造方法
        this.height = height;
    }
    public float getHeight() {
        return height;
    }
    public void setHeight(float height) {
        this.height = height;
    }
    public double getVolumn() {
        return getArea() * height;
    }
}
```

圆柱类是圆类的子类,它继承了圆类的成员,因此不需再定义底半径,只需定义一个 height(高)。圆柱类可以利用 getArea()(这是圆类的方法)求底面积。此外,圆柱类扩展了圆类,增加了求体积的方法。

```java
Cylinder c = new Cylinder(6,20);            //建立一个底半径为 6,高为 20 的圆
System.out.println(c.getArea());            //显示圆柱的底面积
System.out.println(c.getVolumn());          //显示圆柱的体积
```

2. 子类对父类成员的继承

父类中用 public 修饰的公有成员,子类可继承,子类内部可以直接使用,外界也可以通过子类使用。父类中用 private 修饰的私有成员,子类不能继承,子类内部不能直接使用,外界也不能通过子类对象使用。但是,如果父类提供公有方法(如属性方法),在子类内部可以间接使用。父类中用 protected 修饰的保护成员,子类可以继承,子类内部可以直接使用。

3. Object

Java 中每个类都来源于 java.lang.Object。如果一个类在定义时没有指定继承谁,它的父类就是 Object。Object 有如下几个常用的实例方法。

(1) equals():用于检验两个对象是否相等。默认它比较的是对象的引用,如果子类想

比较两个不同的对象是否具有相同的内容,就需要重写该方法。例如 String 类就重写了 equals()方法。

(2) toString():返回代表这个对象值的一个字符串。默认情况下,返回的字符串由该对象所属的类名、@和代表该对象的一个数组成。在输出对象时,调用该方法。例如,下面的代码:

```
Cylinder c = new Cylinder(5.0f, 2.0f);
System.out.println(c));
```

输出的内容类似"exam3_5_2.Cylinder@19e0bfd",这些信息不是很有用。通常需要重写 toString()方法。例如,可以在 Cylinder 类中重写 toString()方法:

```
@Override                              //重写方法需要加此标注,以避免警告
public String toString() {
    return "Cylinder radius = " + getRadius() + ",height = " + height;
}
```

这时,System.out.println(c)显示的内容如下:

```
Cylinder radius = 5.0,height = 2.0
```

(3) clone():用于复制对象,即创建一个有独立内存空间的新对象,新对象的内容和原对象一样。不是所有的对象都可以被复制。要成为一个可复制的对象,它的类必须实现 java.lang.Cloneable 接口。该接口不包含任何方法。

除上述方法外,Object 类还包含控制线程的 wait()、notify()等方法。

4. super 关键字

关键字 this 指类的实例自己,而关键字 super 指父类示例。关键字 super 的作用有以下两个。

1) 调用父类的构造方法

在 Java 中,当创建子类对象时,系统会首先执行父类的构造方法,然后再执行子类的构造方法。与属性和方法不同,父类的构造方法不传给子类,它们只能用关键字 super 在子类的构造方法中调用,而且 super 语句必须是第一条语句。如果没有显式地使用 super 调用父类构造方法,总是调用父类的默认构造方法。

例如,圆柱类的无参构造方法中调用了父类无参构造方法,这时 super 语句可以省略;而在有参的构造方法中调用了父类的有参构造方法,就使用了 super。

```
public Cylinder() {
}
public Cylinder(float radius,float height) {
    super(radius);                      //调用父类构造方法
    this.height = height;
}
```

2) 调用父类的方法

子类中的某个方法与父类的某个方法说明(指名称、参数和返回值类型)一样,子类中将

使用自己的方法,这时如果还想使用父类的方法,就需要通过 super。例如,在圆柱类中增加一个 getArea()方法,用于求圆柱的表面积。圆柱中的 getArea()方法和圆中 getArea()方法说明是一样的,但执行的功能不一样。在子类中要使用 super 调用父类的 getArea()方法。

```java
public double getArea() {                          // 求圆柱表面积
    return 2 * super.getArea() + (2 * getRadius() * Math.PI) * height;
}
public double getVolumn() {                        // 求体积
    return super.getArea() * height;               // 这里使用了 super,表明使用的是父类的方法
}
```

3.5.3 方法覆盖与多态性

1. 方法覆盖

前面提到,Circle 中有 getArea()方法,但在 Cylinder 中重新定义了 getArea()方法,这种情况称为方法覆盖(Override),也称为重写。方法覆盖是指子类中的某个方法与父类的某个方法说明(指名称、参数和返回值类型)一样。在覆盖的情况下,子类将使用自己的方法。关于覆盖,要注意以下几点。

(1) 覆盖父类的方法,其说明必须和父类方法说明相同,但返回类型可以按照某种特定的方式变化。如果返回类型是引用类型,则覆盖方法的返回类型可以声明为父类方法声明的返回类型的子类型;如果返回类型是基本类型,则覆盖方法的返回类型必须和父类方法的返回类型相同。

(2) 覆盖方法有自己的访问修饰符,但只限于提供同样或更多的访问权限。

(3) 覆盖方法的 throws 子句可以和父类方法有所不同,它列出的每一个异常类型都应该和超类中的异常类型相同,或者是父类异常类型的子类型。

(4) 不能用子类的静态方法覆盖父类中的实例方法。

(5) 带关键字 final 的方法不能被覆盖。

(6) 抽象方法必须在子类中被覆盖,否则子类也必须是抽象的。

(7) 覆盖一个父类方法会提示警告,若取消警告,使用@Override 标注加以声明。

2. 方法覆盖与方法重载之间的区别

一个类有多个方法(包括从基类继承下来的方法)名字相同,但参数列表不一致,这是方法重载。对于方法重载,系统在编译时,根据传递的参数个数或类型决定调用哪个重载的方法。

一个派生类的方法与基类的方法同名,且参数列表一致(个数、类型、次序一样),返回值是相同的类型,或返回类型为父类方法声明的返回类型的子类型,这是方法覆盖。对于方法覆盖,系统在运行时,根据实际存储的对象决定调用谁的成员方法。

3. 多态性

多态性是指不同的对象收到相同的消息时,会产生不同动作。多态性允许以相似的方式来对待所有的派生类,尽管这些派生类是各不相同的。

在Java语言中,允许用父类变量存放其子类的实例。如果子类的某个方法是覆盖方法,那么,当通过父类变量调用该方法时,是根据实际存储的对象决定调用谁的成员方法。多态性就是通过这种机制实现的。例如,对于前面定义的圆和圆柱类,可以圆类变量用来存圆的实例,也可以圆类变量来存储圆柱的实例,当调用 getArea()方法时,具体根据存储的是圆的实例还是圆柱的实例,决定调用谁的方法。例如:

```
Circle c = new Cylinder(6, 20);
```

尽管c是圆类类型的变量,但调用 getArea()时,得到的是圆柱的表面积,因为 getArea()方法是覆盖方法,而c存储的又是圆柱对象。

在程序设计,提倡使用更抽象的变量来存储实例,这样不仅便于程序的维护和扩展,也给程序设计带来方便。

使用类的多态性的好处是,可以采用一种通用的方式来处理派生类,因为可以认为派生类对象的类型是基类类型。

3.5.4　案例3-3　完善银行账户类

银行账户有多种,如一般账户、定期存款账户、信用卡账户等。案例 3-2 设计的银行账户类可以描述一般账户,在此基础上设计定期存款账户和信用卡账户。要求如下。

(1) 信用卡账户和一般账户的存款操作相同,定期存款账户在用户开户后不得再存款。
(2) 定期存款账户不得在未到期之前取款,信用卡账户允许透支 10 000 元。
(3) 定期存款储户可以查看到期日期,信用卡账户可以查看透支额度。

对所设计的类进行测试,运行效果如图 3-4 所示。

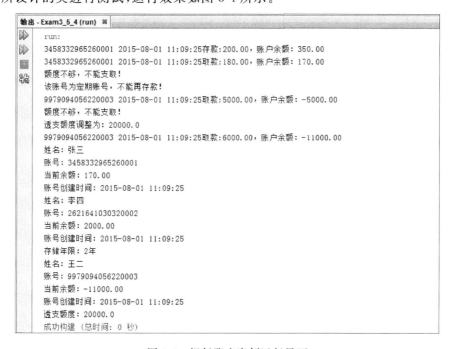

图 3-4　银行账户案例运行界面

【技术要点】

（1）案例 3-2 设计的银行账户类可以描述一般账户，定期储蓄账户和信用卡账户与普通账户有许多共同之处，只是在一些功能上有所不同。因此可以通过继承一般账户的方式建立定期储蓄账户类和信用卡账户类。

（2）定期存款账户类扩展一个变量，用于存储存款年数；覆盖存款方法，以禁止存款操作；覆盖取款方法，以判断是否到达取款年限。

（3）信用卡账户类扩展一个变量，用于存储可透支数额；覆盖取款方法，以允许透支取款。

【设计步骤】

（1）在 NetBeans 下建立 Java 应用程序项目，项目命名为 Exam3_5_4。

（2）建立包 exam3_5_4，将案例 3-2 设计的 Account 和 AccountManage 类复制到该包下。

（3）在 exam3_5_4 包中添加一个新类 TermSavingsAccount，使其继承 Account，编写代码如下所示。

```java
package exam3_5_4;
import java.util.Date;
//定期存储账户
public class TermSavingsAccount extends Account {
    private int numOfYears;
    public TermSavingsAccount(String ownerName, double balance,
        int numOfYears){
            super(ownerName, balance);
        this.numOfYears = numOfYears;
    }
    public int getNumOfYears() {
        return numOfYears;
    }
    @Override
    public void show() {
        super.show();

        System.out.println("存储年限：" + numOfYears + "年");
    }
    //存款
    @Override
    public void desposit(double amount) {
        System.out.println("该账号为定期账号,不能再存款!");
    }
    //取款
    @Override
    public void withdraw(double amount) {
        Date dt = new Date();
        int n = (int) ((dt.getTime() - getDatetime().getTime()) / (1000 * 60 * 60 * 24));
        if (n >= 0) {
            setBalance(getBalance() - amount);
            setTotalBalance(getTotalBalance() - amount);

            String recordStr = String.format("%1$s %2$tF %2$tT取款：%3$.2f,账户余
```

额：%4$.2f", getAccountNo(), new Date(), amount, getBalance());
            System.out.println(recordStr);
        } else {
            System.out.println("没有到期不能支取,不能支取!");
        }
    }
}
```

(4) 在 exam3_5_4 包中再添加一个新类 CreditAccount,使其继承 Account,编写代码如下所示。

```java
package exam3_5_4;
import java.util.Date;
public class CreditAccount extends Account {
    private double overdraftAmount;
    public CreditAccount(String ownerName) {
        super(ownerName, 0);
        this.overdraftAmount = 10000;
    }
    public double getOverdraftAmount() {
        return overdraftAmount;
    }
    public void setOverdraftAmount(double overdraftAmount) {
        System.out.println("透支额度调整为: " + overdraftAmount);
        this.overdraftAmount = overdraftAmount;
    }
    @Override
    public void show() {
        super.show();
        System.out.println("透支额度: " + overdraftAmount);
    }
    //取款
    @Override
    public void withdraw(double amount) {
        if (amount < getBalance()|| amount - getBalance()<= overdraftAmount) {
            setBalance(getBalance() - amount);
            setTotalBalance(getTotalBalance() - amount);
            String recordStr = String.format("%1$s %2$tF %2$tT 取款：%3$.2f,账户余额：%4$.2f", getAccountNo(), new Date(), amount, getBalance());
            System.out.println(recordStr);
        } else {
            System.out.println("额度不够,不能支取!");
        }
    }
}
```

(5) 修改类 AccountManage,代码如下所示。

```java
package exam3_5_4;
public class AccountManage {
    public static void main(String[] args) {
```
```

```
        Account a1 = new Account("张三", 150);
        Account a2 = new TermSavingsAccount("李四", 2000, 2);
        Account a3 = new CreditAccount("王二");
        a1.desposit(200);
        a1.withdraw(180);
        a1.withdraw(300);
        a2.desposit(10);
        a3.withdraw(5000);
        a3.withdraw(6000);
        ((CreditAccount) a3).setOverdraftAmount(20000);
        a3.withdraw(6000);
        a1.show();
        a2.show();
        a3.show();
    }
}
```

(6) 保存并运行程序。

3.6 抽象类与接口

3.6.1 抽象类

Java 语言中，用 abstract 关键字来修饰一个类时，这个类称为抽象类。用 abstract 关键字来修饰一个方法时，这个方法称为抽象方法。抽象类的定义格式如下：

```
[修饰符] abstract class 类名 {              //抽象类
    …                                      //类体
}
```

抽象方法的定义格式如下：

```
[修饰符] abstract 返回值类型 方法名([参数列表]);//抽象方法
```

(1) 抽象方法只有声明，没有实现。

(2) 抽象类可以包含抽象方法，也可以不包含抽象方法。但是包含抽象方法的类必须定义成抽象类。

(3) 抽象类不能被实例化，抽象类可以被继承，不能被定义成 final 类。

(4) 继承抽象类的类必须实现抽象类的抽象方法，否则，也必须定义成抽象类。

(5) 一个类实现某个接口，但没有实现该接口的所有方法，这个类必须定义成抽象类。

使用抽象类的目的是，它可以把子类共有部分抽出来，并且实现所能实现的部分，从而为子类提供继承，但不必实现所有的方法。对于那些只需知道行为是什么，不用知道具体怎么做的方法，可以只给出说明，即定义成抽象的，而把具体的实现交给子类去做。把那些共有的、但不能具体实现的行为抽出来，定义成抽象的方法，作用有两点：一是为子类规定了统一的规范，二是为了实现多态性。

3.6.2 接口

1. 接口的定义

接口(Interface)是一种与类相似的结构,但它只包含常量和抽象方法。接口在许多方面和抽象类相近,不同的是,它不能包含变量和具体的方法。接口的定义格式为:

```
[public] interface 接口名 [extends 父类接口名列表] {
    [常量]
    [方法]
}
```

例如,如下代码定义一个接口:

```
public interface MyInterface {
    public static final int MAX_AGE = 100;     //变量 public static final 类型
    public abstract void showInfo();           //方法是 public abstract 类型
    int M_CHANCE = 10;                         //合法 默认的都是 public static final 类型
    void method();                             //合法 默认的都是 public abstract 类型的
    //void methoda(){System.out.println("methoda");}
                          //若不注释,编译出错,因为接口中只能包含抽象方法,不能有方法体
    //public MyInterface(){}   //若不注释,编译出错,因为接口中不允许定义构造方法
}
```

接口中的常量都是 public static final 类型,这是系统默认的规定,即使没有修饰符也是如此;而接口中的方法都是 public abstract 类型。

接口也存在继承关系,即接口可以继承接口。但与类不同的是,一个接口可以继承多接口。例如:

```
interface IChineseWelcome {
    String CHINESE_MSG = "你好,欢迎你!";        //定义常量
    void sayChinese();
}
interface IEnglishWelcome {
    String ENGLISH_MSG = "Hello,Welcome!";      //定义常量
    void sayEnglish();
}
interface IWelcome extends IChineseWelcome, IEnglishWelcome {    //继承接口
    String ENGLISH_AND_CHINESE_MSG = "Hello,Welcome! 你好,欢迎你!";
    void sayChineseAndEnglish();
}
```

2. 接口的使用

在类的声明中用 implements 子句来表示它所实现的接口。实现某接口的类,必须实现接口中定义的所有方法,否则需定义成抽象类。在类体中可以使用接口中定义的常量。一个类可以实现多个接口,在 implements 子句中用逗号分开。

例如,下面的示例中定义的三个类分别实现三个接口。

```java
class Welcome1 implements IChineseWelcome {
    @Override
    public void sayChinese() {
        System.out.println(CHINESE_MSG);
    }
}
class Welcome2 implements IEnglishWelcome {
    @Override
    public void sayEnglish() {
        System.out.println(ENGLISH_MSG);
    }
}
class Welcome3 implements IWelcome {
    @Override
    public void sayEnglish() {
        System.out.println(ENGLISH_MSG);
    }
    @Override
    public void sayChinese() {
        System.out.println(CHINESE_MSG);
    }
    @Override
    public void sayChineseAndEnglish() {
        System.out.println(ENGLISH_AND_CHINESE_MSG);
    }
}
public class TestInterface {
    public static void main(String[] args) {
        Welcome1 w1 = new Welcome1();
        w1.sayChinese();
        Welcome2 w2 = new Welcome2();
        w2.sayEnglish();
        IWelcome w3 = new Welcome3();           //用接口变量存储对象
        w3.sayChinese();
        w3.sayEnglish();
        w3.sayEnglishAndChinese();
        IChineseWelcome w4 = new Welcome3();
        w4.sayChinese();                        //只能调用这个方法
    }
}
```

接口作为一种引用类型来使用,任何实现该接口的类的实例都可以存储在该接口类型的变量中,通过这些变量可以访问类所实现的该接口中的方法。例如:

```java
IchineseWelcome wc = new Welcome1();
IchineseWelcome wc1 = new Welcome3();
```

3. 接口的作用

接口的作用主要体现在以下几个方面。

(1) 接口可以规范类的方法,使实现接口的类具有相同的方法声明。任何实现了接口的类都必须实现接口所规定的方法,否则必须定义为抽象类。

(2) 接口提供了一种抽象的机制,通过接口,可以把功能设计和实现分离。接口只告诉用户方法的特征是什么,它并不关注是如何实现的,接口指出如何使用一个对象,而不说明它如何实现。

(3) 接口能更好地体现多态性,通过接口实现不相关类的相同行为,而无须考虑这些类之间的关系。任何实现接口的类的实例,都可以通过接口来调用。通过抽象的接口来操纵具体的对象,可以极大地减少子系统实现之间的相互依赖关系,使对象之间彼此独立,并可以在运行时替换有相同接口的对象,动态改变它们相互的关系,实现多态。

4. 面向接口编程

接口变量可以存放实现这一个接口的类的对象,并且可以调用实现接口的方法。利用这一特征,可以实现设计和代码分离。需要注意的是,通过一个接口变量只能调用该接口所说明的方法。

在程序设计中,应尽量使用接口变量。这种编程思想称为面向接口的编程。按照这种思想,在系统设计中,分清层次和依赖关系,每个层次不是直接向其上层提供服务(即不是直接实例化在上层中),而是通过定义一组接口,仅向上层暴露其接口功能,上层对于下层仅仅是接口依赖,而不依赖具体类。利用接口使设计与实现相分离,使利用接口的用户程序不受不同接口实现的影响,不受接口实现改变的影响,这体现了"开闭原则"(对扩展是开放的,对于修改是封闭的)。

5. 接口与抽象类的区别

(1) 抽象类可提供某些方法的实现,而接口的方法都是抽象的。

(2) 抽象类可以包含变量,而接口中不能包含变量,可以包含常量。

(3) 抽象类中的成员可以有多种权限,而接口中的成员只能是 public。

(4) 抽象类中增加一个具体的方法,则子类都具有此具体方法,而接口中若新增加方法,则子类必须实现此方法。

(5) 子类最多能继承一个抽象类,而接口可以继承多个接口,一个类也可以实现多个接口。

(6) 抽象类和它的子类之间应该是一般和特殊的关系,而接口仅仅是它的子类应该实现的一组规则,无关的类也可以实现同一接口。

3.6.3 案例 3-4 为绘图软件设计一组图形类

要开发一个绘图软件,该绘图软件能够实现任意画、画线、画矩形和画椭圆等基本功能,为此需要一组图形类。本案例先设计一组图形类,并能测试,最后的完整的功能实现在第 5 章中完成。运行界面如图 3-5 所示。

【技术要点】

(1) 绘图软件若能够实现任意画、画线、画矩形和画椭圆等基本功能,需要的类主要有

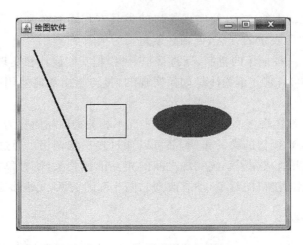

图 3-5 一组图形类运行界面

线、矩形和椭圆。任意画可以通过短线实现。为了便于绘图,类中应包括图形的位置、颜色、填充方式、线条粗细等。考虑到绘图的需求,坐标用两个点的坐标。

(2) 利用 Java 类的继承特性来构造这组图形类。先定义 Shape 类,包含所有图形所共有的成员变量 x1、y1、x2、y2、color、thick 和 fillType,分别表示坐标、颜色、线条粗细和填充方式。

(3) Line(线)、Rect(矩形)、Oval(椭圆)均由 Shape 派生而来。

【设计步骤】

(1) 在 NetBeans 下建立一个 Java 应用程序项目,命名为 Exam3_6_3。

(2) 在项目中新建一个包 exam3_6_3,在该包下建立接口 IShape,编写代码如下所示。

```java
package exam3_6_3;
import java.awt.Graphics2D;
public interface IShape {
    enum ShapeType{DRAW,LINE,RECT,OVAL};
    enum FillType{FILL,NO_FILL};
    void draw(Graphics2D g);
}
```

(3) 在 exam3_6_3 包中新建一个类 Shape,编写代码如下所示。

```java
package exam3_6_3;
import java.awt.Color;
public abstract class Shape implements IShape {
    private int x1, y1;                //坐标
    private int x2, y2;                //坐标
    private Color color;               //色彩
    private float thick;               //线条粗细
    private FillType fillType;         //是否填充
    //无参构造方法
    public Shape() {
    }
    //有参的构造方法
```

```java
    public Shape(int x1, int y1, int x2, int y2, Color color, float thick) {
        this.x1 = x1;
        this.y1 = y1;
        this.x2 = x2;
        this.y2 = y2;
        this.color = color;
        this.thick = thick;
    }
                                                //有参的构造方法
    public Shape(int x1, int y1, int x2, int y2, Color color, float thick, FillType fillType) {
        this.x1 = x1;
        this.y1 = y1;
        this.x2 = x2;
        this.y2 = y2;
        this.color = color;
        this.thick = thick;
        this.fillType = fillType;
    }
    …                                           //属性方法省略
}
```

(4) 在 exam3_6_3 包中新建一个类 Line，继承 Shape，编写代码如下所示。

```java
package exam3_6_3;
import java.awt.BasicStroke;
import java.awt.Color;
import java.awt.Graphics2D;
public class Line extends Shape {
    public Line() {
    }
    public Line(int x1, int y1, int x2, int y2, Color color, float thick) {
        super(x1, y1, x2, y2, color, thick);
    }
    //实现画图的方法
    @Override
    public void draw(Graphics2D g) {
        g.setColor(getColor());
        g.setStroke(new BasicStroke(getThick(), BasicStroke.CAP_SQUARE, BasicStroke.JOIN_ROUND));
        g.drawLine(getX1(), getY1(), getX2(), getY2());
    }
}
```

(5) 在 exam3_6_3 包中新建一个类 Rect，继承 Shape，编写代码如下所示。

```java
package exam3_6_3;
import java.awt.BasicStroke;
import java.awt.Color;
import java.awt.Graphics2D;
public class Rect extends Shape {
    public Rect() {
    }
```

```java
    public Rect(int x1, int y1, int x2, int y2, Color color, float thick, FillType fillType) {
        super(x1, y1, x2, y2, color, thick, fillType);
    }
    //实现画图的方法
    @Override
    public void draw(Graphics2D g) {
        g.setColor(getColor());
        g.setStroke(new BasicStroke(getThick(), BasicStroke.CAP_SQUARE, BasicStroke.JOIN_ROUND));
        if (getFillType() == FillType.FILL) {
            g.fillRect(getX(), getY(), getWidth(), getHeight());      //画填充矩形
        } else {
            g.drawRect(getX(), getY(), getWidth(), getHeight());      //画非填充矩形
        }
    }
}
```

(6) 在 exam3_6_3 包中新建一个类 Oval，继承 Shape，编写代码如下所示。

```java
package exam3_6_3;
import java.awt.BasicStroke;
import java.awt.Color;
import java.awt.Graphics2D;
public class Oval extends Shape {
    public Oval() {
    }
    public Oval(int x1, int y1, int x2, int y2, Color color, float thick, FillType fillType) {
        super(x1, y1, x2, y2, color, thick, fillType);
    }
    //实现画图的方法
    @Override
    public void draw(Graphics2D g) {
        g.setColor(getColor());
        g.setStroke(new BasicStroke(getThick(), BasicStroke.CAP_SQUARE, BasicStroke.JOIN_ROUND));
        if (getFillType() == FillType.FILL) {
            g.fillOval(getX(), getY(), getWidth(), getHeight());      //画填充椭圆
        } else {
            g.drawOval(getX(), getY(), getWidth(), getHeight());      //画非填充椭圆
        }
    }
}
```

(7) 在 exam3_6_3 包中新建一个类 DrawBoard，继承 JPanel，编写代码如下所示。

```java
package exam3_6_3;
import java.awt.Color;
import java.awt.Graphics;
import java.awt.Graphics2D;
import javax.swing.JPanel;
public class DrawBoard extends JPanel {
    public DrawBoard() {
```

```
        this.setOpaque(true);                          //设置不透明
        this.setBackground(Color.WHITE);               //设置背景色为白色
    }

    @Override
    protected void paintComponent(Graphics g) {
        Graphics2D g1 = (Graphics2D)g;
        Shape s = null;
        s = new Line(20, 20, 100,200, Color.blue, 3);
        s.draw(g1);                                    //画线
        s = new Rect(160, 100, 100, 150, Color.black, 1,IShape.FillType.NO_FILL);
        s.draw(g1);                                    //画矩形
        s = new Oval(320, 100, 200, 150, Color.red, 1,IShape.FillType.FILL);
        s.draw(g1);                                    //画圆
    }
}
```

（8）在 exam3_6_3 包中新建一个类 DrawWindow，继承 JFrame，编写代码如下所示。

```
package exam3_6_3;
import java.awt.Container;
import javax.swing.JFrame;
public class DrawWindow extends JFrame {
    DrawBoard drawBoard = new DrawBoard();
    public DrawWindow() {
        Container con = this.getContentPane();
        con.add(drawBoard);
        setTitle("绘图软件");                          //设置窗口标题
        setSize(500, 400);
        setVisible(true);
    }
    public static void main(String[] args) {
        new DrawWindow();
    }
}
```

（9）保存并运行程序。

3.7 内部类与枚举类型

3.7.1 内部类

内部类是一种在其他类内部定义的类，它依附于外部类而存在。

（1）内部类作为外部类的一个特殊的成员，它有类成员的封闭等级。除一般类所具有的默认（友好）、public 权限外，还可以有 private、protected；它也有类成员的修饰符 static、final 和 abstract。

（2）内部类是一个编译时的概念，一旦编译成功，就会成为完全不同的类。例如，对于一个名为 Outer 的外部类和其内部定义的名为 Inner 的内部类。编译完成后出现 Outer.class 和 Outer＄Inner.class 两类。

下面的示例在外部类 Outer 内定义了一个内部类 Inner。

```java
class Outer {
    private int size;
    private int p;
    public class Inner {
        private int size;
        public void doStuff(int size) {
            size = ++p;                          //存取外部成员变量
        }
    }
    public void testInner() {
        Inner i = new Inner();                   //外部类使用内部类成员需先建对象
        System.out.println(i.size);
    }
    public static void main(String[] a) {
        Outer o = new Outer();
        o.testInner();
    }
}
```

内部类有以下几种类型。

1. 非静态内部类

非静态内部类隐含有一个外部类的指针 this，因此，它可以访问外部类的一切资源（当然包括 private）。但外部类要访问内部类的成员，需要先建立内部类的对象，通过对象来访问。非静态内部类不能包含静态成员。

2. 静态内部类

静态内部类是使用 static 修饰的内部类。这种内部类不包含外部类的 this 指针，并且在外部类装载时初始化。静态内部类能包含静态成员，也可以包含非静态成员。但是静态内部类只能访问外部类的静态成员。外部类访问静态内部类的静态成员，用"内部类名.静态成员名"来访问；访问静态内部类的非静态成员，用"内部类对象.成员名"来访问。

3. 局部内部类

在方法内部或代码块中声明的类，这种类只能在方法内或代码块中使用，没有 public、private 和 default 权限修饰符，只能访问方法或块中的 final 变量。

4. 匿名类

匿名内部类是一种特殊的局部内部类，它在定义时没有名字。

```
new  类名或接口名{
}
```

从技术上说，匿名类可被视为非静态的内部类，所以它们具有和方法内部声明的非静态内部类一样的权限和限制。如果一个类用于继承其他类或是实现接口，而不需要增加额外的方法，只是实现或覆盖方法，并且只是为了获得一个对象实例，这时就可以使用匿名类。

例如，下面的示例中使用匿名类实现鼠标事件处理。

```java
import java.applet.*;
import java.awt.event.*;
public class AnonymousInnerClassDemo extends Applet {
    @Override
    public void init() {
        addMouseListener(new MouseAdapter() {
            @Override
            public void mousePressed(MouseEvent me) {
                showStatus("Mouse Pressed");
            }
        });
    }
}
```

3.7.2 枚举类型

1. 枚举类型的定义

枚举类型是 JDK 5.0 的新特征。创建枚举类型要使用 enum 关键字。例如：

```java
public enum Size {
    SMALL,
    MEDIUM,
    LARGE;
}
```

枚举很像一个类，实际上 java.lang.Enum 本身就是个抽象类。自定义枚举类型，隐含所创建的类型都是 java.lang.Enum 类的子类。它们继承了 Enum 中的许多有用的方法。与类一样，枚举中也可以有数据成员和方法成员。不同的是，自定义枚举类型中的构造方法只能是私有的。默认的构造方法是：protected Enum(String name, int ordinal)。name 为名字，ordinal 为序号。

例如：

```java
public enum Size {
    SMALL("小"),
    MEDIUM("中"),
    LARGE("大");
    private String name;
    private Size(String name) {
        this.name = name;
    }
    public String getName() {
```

```
        return name;
    }
}
```

2. 枚举类型的使用

1) 引用枚举值

有以下三种方法可以引用枚举值。

```
Size s1 = Size.SMALL;                           //直接引用枚举值
Size s2 = Enum.valueOf(Size.class, "SMALL");    //使用 Enum 中的方法获得枚举值
Size s3 = Size.valueOf("MEDIUM");               //通过名字获得枚举值
```

2) 获得枚举值的名称和序号

每个枚举值都有名称和序号，可以通过 name()/toString() 和 ordinal() 获得。例如：

```
System.out.println(Size.SMALL.name());      //显示名称
System.out.println(Size.SMALL.ordinal());   //显示序号
```

3) 枚举值的比较

判断枚举类型数据是否相等可以用＝＝或 equals()。

4) 遍历枚举值

values()可以用来遍历枚举类中的值。

下面的示例定义一个关于星期几的枚举类型。在枚举类型中，定义私有构造方法，使枚举值能包含缩写英文名称和中文名称信息。对星期六和星期日两个枚举值，重写了判断是否为休息日的方法。

```java
package exam3_7_2;
public enum Week {
    //定义枚举值
    Monday("MON", "星期一"),
    Tuesday("TUE", "星期二"),
    Wednesday("WED", "星期三"),
    Thursday("THU", "星期四"),
    Friday("FRI", "星期五"),
    Saturday("SAT", "星期六") {
        @Override
        public boolean isRest() {
            return true;
        }
    },
    Sunday("SUN", "星期日") {
        @Override
        public boolean isRest() {
            return true;
        }
    };
    private String abbreviation = "";       //缩写
    private String chineseName = "";        //中文名字
```

```java
                                            //定义自己的方法
    private Week(String abbreviation, String chineseName) {
        this.abbreviation = abbreviation;
        this.chineseName = chineseName;
    }
    public String abbreviation() {
        return abbreviation;
    }
    public String getChineseName() {
        return chineseName;
    }
    //周六和周日应该返回true,此方法在周六和周日的值中被重载
    public boolean isRest() {
        return false;
    }
    @Override
    public String toString() {
        return this.name();
    }
}
public class WeekTest {
    public static void main(String[] args) {
        Week week = Week.Monday;
        System.out.println("ordinal():" + week.ordinal());
        System.out.println("name():" + week.name());
        System.out.println("getChineseName():" + week.getChineseName());
        System.out.println("abbreviation():" + week.abbreviation());
        System.out.println("isRest():" + week.isRest());
        System.out.println("toString():" + week);
    }
}
```

小结

面向对象的程序设计的基本特征是抽象、封装、继承和多态。类和对象是它的核心和本质。对象代表现实世界中可以明确标识的任何事物。类是具有相同属性和方法的一组对象的集合,它为属于该类的所有对象提供了统一的抽象描述。类是对象的模板,对象是类的实例。

类包括数据成员和方法成员两个主要部分。使用了 static 修饰符的成员为类成员(静态成员),反之则是实例成员(非静态成员)。

Java 通过包将类组织起来。不同包的类之间相互访问,涉及类的访问权限。Java 中类的访问权限有两个:public(公有)和默认(友好)。

在 Java 中,类的成员有 4 种访问权限:public(公有)、protected(保护)、private(私有)和默认(友好)。默认情况下,成员的访问权限是友好的,这种成员可以被这个类本身和同包中的其他类访问。使用 private 修饰的成员是私有成员,只能被这个类本身访问。使用

public 修饰的成员是公有成员,可以被所有的类访问。使用 protected 修饰的成员是保护成员,可以被这个类本身访问,也可被同包的其他类或不同包的子类访问。

继承是面向对象程序设计的一个重要特征,它允许在现有类的基础上创建新类,新类从现有类中继承类成员,而且可以重新定义或加进新的成员,从而形成类的层次或等级。一般称被继承的类为基类、父类或超类,而继承后产生的类为派生类或子类。Java 中使用 extends 指明类的继承关系。

使用 abstract 关键字来修饰的类,称为抽象类。抽象类不能建立实例,抽象类可以包含抽象方法,也可以不包含抽象方法,但是包含抽象方法的类必须定义成抽象的类。

接口是一种与类相似的结构,只包含常量和抽象方法。接口在许多方面和抽象类相近,但抽象类除了可包含常量和抽象方法外,还可包含变量和具体方法。

多态性是指允许不同类的对象对同一消息做出不同的响应。它通过将下属类(子类或实现接口的类)对象的引用赋值给接口变量或父类变量来实现动态方法调用。

习题

一、思考题

3-1 简述面向对象程序设计的 4 个基本特征。

3-2 Java 的访问控制符有哪些?它们对类、类的成员分别有哪些访问限制作用?

3-3 什么是构造方法?构造方法有什么作用?

3-4 什么是类成员和实例成员?区别是什么?

3-5 什么是继承?是否可以继承 String 类?

3-6 this 和 super 关键字有什么作用?

3-7 Overload 和 Override 有什么区别?构造方法是否可以被 Overload 或 Override?

3-8 什么是抽象类?什么是接口?接口与抽象类有什么不同?

3-9 什么是多态性?Java 是如何实现多态的?多态性有什么作用?

二、程序题

3-10 定义一个点类 Point,要求重载构造方法,并能够求两点间距离。

3-11 定义一个名为 Fan 的类模拟风扇,属性有 speed、on、redius 和 color。要求为每个属性定义属性方法,并提供方法 toString(),返回包括类中所有属性值的字符串。

3-12 定义一个雇员类 Employee。雇员类中包含三个数据成员,其中 name 和 id 为实例成员,count 为静态成员,用于存储雇员数。

3-13 定义一个车辆(Vehicle)类,具有 speed(速度)、maxSpeed(最大速度)、weight(重量)等属性,以及 run()、stop()等方法。然后以该类为基类,派生出 Bicycle(自行车)、Car(轿车)等类,并编程对派生类的功能进行验证。

3-14 先定义一个字符栈的接口 CharStackInterface,规定了栈所包含的方法和栈的大小(常量)。然后定义栈类 CharStack,该类实现了字符栈接口。

实 验

题目：设计绘图软件

一、实验目的

(1) 理解面向对象的编程思想；
(2) 掌握如何定义类和建立对象；
(3) 理解抽象类及其应用；
(4) 掌握类的继承机制；
(5) 掌握对象成员的访问及构造方法的应用；
(6) 学习利用面向对象的方法设计应用程序。

二、实验要求

参考教材中的案例设计绘图软件，并扩展一个正方形类，要求：

(1) 先定义接口 IShape，接口中定义图形类型和填充方式类，并定义所有图形类中应具备的方法 draw()。

(2) 定义一个抽象类 Shape，该类实现 IShape 接口，封装所有图形共有变量（如坐标(x1,y1,x2,y2)、颜色、填充类型、线条粗细等），并分别定义有参和无参构造方法。

(3) 定义其他图形类：Line(线)、Rect(矩形)、Oval(椭圆)、NormalTriangle(正三角形)均继承 Shape。

(4) 在窗体中测试所定义的类。

第 4 章 数组与集合

【内容简介】

数组和集合是 Java 语言中很重要的部分。本章将详细介绍数组的概念、数组的定义及应用,Java 集合框架以及一些常用接口和类的有关知识和应用技术。

本章将通过"成绩排序和统计"、"竞赛评分程序"、"网络书城中的购物车类"三个案例帮助读者理解和应用所学的知识。

通过本章的学习,读者将初步具有利用数组、集合编写应用程序的能力。

【教学目标】

- ❏ 理解数组和集合的概念;
- ❏ 掌握 Java 数组的使用方法;
- ❏ 理解数组和集合的区别;
- ❏ 了解 Java 集合框架的基本组成;
- ❏ 掌握常用集合类的应用方法;
- ❏ 能比较各集合类的区别与联系;
- ❏ 能够用数组和集合编写基本的应用程序。

4.1 数组

4.1.1 数组的概念

数组是 Java 语言中的一种引用数据类型,它是由类型相同的元素组成的有顺序的数据集合。数组中的每个元素具有相同的数据类型,可以用一个统一的数组名和下标来唯一地确定数组中的元素。数组有一维数组和多维数组。

(1) 数组属引用类型,数组型数据是对象,数组中的每个元素相当于该对象的成员变量。

(2) 数组中每个元素的数据类型都是相同的,可以是基本类型,也可以是引用类型。

(3) 数组要经过定义、分配内存及赋值后才能使用。

4.1.2 数组的定义

1. 一维数组

1) 一维数组的定义

有一个下标的数组称为一维数组,其定义格式为:

```
类型 数组名[ ];
类型 [ ]数组名;
```

其中,类型可以为 Java 中任意的数据类型,包括基本类型和引用类型。例如:

```
int intArray[];                        //定义一个整型数组
String stringArray[];                  //定义一个字符串数组
```

注意:Java 在定义数组时[]可以写在数组名后面,也可以写在数组名前面。数组在定义时不能指定大小。

2) 一维数组的创建

(1) 直接赋值创建,数组的大小是由所赋值的个数决定。例如:

```
int intArray[] = {1,2,3,4};
StringstringArray[] = {"abc", "How", "you"};
```

(2) 用 new 建立数组。例如:

```
int a[];                               //先定义
a = new int[2];                        //再创建
a[0] = 4;
a[1] = 7;
String[]s = new String[2];             //定义和创建一起完成
s[0] = new String("Good");
s[1] = new String("bye");
```

3) 一维数组元素的引用

数组元素的引用方式为:

数组名[索引]

索引为数组的下标,它可以为整型的常数或表达式,下标从 0 开始。每个数组都有一个属性 length 指明它的长度,例如,intArray.length 指明数组 intArray 的长度。

2. 多维数组

Java 语言中,多维数组被看作数组的数组。

1) 二维数组的定义

```
类型 数据名[ ][ ];
类型 [ ][ ]数据名;
```

2) 二维数组的创建

(1) 直接赋值创建。例如:

```
int a[][] = {{1,2},{2,3},{3,4,5}};
```

提示:Java 语言中,由于把二维数组看作是数组的数组,数组空间不是连续分配的,所以不要求二维数组每一维的大小相同。

(2) 用 new 创建。例如:

```
int a[][] = new int[2][3];             //直接为每一维分配空间
```

```
String s[][] = new String[2][];          //仅为第一维分配空间
s[0] = new String[2];                    //为第二维的第一个单元分配引用空间
s[1] = new String[1];                    //为第二维的第二个单元分配引用空间
s[0][0] = new String("Good");
s[0][1] = new String("Luck");
s[1][0] = new String("You");
```

3) 二维数组元素的引用

对二维数组中的每个元素,引用方式为：

数组名[索引1][索引2]

例如：

a[1][0];

4.1.3 案例 4-1　成绩排序和统计

设计程序,能对学生成绩进行排序,并能统计各分数段人数。运行界面如图 4-1 所示。

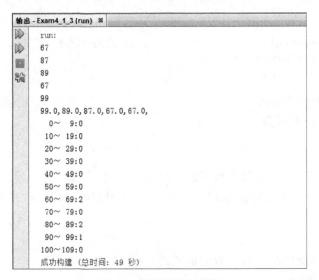

图 4-1　程序排序和统计

【技术要点】

(1) 单独定义一个类来处理成绩问题,在该类中用数组存放成绩,在构造方法中根据参数创建数组。

(2) 输出统计结果时使用格式化输出,这样能够对齐输出。

【设计步骤】

(1) 在 NetBeans 下建立一个 Java 应用程序项目,命名为 Exam4_1_3。

(2) 在项目下建立包 exam4_1_3,在该包下建立类 ScoreStat,编写代码如下所示。

```java
package exam4_1_3;
import java.util.Scanner;
class ScoreStat {
```

```java
    private float scores[];
    //构造方法
    public ScoreStat(int n) {
        scores = new float[n];
    }
    //输入成绩
    public void input() {
        for (int i = 0; i < scores.length; i++) {
            Scanner io = new Scanner(System.in);
            scores[i] = io.nextFloat();
        }
    }
    //输出成绩
    public void output() {
        for (int i = 0; i < scores.length; i++) {
            System.out.print(scores[i]);
            if (i < scores.length - 1) {
                System.out.print(",");
            } else {
                System.out.println(",");
            }
        }
    }
    //从高到低排序
    public void sort() {
        float t;
        for (int i = 0; i < scores.length - 1; i++) {
            int h = i;
            for (int j = i + 1; j < scores.length; j++) {
                if (scores[h] < scores[j]) {
                    h = j;
                }
            }
            if (h != i) {
                t = scores[h]; scores[h] = scores[i]; scores[i] = t;
            }
        }
    }
    //统计成绩
    public void stat() {
        int s[] = new int[11];
        for (int i = 0; i < scores.length; i++) {
            int j = (int) (scores[i] / 10);
            s[j]++;
        }
        for (int i = 0; i < 11; i++) {
            System.out.printf("%3s~%3s:%d\n", i * 10, (i + 1) * 10 - 1, s[i]);
        }
    }
}
```

(3) 在项目下建立包 exam4_1_3,在该包下建立类 TestScoreStat,编写代码如下所示。

```
public class TestScoreStat {
    public static void main(String[] args) {
        ScoreStat scoreStat = new ScoreStat(5);  //参数 5 表示有 5 个成绩需要统计
        scoreStat.input();                        //输入成绩
        scoreStat.sort();                         //对成绩排序
        scoreStat.output();                       //输出成绩
        scoreStat.stat();                         //统计成绩
    }
}
```

(4) 保存并运行程序。

4.2 集合

4.2.1 Java 集合框架

所谓框架就是一个类库的集合。集合框架就是一个用来表示和操作集合的统一的架构,包含集合的接口与实现类。Java 集合框架的类和接口都位于 java.util 包中。与数组不同的是,集合(Collection)可以存储和操作数目不固定的一组数据;而且,集合只能存放引用类型的数据,不能存放基本类型的数据(如果存放,将自动转换成相应的对象类型),数据可以是不同类型的。

Java 有三种类型的集合:集(Set)、列表(List)和映射(Map)。Set 是无顺序的,元素不可重复(值不相同)。List 是有顺序的,元素可以重复。Map 由键值(Key-Value)对组成,键不可重复,值可重复。图 4-2 是一个简化的集合框架结构图。虚线框表示接口,实线框表示类,粗实线框表示常用类。其中,Collection 是最基本的集合接口,声明了适用于 Java 集合(Set 和 List)的通用方法。Set 和 List 都继承了 Conllection,Map 没有。

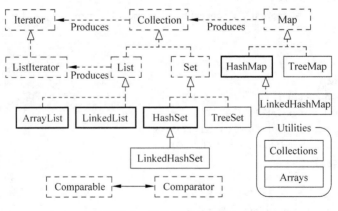

图 4-2 集合框架结构图

4.2.2 Collection 接口常用方法

Collection 是最基本的集合接口。它定义了集合框架中一些最基本的方法。Java 不提供此接口的任何直接实现,它提供更具体的子接口(如 Set 和 List)实现。

Collection 接口常用的方法如下。

(1) boolean add(E o):将指定元素添加到此集合。
(2) boolean contains(Object o):判断此集合是否包含指定的元素。
(3) boolean isEmpty():判断此集合是否不包含任何元素。
(4) Iterator<E> iterator():返回在此集合的元素上进行迭代的迭代器。
(5) boolean remove(Object o):从此集合中移除指定元素。
(6) int size():返回此集合中的元素个数。

通过这些方法,可以在集合中增加或删除元素,获取访问迭代器,获取集合中元素的个数,判断集合中是否包含某个元素。

4.2.3 遍历 Collection

有以下两种方式可以实现对集合的遍历。

1. for 循环

for 循环能以一种非常简捷的方式对集合中的元素进行遍历,格式如下:

```
for (Object o : collection) {
    …
}
```

2. 迭代器

迭代器(Iterator)可以用来遍历集合。可以通过集合的 iterator()方法获取该集合的迭代器。Iterator 接口的方法如下。

(1) boolean hasNext():集合中是否有继续迭代的元素。
(2) E next():返回集合中的下一个元素。
(3) void remove():删除 next()最后一次从集合中访问的元素。

注意:remove 是在迭代过程中修改 Collection 的唯一安全的方法,在迭代期间不允许使用其他的方法对 Collection 进行操作。

下列情况下需要使用迭代器代替 for 循环。

(1) 删除当前节点:for 隐藏了迭代器,故无法调用 remove 函数。正因如此,for 不能用来对集合过滤。
(2) 在多重集合上进行并行迭代。

例如,下列代码演示了如何使用 Iterator 对 Collection 元素进行过滤。

```java
void filter(Collection<?> c) {
    for (Iterator<?> it = c.iterator(); it.hasNext(); )
        if (!cond(it.next()))              //cond是具体应用中的一个判断方法
            it.remove();
}
```

4.2.4 Collection 的批量操作

集合的批量操作的接口方法如下。

(1) boolean addAll(Collection<? extends E> c)：添加指定集合中的所有元素。

(2) void clear()：移除此集合中的所有元素。

(3) boolean containsAll(Collection<?> c)：判断此集合是否包含指定集合中的所有元素。

(4) boolean removeAll(Collection<?> c)：移除此集合中那些也包含在指定集合中的所有元素。

(5) boolean retainAll(Collection<?> c)：仅保留此集合中那些也包含在指定集合中的元素。

(6) Object[] toArray()：返回包含此集合中所有元素的数组。

(7) <T> T[] toArray(T[] a)：返回包含此集合中所有元素的数组；返回数组的运行时类型与指定数组的运行时类型相同。

下列代码演示了如何从一个集合中移除所有包含特定值的元素：

```java
c.removeAll(Collections.singleton(e));
```

另外一个常用的批量操作是移除集合中所有的 null 元素：

```java
c.removeAll(Collections.singleton(null));
```

集合转化为数组：

```java
Object[] a = c.toArray();
String[] a = c.toArray(new String[0]);
```

4.3 集

集(Set)是一个不包含重复元素的集合。Set 接口中的方法都是从 Collection 继承而来。但 Set 的实现类，限制了 add 的使用。Set 集合在用 Add()方法添加一个新项时，首先会调用 equals(Object o)来比较新项和已有的某项是否相等，而不是用＝＝来判断相等性，对于字符串等已重写 equals()方法的类，是按值来比较相等性的。

Java 平台中包含三个通用的 Set 的实现：HashSet、TreeSet 和 LinkedHashSet。HashSet 按照哈希算法来存取集合中的对象，存取速度比较快；TreeSet 实现了 SortedSet 接口，能够对集合中的对象进行排序；LinkedHashSet 通过链表存储集合元素。比较常用的是 HashSet 和 TreeSet。这两个类相比，HashSet 要快，但不提供排序；而 TreeSet 提供排序。

4.3.1 HashSet 类

此类实现了 Set 接口，由哈希表（实际上是一个 HashMap 实例）支持。HashSet 中的元素没有顺序，并允许使用 null 元素。存储元素时，首先调用元素的 hashCode()得到哈希码，如果哈希码指向的位置为空，则元素可以加进去；否则，就调用 equals()方法进行两个元素的比较，如果比较的结果不相同，此元素也可以添加进去，否则不能添加此元素。也就是说，每次添加元素都会进行 hashCode()方法的调用，而不一定会调用 equals()方法，这就大大提高了程序的效率。同时，这也告诉我们，如果自己定义的类要使用 HashSet 来管理对象，就一定要重写 hashCode()和 equals()方法。重写的原则就是保证相同的对象返回的哈希码是相同的，equals()返回的值是 true。

提示：在 NetBeans 中能自动生成 equals()、hashCode()方法。

使用 HashSet 的优点是，查询效率高，而且在增删元素的时候，效率也很高；缺点就是，使用的空间比较大，这是为了避免散列冲突。查询效率与初始容量和默认的加载因子有关。

该类有以下 4 个构造方法。

（1）HashSet()：构造一个新的空集合，其底层 HashMap 实例的默认初始容量是 16，加载因子 0.75。

（2）HashSet(Collection c)：构造一个包含指定集合中的元素的新的 set。

（3）HashSet(int initialCapacity)：构造一个新的空集合，其底层 HashMap 实例具有指定的初始容量和默认的加载因子。

（4）HashSet(int initialCapacity, float loadFactory)：构造一个新的空集合，其底层 HashMap 实例具有指定的初始容量和加载因子。

例如，下面的示例程序是找出一个字符串中的重复单词，将其打印出来，并打印不重复的单词个数。

```java
import java.util.*;
public class Exam4_3_1 {
    public static void main(String[] args) {
        String str[] = {"teacher","student","teacher","java"};
        Set<String> s = new HashSet<String>();
        for (String a : str) {
            if (!s.add(a)) {
                System.out.println("检测到重复单词：" + a);
            }
        }
        System.out.println("有" + s.size() + "个不重复的单词：" + s);
    }
}
```

上述代码的运行结果是：

检测到重复单词：teacher

有3不重复的单词:[student, java, teacher]

例如,下面的示例定义一个简单的用户类,用户名作为用户的标识。用集合存储用户对象,要确保不能在集合中存储两个用户名相同的用户对象。

```java
import java.util.*;
class UserInfo {
    private String username;
    private String password;
    ...                                        //属性方法省略
    @Override
    public boolean equals(Object obj) {
        if(obj == null || !(obj instanceof UserInfo)){
            return false;
        }
        UserInfo user = (UserInfo)obj;
        return this.username.equals(user.getUsername());
    }
    @Override
    public int hashCode() {
        int hash = 5;
        hash = 97 * hash + (username != null ? username.hashCode() : 0);
        return hash;
    }
}
public class TestUserSet {
    public static void main(String[] args) {
        Set<UserInfo> setA = new HashSet<UserInfo>();
        UserInfo a = new UserInfo();
        a.setUsername("Jack");
        a.setPassword("1234");
        setA.add(a);
        UserInfo b = new UserInfo();
        b.setUsername("Jack");                 //b对象中的用户名和a对象一样
        b.setPassword("1235");
        setA.add(b);
        b.setUsername("Joson");                //更换b对象中用户名
        b.setPassword("1236");
        setA.add(b);                           //重新添加b对象
        System.out.println("size = " + setA.size());
        Iterator<UserInfo> it = setA.iterator();
        while(it.hasNext()) {
            UserInfo user = it.next();
            System.out.println(user.getUsername());
        }
    }
}
```

上述示例运行的结果为:

size = 2

Joson
Jack

4.3.2 TreeSet 类

此类实现了 SortedSet 接口（Set 的子接口），采用树状结构存储元素，是一个有序集合（升序），不允许有 null 元素。根据使用的构造方法不同，可能会按照元素的自然顺序进行排序，或按照在创建集合时所提供的比较器进行排序，后者要求 TreeSet 中元素要实现 Comparable 接口。

该类主要有以下 4 个构造方法。

(1) TreeSet()：构造一个新的空 set，该 set 根据其元素的自然顺序进行排序。

(2) TreeSet(Collection<? extends E> c)：构造一个包含指定集合元素的新 TreeSet，它按照其元素的自然顺序进行排序。

(3) TreeSet(Comparator<? super E> comparator)：构造一个新的空 TreeSet，它根据指定比较器进行排序。

(4) TreeSet(SortedSet<E> s)：构造一个与指定有序 set 具有相同映射关系和相同排序的新 TreeSet。

除具有一般集合的方法外，TreeSet 还有如下适合自身操作的一些常用方法。

(1) Object first()：返回已排序 set 中当前的第一个（最小）元素。

(2) Object last()：返回已排序 set 中当前的最后一个（最大）元素。

(3) SortedSet subSet(Object fromElement, Object toElement)：返回此 set 的部分视图，其元素从 fromElement（包括）到 toElement（不包括）。

(4) SortedSet tailSet(Object fromElement)：返回此 set 的部分视图，其元素大于等于 fromElement。

(5) SortedSet headSet(Object toElement)：返回此 set 的部分视图，要求其元素小于 toElement。

(6) Iterator<E> descendingIterator()：返回在此 set 元素上按降序的迭代器。

例如，下面的示例有一个学生类，学生类包含年级、班级、学号和姓名等数据成员。建立多个学生，能对学生进行排序。

```java
import java.util.*;
class Students implements Comparable {
    private String studGrade;           //年级
    private String studClass;           //班级
    private String studNo;              //学号
    private String studName;            //姓名
    public Students(String studGrade, String studClass, String studNo,
String studName) {
        this.studGrade = studGrade;
        this.studClass = studClass;
        this.studNo = studNo;
        this.studName = studName;
```

```java
        }
        ...                                             //属性方法省略
        static class compareToStudent implements Comparator {    //比较器
            public int compare(Object o1, Object o2) {
                Students s1 = (Students) o1;
                Students s2 = (Students) o2;
                int result = s1.getStudGrade().compareTo(s2.getStudGrade());
                if (result == 0) {
                    result = s1.getStudClass().compareTo(s2.getStudClass());
                }
                if (result == 0) {
                    result = s1.getStudNo().compareTo(s2.getStudNo());
                }
                return result;
            }
        }
        public int compareTo(Object o) {                //写具体的比较方法
            Students s = (Students) o;
            int result = studGrade.compareTo(s.getStudGrade());
            if (result == 0) {
                result = studClass.compareTo(s.getStudClass());
            }
            if (result == 0) {
                result = studNo.compareTo(s.getStudNo());
            }
            return result;
        }
        @Override
        public String toString() {
            return "年级:" + studGrade + " 班级:" + studClass + " 学号:" + studNo
    + " 姓名:" + studName;
        }
}
public class TestStudentSet {
    public static void main(String[] args) {
        TreeSet ts = new TreeSet(new Students.compareToStudent());
        ts.add(new Students("2009","01","1","zhangshan"));
        ts.add(new Students("2009","02","1","lishi"));
        ts.add(new Students("2009","01","2","wangwu"));
        ts.add(new Students("2009","02","2","maliu"));
        Iterator it = ts.iterator();
        while (it.hasNext()) {
            System.out.println(it.next());
        }
    }
}
```

上面的示例运行的结果为：

年级:2009 班级:01 学号:1 姓名:zhangshan
年级:2009 班级:01 学号:2 姓名:wangwu

年级:2009 班级:02 学号:1 姓名:lishi
年级:2009 班级:02 学号:2 姓名:maliu

4.4 列表

列表(List)是有序的集合,使用此接口能够精确地控制每个元素插入的位置。用户能够使用索引(元素在 List 中的位置,类似于数组下标)来访问 List 中的元素。与 Set 不同,List 通常允许重复的元素。List 接口继承了 Collection,但又添加了许多按索引操作元素的方法。而且,一个 List 可以生成 ListIterator,使用它可以从两个方向遍历 List,也可以从 List 中间插入和删除元素。

Java 平台主要有三个 List 实现类:ArrayList、Vector 和 LinkedList。ArrayList 和 Vector 都采用数组实现,查询快,增删慢。两者的不同是 Vector 线程安全,ArrayList 线程不安全,Vector 性能上比 ArrayList 要差。LinkedList 采用链表实现,增删快,查询慢。

4.4.1 List 接口

List 接口继承了 Collection 接口,所以 List 接口拥有 Collection 接口提供的所有常用方法,又因为 List 是列表类型,所以 List 接口还提供了一些适合于自身的常用方法。

(1) void add(int index,E element):在列表的指定位置插入指定元素。

(2) boolean addAll(int index,Collection<? extends E> c):将指定集合中的所有元素都插入到列表中的指定位置。

(3) E get(int index):返回列表中指定位置的元素。

(4) int indexOf(Object o):返回此列表中第一次出现的指定元素的索引;如果此列表不包含该元素,则返回-1。

(5) int lastIndexOf(Object o):返回此列表中最后出现的指定元素的索引;如果列表不包含此元素,则返回-1。

(6) ListIterator<E> listIterator():返回此列表元素的列表迭代器(按适当顺序)。

(7) ListIterator<E> listIterator(int index):返回列表中元素的列表迭代器(按适当顺序),从列表的指定位置开始。

(8) E remove(int index):移除列表中指定位置的元素。

(9) E set(int index,E element):用指定元素替换列表中指定位置的元素。

(10) List<E> subList(int fromIndex, int toIndex):返回列表中指定的 fromIndex(包括)和 toIndex(不包括)之间的部分视图。

4.4.2 ArrayList 类

ArrayList 类实现了 List 接口,它是可变大小的列表,并允许包括 null 在内的所有元素。ArrayList 没有同步。其构造方法如下。

(1) ArrayList()：构造一个初始容量为 10 的列表。

(2) ArrayList(Collection<? extends E> c)：构造一个包含指定集合的元素的列表，这些元素是按照该集合的迭代器返回它们的顺序排列的。

(3) ArrayList(int initialCapacity)：构造一个具有指定初始容量的空列表。

ArrayList 自身的特有方法主要如下。

(1) void ensureCapacity(int minCapacity)：如有必要，增加此 ArrayList 实例的容量，以确保它至少能够容纳最小容量参数所指定的元素数。

(2) void trimToSize()：将此 ArrayList 实例的容量调整为列表的当前大小。

下面通过一个例子来说明一下 ArrayList 的用法。

```java
import java.util.*;
public class Exam4_4_2 {
    public static void main(String[] args) {
        ArrayList<String> list = new ArrayList<String>();
        for (int i = 0; i < 4; i++) {            //给数组增加 5 个 String 元素
            list.add("item" + i);
        }
        list.remove(3);                          //将第 4 个元素移除
        list.add(2, "itemNew");                  //在第三个位置添加一个新元素
        list.trimToSize();        //将容量设置为 list 中元素的实际数量,以最小化内存系统开销
        int intIndex = list.indexOf("item1");
        System.out.println("item4 的位置是：" + intIndex);
        for (int i = 0; i < list.size(); i++) {
            String s = list.get(i);
            System.out.println(s);
        }
    }
}
```

上述代码的运行结果是：

```
Item1 的位置是: 1
item0
item1
itemNew
item2
```

提示：在添加大量元素前，应用程序可以使用 ensureCapacity 操作来增加 ArrayList 实例的容量。这可以减少递增式再分配的数量。但如果不向列表中添加新元素，可用 trimToSize()方法最小化列表的内存系统开销。

4.4.3　案例 4-2　竞赛评分程序

设计一个竞赛评分程序，要求能设置评委数，选手个数可任意增加，选手的得分为去掉一个最高分和一个最低分后的平均分。运行效果如图 4-3 所示。

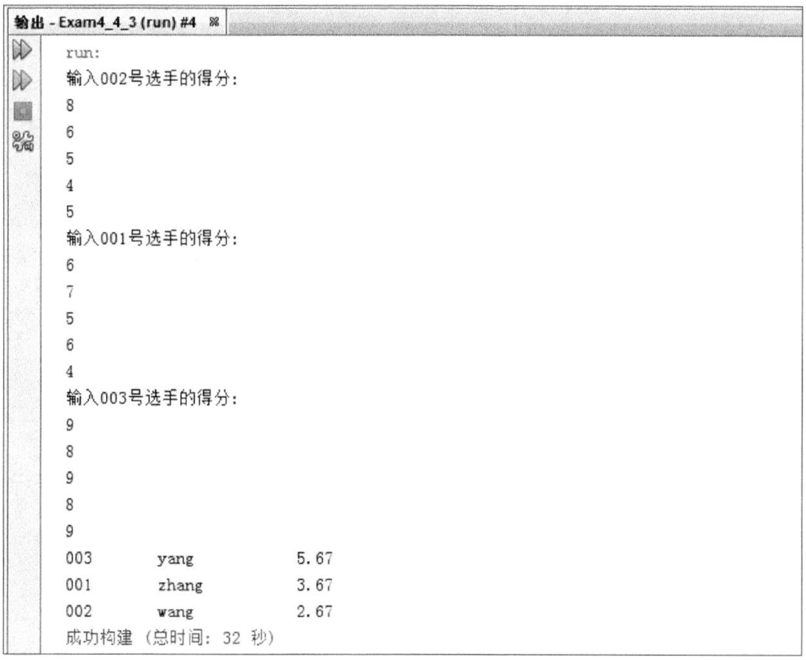

图 4-3　竞赛评分程序运行界面

【技术要点】

利用 ArrayList 存储选手对象,使用集合工具类 Collections 的 sort()方法对选手进行排序,采用匿名类的方法定义比较规则。

【设计步骤】

(1) 在 NetBeans 下建立一个 Java 应用程序项目,命名为 Exam4_4_3。

(2) 在项目中建立包 exam4_4_3,在该包下建立一个类 Player,代码如下所示。

```
package exam4_4_3;
import java.util.*;
public class Player {
    private final String playerId;          //选手号码
    private final String playerName;        //选手姓名
    private int order;                      //比赛次序
    private float scores[];                 //选手分数列表
    public String getPlayerId() {
        return playerId;
    }
    public String getPlayerName() {
        return playerName;
    }
    public int getOrder() {
        return order;
    }
    public void setOrder(int order) {
        this.order = order;
    }
```

```java
    public Player(String playerId, String playerName) {
        this.playerId = playerId;
        this.playerName = playerName;
    }
    public void inputScore(int judgeNum) {
        this.scores = new float[judgeNum];
        Scanner in = new Scanner(System.in);
        System.out.println("输入" + playerId + "号选手的得分:");
        for (int i = 0; i < judgeNum; i++) {
            scores[i] = in.nextFloat();
        }
    }
    public float getScore() {
        float totalScore = 0f;
        int mini = 0;                              //最低分位置
        int maxi = 0;                              //最高分位置
        for (int i = 1; i < scores.length; i++) {
            totalScore += scores[i];
            if (scores[i] > scores[maxi]) {
                maxi = i;
            } else if (scores[i] < scores[mini]) {
                mini = i;
            }
        }
        totalScore = (totalScore - scores[maxi] - scores[mini]) / (scores.length - 2);
        return totalScore;
    }
    @Override
    public String toString() {
        return String.format("%1$-10s%2$-15s%3$-10.2f", playerId, playerName, getScore());
    }
}
```

(3) 在 exam4_4_3 包下建立一个类 CMSystem，代码如下所示。

```java
package exam4_4_3;
import java.util.ArrayList;
import java.util.Collections;
import java.util.Comparator;
import java.util.List;
public class CMSystem {
    private List<Player> playerList;
    public CMSystem() {
        this.playerList = new ArrayList<Player>();
    }
    public void addPlayer(Player player) {
        playerList.add(player);
    }
    public void deletePlayer(int index) {
        playerList.remove(index);
```

```java
    }
    public void sortByScore() {
        Collections.sort(playerList, new Comparator() {    //这里使用了匿名类
            @Override
            public int compare(Object o1, Object o2) {
                Player p1 = (Player) o1;
                Player p2 = (Player) o2;
                if (p1.getScore() <= p2.getScore()) {
                    return 1;
                } else {
                    return -1;
                }
            }
        });
    }
    private void sortByOrder() {
        Collections.sort(playerList, new Comparator() {    //这里使用了匿名类
            @Override
            public int compare(Object o1, Object o2) {
                Player p1 = (Player) o1;
                Player p2 = (Player) o2;
                if (p1.getOrder() < p2.getOrder()) {
                    return 1;
                } else {
                    return -1;
                }
            }
        });
    }
    public void inputScore(int judgeNum) {
        sortByOrder();
        for (Player p : playerList) {
            p.inputScore(judgeNum);
        }
    }
    public void showAllPlayerInfo() {
        for (Player p : playerList) {
            System.out.println(p);
        }
    }
}
```

(4) 在 exam4_4_3 包下建立一个类 TestCMSystem,代码如下所示。

```java
package exam4_4_3;
public class TestCMSystem {
    public static void main(String[] args) {
        CMSystem cms = new CMSystem();
        //为了测试简单,在此直接添加 3 的选手
        Player p1 = new Player("001", "zhang");
        Player p2 = new Player("002", "wang");
        Player p3 = new Player("003", "yang");
```

```
            cms.addPlayer(p1);
            cms.addPlayer(p2);
            cms.addPlayer(p3);
            //设置抽签顺序
            p1.setOrder(2);
            p2.setOrder(1);
            p3.setOrder(3);
            cms.inputScore(5);              //按比赛顺序输入选手得分
            cms.sortByScore();              //按分数排序
            cms.showAllPlayerInfo();        //显示所有选手及得分
    }
}
```

(5) 保存并运行程序。

4.4.4　Vector 类

Vector 虽然不是直接实现 List，但它继承了 AbstractList 类，该类实现了 List 接口。因此 List 非常类似 ArrayList。下面主要说明一下两者的不同。

（1）Vector 是线程同步的，所以它也是线程安全的，而 ArrayList 是线程非同步的，是不安全的。如果不考虑线程的安全因素，一般用 ArrayList 效率比较高。

（2）如果集合中的元素的数目大于目前集合数组的长度时，Vector 增长率为目前数组长度的 100%，而 ArrayList 增长率为目前数组长度的 50%。因此，如果使用的数据量比较大，用 Vector 有一定的优势。

（3）由 Vector 创建的 Iterator，虽然和 ArrayList 创建的 Iterator 是同一接口，但是，因为 Vector 是同步的，当一个 Iterator 被创建而且正在被使用，另一个线程改变了 Vector 的状态（例如，添加或删除了一些元素），这时调用 Iterator 的方法时将抛出 ConcurrentModificationException，因此必须捕获该异常。

4.5　映射

映射（Map）由键值（Key-Value）对组成，Key 不可重复，Value 可重复，每个 Key 只能映射一个 Value。

Map 的实现类主要有 Hashtable 和 HashMap。两者很类似，HashTable 是同步的，它不允许 null 值（Key 和 Value 都不可以）；HashMap 是非同步的，它允许 null 值（Key 和 Value 都可以）。

4.5.1　Map 接口

Map 接口是一个独立的接口，不继承 Collection 接口。Map 接口提供三种集合的视图：Key 的 Set，Value 的 Collection，Entry 的 Set。Map 接口的主要方法如下。

（1）void clear()：从此映射中移除所有映射关系。

(2) boolean containsKey(Object key)：判断此映射是否包含指定键。
(3) boolean containsValue(Object value)：判断此映射是否包含指定值。
(4) Set<Map.Entry<K,V>> entrySet()：返回此映射中包含的映射关系的 Set 视图。
(5) V get(Object key)：返回指定键所映射的值；如果不包含该键，则返回 null。
(6) boolean isEmpty()：如果此映射不包含任何键-值映射关系，则返回 true。
(7) Set<K> keySet()：返回此映射中包含的键的 Set 视图。
(8) V put(K key, V value)：将指定的值与此映射中的指定键关联。
(9) V remove(Object key)：如果存在一个键的映射关系，则将其从此映射中移除。
(10) int size()：返回此映射中的键-值映射关系数目。
(11) Collection<V> values()：返回此映射中包含的值的 Collection 视图。

4.5.2 HashMap 类

Hashtable 实现了 Map 接口，它允许 null 值。它有如下构造方法。
(1) HashMap()：构造一个具有默认初始容量(16)和默认加载因子(0.75)的空 HashMap。
(2) HashMap(int initialCapacity)：构造一个带指定初始容量和默认加载因子(0.75)的空 HashMap。
(3) HashMap(int initialCapacity, float loadFactor)：构造一个带指定初始容量和加载因子的空 HashMap。
(4) HashMap(Map<? extends K,? extends V> m)：构造一个映射关系与指定 Map 相同的新 HashMap。

例如，下面的示例演示了如何根据字符串数组创建单词频度表。

```java
import java.util.*;
public class Exam4_5_2 {
    public static void main(String[] args) {
        String str[] = {"java", "jsp", "java", "j2ee"};
        Map<String, Integer> m = new HashMap<String, Integer>();
        for (String a : str) {
            Integer freq = m.get(a);
            m.put(a, (freq == null) ? 1 : freq + 1);
        }
        System.out.println(m.size() + " 不同的单词:");
        for (Map.Entry<String, Integer> e : m.entrySet()) {
            System.out.println(e.getKey() + ": " + e.getValue());
        }
    }
}
```

4.5.3 案例 4-3 网络书城中的购物车类

购物车应用于网店的在线购买功能，它类似于超市购物时使用的推车或篮子，可以暂时把挑选商品放入购物车、删除或更改购买数量，并对多个商品进行一次结款，是网上商店里的一种快捷购物工具。本案例设计一个用于购买的图书购物车。运行效果如图 4-4 所示。

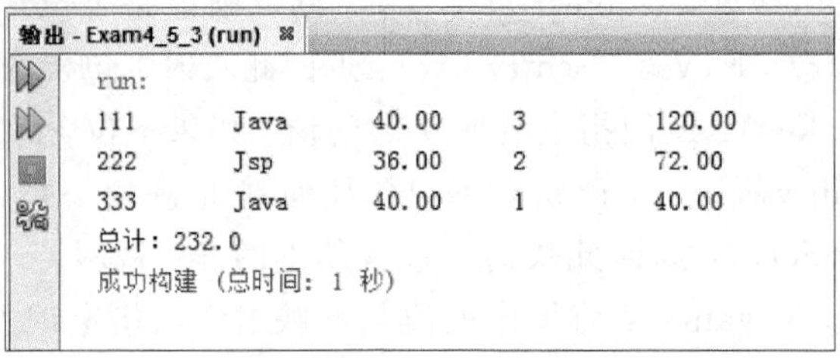

```
输出 - Exam4_5_3 (run)
  run:
  111      Java      40.00      3      120.00
  222      Jsp       36.00      2       72.00
  333      Java      40.00      1       40.00
  总计：232.0
  成功构建（总时间：1 秒）
```

图 4-4 购物车类演示

【技术要点】

（1）定义一个图书类 Book，存储图书的信息。
（2）定义一个条目类 CartItem 表示购物车中的单个条目，存储书及数量。
（3）定义一个购物车类 Cart，用 HashMap 来存储条目。
（4）使用 containsKey() 方法判断书是否在购物车中，若在就取出。

【设计步骤】

（1）在 NetBeans 下建立一个 Java 应用程序项目 Exam4_5_3。
（2）在项目中建立包 exam4_5_3，在该包下建立 Book 类，编写代码如下所示。

```java
package exam4_5_3;
public class Book {
    private String bookNo;
    private String bookName;
    private float bookPrice;
    public Book() {
    }
    public Book(String bookNo, String bookName, float bookPrice) {
        this.bookNo = bookNo;
        this.bookName = bookName;
        this.bookPrice = bookPrice;
    }
    …                                              //属性方法省略
}
```

（3）在 exam4_5_3 包下建立 CartItem 类，编写代码如下所示。

```java
package exam4_5_3;
public class CartItem {
    private Book book;
    private int count;
    public CartItem() {
    }
    public CartItem(Book book, int count) {
        this.book = book;
        this.count = count;
    }
    …                                              //属性方法省略
```

```java
@Override
public String toString() {
    return String.format("%1$-10s%2$-10s%3$-10.2f%4$-10d%5$-10.2f",
book.getBookNo(), book.getBookName(), book.getBookPrice(), count, book.getBookPrice() * count);
    }
}
```

（4）在 exam4_5_3 包下建立 Cart 类，编写代码如下所示。

```java
package exam4_5_3;
import java.util.Collection;
import java.util.HashMap;
import java.util.Map;
public class Cart {
    private Map<String, CartItem> cartItems = new HashMap<String, CartItem>();
    public void addItem(Book book) {
        CartItem item;
        if (!cartItems.containsKey(book.getBookNo())) {
            item = new CartItem(book, 1);
            cartItems.put(book.getBookNo(), item);
        } else {
            item = cartItems.get(book.getBookNo());
            item.setCount(item.getCount() + 1);
        }
    }
    public void editItem(String bookNo, int count) {
        CartItem item;
        if (cartItems.containsKey(bookNo)) {
            item = cartItems.get(bookNo);
            if (count > 0) {
                item.setCount(count);
            } else if (count == 0) {
                deleteItem(bookNo);
            } else {
                System.out.println("数量不能为负数!");
            }
        }
    }
    public void deleteItem(String bookNo) {
        cartItems.remove(bookNo);
    }
    public Collection<CartItem> findItems() {
        return cartItems.values();
    }
    public void deleteAll() {
        cartItems.clear();
    }
    public float findTotal() {
        float total = 0;
        for (CartItem item : cartItems.values()) {
```

```
            total += item.getBook().getBookPrice() * item.getCount();
        }
        return total;
    }
}
```

(5) 在 exam4_5_3 包下建立 TestCart 类,编写代码如下所示。

```
package exam4_5_3;
import java.util.Collection;
public class TestCart {
    public static void main(String[] args) {
        Cart cart = new Cart();
        Book b1 = new Book("111", "Java", 40);
        Book b2 = new Book("222", "Jsp", 36);
        Book b3 = new Book("333", "Java", 40);
        //向购物车添加 3 次第一种书
        cart.addItem(b1);
        cart.addItem(b1);
        cart.addItem(b1);
        //向购物车添加 1 次第二种书
        cart.addItem(b2);
        //修改第二种书的数量
        cart.editItem("222", 2);
        //向购物车添加 1 次第三种书
        cart.addItem(b3);
        Collection<CartItem> items = cart.findItems();
        for(CartItem item : items){
            System.out.println(item);
        }
        System.out.println("总计: " + cart.findTotal());
    }
}
```

(6) 保存并运行程序。

4.5.4　Hashtable 类

Hashtable 也是 Map 接口的一个实现类。Hashtable 的使用与 HashMap 很类似,与 HashMap 的主要不同点如下。

(1) Hashtable 是同步的,HashMap 是非同步的,所以在多线程场合要手动同步 HashMap。这个区别就像 Vector 和 ArrayList 一样。

(2) Hashtable 不允许 null 值(key 和 value 都不可以),HashMap 允许 null 值(key 和 value 都可以)。HashMap 允许 key 值只能有一个 null 值,因为 HashMap 如果 key 值相同,新的 key-value 将替代旧的。

(3) Hashtable 有一个 contains(Object value),功能和 containsValue(Object value)功能一样。

(4) Hashtable 使用 Enumeration(枚举),HashMap 使用 Iterator(迭代)。

4.6 Collections 和 Arrays

在 Java 中,提供了两个常用的工具类 Collections 和 Arrays,为处理集合和数组带来方便。

4.6.1 Collections 类

Collections 类提供了很多方法用于操作集合,这些方法都是静态方法。下面介绍几个常用的方法。

1. 排序

(1) void sort(List<T> list):根据元素的自然顺序对指定列表按升序进行排序。

(2) void sort(List<T> list, Comparator<? super T> c):根据指定比较器产生的顺序对指定列表进行排序。

2. 混排

混排算法所做的正好与 sort 相反,它打乱 List 元素的顺序,使其随机排列。

(1) void shuffle(List<?> list):使用默认随机源对指定列表进行置换。

(2) static void shuffle(List<?> list, Random rnd):使用指定的随机源对指定列表进行置换。

3. 反转

void reverse(List<?> list):反转指定列表中元素的顺序。

4. 替换

boolean replaceAll(List<T> list, T oldVal, T newVal):使用另一个值替换列表中出现的所有某一指定值。

5. 复制

void copy(List<? super T> dest, List<? extends T> src):将所有元素从一个列表复制到另一个列表。

6. 同步

(1) Collection<T> synchronizedCollection(Collection<T> c):返回指定集合支持的同步(线程安全的)集合。

(2) List<T> synchronizedList(List<T> list):返回指定列表支持的同步(线程安

全的)列表。

（3）Map<K,V> synchronizedMap(Map<K,V> m)：返回由指定映射支持的同步（线程安全的)映射。

4.6.2　Arrays 类

此类包含用来操作数组(比如排序和搜索)的各种方法,这些方法都是静态的。

1. 排序

一组 sort()方法用于对数组排序。例如：

```java
package exam4_6_2_a;
import java.util.Arrays;
public class Exam4_6_2_a {
    public static void main(String[] args) {
        int vec[] = {37, 47, 23, -5, 19, 56};
        Arrays.sort(vec);
        for (int i = 0 ; i < vec.length ; i++) {
            System.out.print(vec[i] + " ");
        }
    }
}
```

2. 查找

一组 binarySearch()方法用于对数组进行二分法查找(这个数组已排序)。例如：

```java
package exam4_6_2_b;
import java.util.Arrays;
public class Exam4_6_2_b {
    public static void main(String[] args) {
        int vec[] = {-5, 19, 23, 37, 47, 56};
        int p = Arrays.binarySearch(vec, 37);
        System.out.println(p);
    }
}
```

3. 填充与复制

一组 fill()方法用于填充数组。例如：

```java
package exam4_6_2_c;
import java.util.Arrays;
public class Exam4_6_2_c {
    public static void main(String[] args) {
        //定义一个数组 a
        int[] a = new int[]{3, 4, 5, 6};
        //定义一个数组 a2
```

```
        int[] a2 = new int[]{3, 4, 5, 6};
        //数组 a 和数组 a2 的长度相等,每个元素依次相等,将输出 true
        System.out.println("数组 a 和数组 a2 是否相等:" + Arrays.equals(a, a2));
        //通过复制数组 a,生成一个新的数组 b
        int[] b = Arrays.copyOf(a, 6);
        System.out.println("数组 a 和数组 b 是否相等:" + Arrays.equals(a, b));
        //输出数组 b 的元素,将输出[3, 4, 5, 6, 0, 0]
        System.out.println("数组 b 的元素为:" + Arrays.toString(b));
        //将 b 数组的第 3 个元素(包括)到第 5 个元素(不包括)赋为 1
        Arrays.fill(b, 2, 4, 1); //fill 方法可一次对多个数组元素进行批量赋值
        //输出 b 数组的元素,将输出[3, 4, 1, 1, 0, 0]
        System.out.println("数组 b 的元素为:" + Arrays.toString(b));
    }
}
```

4. 转换成 List

Arrays.asList(Object[] a)能够实现数组到 ArrayList 的转换。同时利用 Collection.toArray()能将一些集合类型的数据方便地变成数组。

将数组转换成 List:

```
String[] arr = new String[] {"1", "2"};
List list = Arrays.asList(arr);
```

将 List 转换成数组:

```
List<String> list = new ArrayList<String>();
list.add("a1");
list.add("a2");
String[] a = list.toArray(new String[list.size()]);
String[] b = new String[list.size()];
list.toArray(b);
```

小结

数组是由类型相同的元素组成的有顺序的数据类型。数组为处理一组同类型数据提供了方便。Java 集合可以存储和操作数目不固定的一组数据;而且,集合只能存放引用类型的数据,不能存放基本类型的数据,数据可以是不同类型的。

Java 有三种类型的集合(Collection):集(Set)、列表(List)和映射(Map)。Set 是无顺序的,元素不可重复(值不相同)。List 是有顺序的,元素可以重复。Map 由键值(key-value)对组成,键不可重复,值可重复。

Set 的实现类主要有 HashSet、TreeSet 和 LinkedHashSet。HashSet 按照哈希算法来存取集合中的对象,存取速度比较快;TreeSet 实现了 SortedSet 接口,能够对集合中的对象进行排序;LinkedHashSet 通过链表存储集合元素。

List 的实现类主要有 ArrayList、Vector 和 LinkedList。ArrayList 和 Vector 都采用数组实现,查询快,增删慢。两者的不同是 Vector 线程安全,ArrayList 是线程不安全的,Vector 性能上比 ArrayList 要差。LinkedList 采用链表实现,增删快,查询慢。

Map 的实现类主要有 Hashtable 和 HashMap。两者很类似,Hashtable 的方法是同步的,它不允许 null 值(key 和 value 都不可以);HashMap 是非同步的,它允许 null 值(key 和 value 都可以)。

习题

一、思考题

4-1 如何声明和创建数组?
4-2 数组和集合有什么区别?
4-3 HashMap 和 Hashtable 有什么区别?
4-4 Collection 和 Collections 有什么区别?
4-5 ArrayList 和 Vector 有什么区别?
4-6 List,Set,Map 是否继承自 Collection 接口?

二、程序题

4-7 尝试用多种方法初始化一个三维整数数组,数组第 1 行只有一个整数 1,第 2 行包含整数 1 和 2,第 3 行包含整数 1、2 和 3。
4-8 设计一个程序,随机产生 10~100 之间输入 10 个整数存入数组中,求最大值、最小值,对数组进行排序(使用两种排序算法)。
4-9 存储学员信息,每个学员信息包括学号、姓名、三门课的成绩、平均成绩,能按平均成绩排序输出学员的信息。
4-10 存储城市信息,选择某个城市,相应的城市的区号、邮编、城市等级也显示出来。

实验

题目:竞赛评分程序

一、实验目的

(1) 强化基本的程序设计能力。
(2) 掌握数组的基本应用方法。
(3) 掌握集合及其操作方法。
(4) 进一步理解类和对象的有关知识。
(5) 培养面向对象的程序设计能力。

二、实验要求

参考教材中案例重新设计竞赛评分程序，使用 HashMap 存放选手，选手编号作为键，要求：

（1）设计一个菜单，能有选择地执行不同的功能。
（2）能设置评委数，评委数作为公共静态的数据存储在选手信息类中。
（3）选手管理类能添加、删除选手，输入选手得分，对选手进行排序及显示选手得分。
（4）选手数不定，直到编号输入"﹡"为止。
（5）选手的得分为去掉一个最高分和一个最低分后所求平均分。
（6）在输入选手得分时，要考虑废票。
（7）能按得分从高到低输出每个选手的编号、姓名和得分。

第 5 章 GUI 程序设计

【内容简介】

GUI(Graphics User Interface,图形用户界面)是指以图形的方式实现用户与计算机之间交互操作的应用程序界面。GUI 以图形的方式,借助菜单、按钮等标准界面元素和鼠标操作,帮助用户方便地向计算机发出命令、启动程序,并将程序的运行结果同样以图形的形式显示给用户。本章围绕 Java 语言 GUI 程序设计,详细介绍了 Java 图形 API、GUI 界面设计基础、事件处理机制、菜单和工具栏,以及对话框与其他常用组件的使用等主要知识。

本章将通过绘图软件和学生管理系统案例帮助读者系统地掌握 GUI 程序的设计方法和相关知识。

通过本章的学习,读者将初步具有综合应用所学知识设计 GUI 程序的能力。

【教学目标】
- 掌握建立 GUI 应用程序的步骤;
- 掌握窗口、对话框的使用方法;
- 掌握常用控件的使用方法;
- 理解事件的处理机制,掌握基本的事件编程方法;
- 掌握菜单和工具栏的设计方法和技巧;
- 能够综合应用 GUI 的有关知识编写应用程序。

5.1 Java 图形 API

Java 图形 API(应用程序接口)主要包含界面组件类及界面绘图类。

5.1.1 界面组件类

Java 提供了丰富的界面组件类,这些组件类的层次结构关系如图 5-1 所示。

AWT(Abstract Windows Toolkit,抽象窗口工具包)是 Sun 公司提供的用于图形界面编程的基础类库。它支持图形用户界面编程的功能包括:用户界面组件、事件处理模型、图形和图像工具、布局管理等。AWT 功能有限,仅适用于简单的 GUI 程序,而且对底层平台依赖较大。

Swing 是 Java 1.2 引入的新的 GUI 组件库。Swing 包括 javax.swing 包及其子包。Swing 独立于 AWT,但它是在 AWT 基础上产生的,其功能比 AWT 组件的功能更加强大。Swing 组件的层次结构如图 5-2 所示。

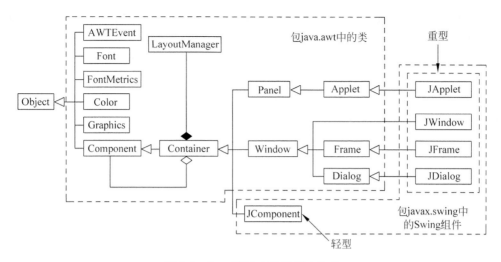

图 5-1 Java 图形 API 的层次结构

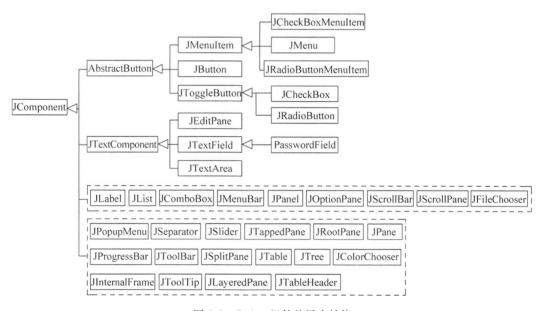

图 5-2 Swing 组件的层次结构

（1）Swing 是由纯 Java 实现的，没有本地代码，不依赖操作系统的支持，它比 AWT 组件具有更强的实用性。

（2）Swing 在不同的平台上表现一致，并且能提供本地窗口系统不支持的其他特性。

（3）Swing 采用了一种 MVC（Model-View-Controller，模型-视图-控制）设计模式，其中，模型用来保存内容，视图用来显示内容，控制器用来控制用户输入。

（4）Swing 采用可插入的外观，允许用户选择自己喜欢的界面风格。

（5）Swing 组件都以 J 开头，例如 JButton 和 JPanel 等，而相应的 AWT 是 Button 和 Panel。

（6）Swing 的包是 javax.swing，而 AWT 的包是 java.awt。

Swing 组件从功能上可分为：容器类和组件类。容器类都是由 Container 派生而来。一般 JFrame、JApplet、JDialog、JWindow 作为顶级容器，JPanel、JScrollPane、JSplitPane、JToolBar 作为中间容器，此外还有一些特殊的容器，如 JInternalFrame、JLayeredPane、JRootPane 等。组件类放置在容器中，构成 GUI 的基本要素，如 JButton、JCheckBox、JMenu、JRadioButton、JLabel、JList、JTextField、JTextArea、JScrollPane 等。Swing 的组件都是由 JComponent 派生而来。

Swing 组件不能取代 AWT 的全部类，只能替代 AWT 用户界面组件，辅助类仍保持不变。此外，Swing 组件还使用 AWT 的事件模型。

5.1.2 界面绘制类

Java 语言的类库中提供了丰富的绘图功能，其中大部分对图形、文本、图像的操作方法都定义在 Graphics 中。此外，Java2D API 增强了 AWT 的图形、文本和图像功能，使用 Java2D API 可以开发出更为强大的图形、图像程序。

1. Font 与 Color 类

java.awt 包中的 Font 类可以创建字体。构造方法是：

```
Font(String name, int style, int size)
```

其中，name 为字体的名称，如 Dialog、Frame、宋体、楷体等；style 为字体风格，有三个字体风格常量：Font.PLAIN（正常字体）、Font.BOLD（黑体）、Font.ITALIC（斜体），可以组合使用，如 Font.BOLD+Font.ITALIC；size 为字体大小，以点来衡量，一个点（point）是 1/72 英寸。

java.awt 包中的 Color 类用于创建颜色。常用的构造方法如下。

(1) Color(int r, int g, int b)：用指定的红色、绿色和蓝色三个颜色分量值创建一个颜色，其中每个值在 0～255 范围内。

(2) Color 类中封装了一些颜色常量，如 Color.red、Color.blue 等，可以通过这些常量获得常用的颜色。

使用 Graphics 类的 setFont(Font font) 方法可以设置字体；Graphics 类的 setColor(Color c) 方法可以设置颜色。

2. Graphics 类

Graphics 是一个抽象类，用于在可视组件内绘图。该类有许多公有的方法，可以用作显示图像和文本、绘制和填充各种几何图形。

由于 Graphics 是一个抽象类，因此不能直接建立实例。可以从现有的图形对象或使用 Component 的 getGraphics() 方法得到 Graphics 对象。通常在 paint() 或 paintComponent() 方法中进行绘图，可使用 Graphics 类型参数。组件在任何必需的时候将重新绘制自己，这时会调用这两个方法。AWT 程序使用 paint()，Swing 程序使用 paintComponent()。

Graphics 提供的基本绘图方法如下。

1) 绘制直线

drawLine(int x1, int y1, int x2, int y2)：绘制一条直线。

2) 绘制矩形

(1) drawRect(int x, int y, int width, int height)：绘制矩形轮廓。

(2) fillRect(int x, int y, int width, int height)：绘制填充矩形。

3) 绘制椭圆

(1) drawOval(int x, int y, int width, int height)：绘制由矩形确定的椭圆轮廓。

(2) fillOval(int x, int y, int width, int height)：绘制由矩形确定的填充椭圆。

4) 绘制文本

drawString(String str, int x, int y)：绘制由指定的字符串给出的文本。

5) 绘制折线

(1) drawPolygon(int[] xPoints, int[] yPoints, int nPoints)：绘制由 x 和 y 坐标数组定义的闭合多边形的轮廓。

(2) drawPolygon(Polygon p)：绘制由指定的 Polygon 对象定义的多边形的轮廓。

(3) fillPolygon(int[] xPoints, int[] yPoints, int nPoints)：绘制由 x 和 y 坐标数组定义的填充闭合多边形。

(4) fillPolygon(Polygon p)：填充由指定的 Polygon 对象定义的填充多边形。

6) 显示图像

(1) drawImage(Image img, int x, int y, ImageObserver observer)：observer 为渲染过程中的通知对象，一般为绘图容器；img 为要显示的图像；(x,y) 为显示图像左上角的位置。

(2) drawImage(Image img, int x, int y, int w, int h, ImageObserver observer)：w, h 表示显示的宽度和高度。其他参数同上。

(3) drawImage(Image img, int dx1, int dy1, int dx2, int dy2, int sx1, int sy1, int sx2, int sy2, ImageObserver observer)：(dx1,dy1) 和 (dx2,dy2) 分别为目标区域的左上角坐标和右下角坐标，(sx1,sy1) 和 (sx2,sy2) 分别为源图像被绘制区域的左上角坐标和右下角坐标。

3. Graphics2D

Graphics2D 扩展了 Graphics 类，它可以提供几何形状、坐标转换、颜色管理以及文本布局等更精确的控制。Graphics2D 定义了几种方法，用于添加或改变图形中的属性。其中的大多数都采用某一代表特定属性的对象，如 Paint 或 Stroke 对象。可以修改 Graphics2D 的状态属性，来改变画笔宽度和笔画的连接方式，设置剪切路径以限定绘制区域，在绘制时平移、旋转、缩放或修剪对象以及定义用来填充形状的颜色和图案等。

Grahpics2D 仍然保留 Graphics 绘图方法，同时增加了许多新的绘图方法，如 Ellipse2D、Rectangle2D、RoundRectangle2D、Arc2D、Line2D 等。它们既可以用单精度浮点数指定坐标尺寸（如 Ellipse2D.Float），也可以用双精度浮点数指定坐标尺寸（如 Ellipse.Double）。具体使用时，要先利用这些方法构造形状，然后再调用 draw() 方法来进行绘图。

5.2　GUI 界面设计基础

5.2.1　窗口

　　窗口是最主要的用户界面。Java 创建无边窗口使用 JWindow；创建有边窗口使用 JFrame(框架)。JFrame 类由 Frame 类派生而来，是 Container 家族的一个子类，它一般作为顶级容器，用于创建框架窗口。框架窗口是一种带有边框、标题及关闭和最小化图标的窗口。GUI 应用程序通常至少使用一个框架窗口。

　　(1) 直接用 JFrame 类创建窗口，例如：

```
JFrame frame = new JFrame();
frame.setTitle("我的窗口");              //设置标题
frame.setSize(300,200);                  //设置大小
frame.setVisible(true);                  //设置可见
```

　　(2) 继承 JFrame 创建窗口，例如：

```
import javax.swing.JFrame;
public class MyWindow extends JFrame {
    public MyWindow() {
        setTitle("我的窗口");
        setSize(300, 200);
        setVisible(true);
    }
    public static void main(String[] args) {
        new MyWindow();
    }
}
```

1. 窗口的属性设置

1) 设置标题

　　可通过 super(String title) 调用基类的构造方法，或通过 setTitle(String title) 方法设置标题。

2) 设置初始位置

　　可通过 setLocation(int x,int y) 方法设置初始位置。如果希望窗口居中，需要先取出屏幕的位置，再计算出窗口的位置并进行设置。例如：

```
setSize(400,300);                                              //设置出窗口大小
Dimensionsize = Toolkit.getDefaultToolkit().getScreenSize();   //取屏幕大小
setLocation((size.width-getWidth())/2,(size.height-getHeight())/2);
```

3) 设置大小

　　可通过 setSize(int width,int height) 方法设置窗口大小。

4) 使窗口最大化

窗口显示出来以后,可使用 setExtendedState(JFrame.MAXIMIZED_BOTH)方法使窗口最大化。

5) 设置图标

可通过 setIconImage(Icon icon)方法设置窗口的图标。例如:

```
java.net.URL url = getClass().getResource("web.gif");      //图像要与类放在一起
Image image = Toolkit.getDefaultToolkit().getImage(url);
setIconImage(image);
```

或者

```
setIconImage((new ImageIcon("icon.gif")).getImage());      //图像要与工程放在一起
```

6) 设置关闭行为

通过 setDefaultCloseOperation(int operation)定义关闭行为。operation 取值如下。

(1) DO_NOTHING_ON_CLOSE:当窗口关闭时,不做任何处理。

(2) HIDE_ON_CLOSE:当窗口关闭时,隐藏这个窗口。

(3) DISPOSE_ON_CLOSE:当窗口关闭时,隐藏并处理这个窗口。

(4) EXIT_ON_CLOSE:当窗口关闭时,退出程序。

(5) 默认是 HIDE_ON_CLOSE。

7) 设置外观

在建立窗口实例前调用 JFrame.setDefaultLookAndFeelDecorated(true)方法,可使窗口采用 Swing 界面风格。

2. 将组件添加到窗体

将组件添加到窗体有以下两种方式。

(1) 用 getContentPane()方法获得内容面板,再向内容面板中加入组件。例如:

```
JButton b1 = new JButton("确定");
Container con = getContentPane();
con.add(b1);
```

(2) 建立一个中间容器(如 JPanel 或 JDesktopPane),把组件添加到容器中,再用 setContentPane()方法把该容器设置为内容面板。例如:

```
JButton b1 = new JButton("确定");
JPanel p1 = new JPanel();                  //建立一个面板
p1.add(b1);                                //把其他组件添加到 p1 中
setContentPane(p1);                        //把 p1 对象设置成内容面板
```

5.2.2 常用组件

1. 面板

JPanel 组件是一个中间容器,用于将小型的轻量级组件组合在一起,可以调用其 add()

方法将组件添加到面板。JPanel 的默认布局为 FlowLayout。

JPanel 的常用构造方法如下。

（1）JPanel()。

（2）JPanel(LayoutManager layout)：layout 指明布局方式。

例如，下面的语句建立两个面板。

```
JPanel p1 = new JPanel();                                    //使用默认布局建立面板
JPanel p2 = new JPanel(new FlowLayout(FlowLayout.LEFT));     //流式左对齐
```

2. 标签

标签既可以显示文本也可以显示图像。主要的构造方法如下。

（1）JLabel()。

（2）JLabel(Icon icon)。

（3）JLabel(String text, Icon icon, int align)。

其中，text 表示使用的字符串；icon 表示使用的图标；align 表示水平对齐方式，其值可以为：LEFT、RIGHT、CENTER。

标签的主要方法有以下几个。

（1）void setFont(Font f)：设置字体。

（2）String getText()：获取文本。

（3）void setText(String text)：设置文本。

（4）voidsetIcon(Icon icon)：设置图标。

3. 复选按钮和单选按钮

复选按钮（JCheckBox）可以选择多项，而单选按钮（JRadioButton）只能选择一项。

复选按钮的主要构造方法如下。

（1）JCheckBox()。

（2）JCheckBox(String text)。

（3）JCheckBox(String text, boolean selected)。

其中，text 为标题，selected 表示是否选择。

单选按钮的主要构造方法如下。

（1）JRadioButton()。

（2）JRadioButton(String text)。

（3）JRadioButton(String text, boolean selected)。

其中，text 为标题，selected 表示是否选择。

单选按钮在使用时需要分组，建立组的方法如下。

```
JRadioButton rabSexM = new JRadionButton("男", true);
JRadioButton rabSexM = new JRadionButton("女", false);
ButtonGroup group = new ButtonGroup();              //建立组
group.add(rabSexM);                                 //将单选按钮添到组中
group.add(rabSexM);                                 //将单选按钮添到组中
```

复选按钮和单选按钮常用的方法有以下几个。

（1）String getActionCommand()：获得 actionCommand。

（2）void setActionCommand(String actionCommand)：设置 actionCommand。

（3）boolean isSelected()：判断是否处于选中状态。

（4）setSelected(boolean b)：设置选中状态。

4. 按钮

按钮(JButton)是 AbstractButton 的子类。主要的构造方法有以下几个。

（1）JButton()：创建一个无标题的按钮。

（2）JButton(Icon icon)：创建一个图标按钮。

（3）JButton(String text)：创建一个带有指定标题的按钮。

（4）JButton(String text，Icon icon)：创建一个既有标题又有图标的按钮。

主要的方法有以下几个。

（1）void addActionListener(ActionListener l)：注册行为事件。

（2）void setMnemonic(char mnemonic)：设置热键。

（3）void setToolTipText(String s)：设置提示文本。

（4）void setEnabled(boolean b)：设置是否响应事件。

（5）void setPressedIcon(Icon pressedIcob)：设置按下状态的图标。

（6）void setRolloverIcon(Icon rollerIcon)：设置转滚状态的图标。

（7）void setRolloverEnabled(boolean b)：用于设置是否可转滚。

5. 切换按钮

JToggleButton 是一个可切换的按钮，与 JButton 类似，主要的差别在于一般的按钮按下去会自动弹回来，而 JToggleButton 按钮按下去会处于按下状态，不会弹回来，除非再按一次。其构造方法与 JButton 的类似，只是可多一个参数，用于表明是否选中。例如：

JToggleButton(Icon icon，boolean selected)：建立一个有图像但没有文字的 JToggleButton，且设置其初始状态(有无选取)。

可以调用 setSelectedIcon()、setRolloverSelectedIcon()、setDisableSelectedIcon()方法设置不同状态的图标。

切换按钮也可以分组，属于同一组的切换按钮是互斥的。分组方法类似于单选按钮。

5.2.3 界面布局

组件是要放在容器里的。Java 为了实现跨平台的特性并且获得动态的布局效果，将容器内的所有组件安排给一个布局管理器负责管理。容器可以通过选择不同的布局管理器来决定布局。布局管理器主要包括：FlowLayout，BorderLayout，GridLayout，CardLayout。

1. 流式布局

通过此布局,组件从左上角开始按从左到右、从上到下的方式排列。默认的情况下,组件居中,间距为 5 个像素。它是面板的默认布局。

FlowLayout 的构造方法有以下几个。

(1) FowLayout():生成一个默认的流式布局。

(2) FlowLayout(int alignment):可以设定每一行组件的对齐方式。alignment 可取的值有:FlowLayout. LEFT,FlowLayout. RIGHT,FlowLayout. CENTER。

(3) FlowLayout(int alignment, int horz, int vert):可以设定对齐方式以及通过参数 horz 和 vert 分别设定组件的水平和垂直间距。

例如,下面的示例演示了流式布局,运行效果如图 5-3 所示。

```java
public class LayoutDemo extends JFrame {
    JButton b1, b2, b3, b4, b5;
    public LayoutDemo() {
        Container con = this.getContentPane();
        setLayout(new GridLayout(3, 3, 5, 5));    //3 行 3 列,间隔是 5 个像素
        b1 = new JButton("one");   b2 = new JButton("two");
        b3 = new JButton("three"); b4 = new JButton("four");
        b5 = new JButton("five");
        con.add(b1);con.add(b2);con.add(b3);con.add(b4);con.add(b5);
        setTitle("网格布局演示");                //设置窗口标题
        setSize(500, 400);
        setVisible(true);
    }
    public static void main(String[] args) {
        new LayoutDemo();
    }
}
```

图 5-3 流式布局演示

2. 边界布局

通过此布局,组件可以被置于容器的东、南、西、北、中位置。它是窗口(JWinodow),框架(JFrame)和对话框(JDialog)等的默认布局。

BorderLayout 的构造方法如下。

（1）BorderLayout( )：生成默认的边界布局。默认无间距。

（2）BorderLayout(int horz,int vert)：可以设定组件间的水平和垂直间距。

在设置成边界布局的容器中添加组件,需要指定组件的位置。如：

container.add(p1, BorderLayout.SOUTH);

或：

container.add(p1,"South");

例如,下面的示例演示了边界布局,运行效果如图 5-4 所示。

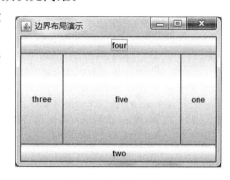

图 5-4　边界布局演示

```
public class LayoutDemo extends JFrame {
    JButton b1, b2, b3, b4, b5;
    public LayoutDemo() {
        Container con = this.getContentPane();
        b1 = new JButton("one"); b2 = new JButton("two");
        b3 = new JButton("three"); b4 = new JButton("four");
        b5 = new JButton("five");
        con.add(b1);con.add(b2);con.add(b3);con.add(b4);con.add(b5);
        setTitle("边界布局演示");                //设置窗口标题
        setSize(500, 400);
        setVisible(true);
    }
    public static void main(String[] args) {
        new LayoutDemo();
    }
}
```

3. 网格布局

可将容器区域划分为一个矩形网格。通过此布局,组件按行和列排列,大小相同。

GridLayout 的构造方法如下。

（1）GridLayout()：生成一个单列的网格布局。默认无间距。

（2）GridLayout(int row,int col)：生成一个指定行数和列数的网格布局。

（3）GridLayout(int row, int col, int horz, int vert)：可以设置组件之间的水平和垂直间距。

网格布局是以行为基准的,在组件数目多时自动扩展列,在组件数目少时自动收缩列,行数始终不变,组件按行优先顺序排列。

例如,下面的示例演示了网格布局,运行效果如图 5-5 所示。

图 5-5　网格布局演示

```java
public class LayoutDemo extends JFrame {
    JButton b1, b2, b3, b4, b5;
    public LayoutDemo() {
        Container con = this.getContentPane();
        setLayout(new GridLayout(3, 3, 5, 5));    //3 行 3 列,间隔是 5 个像素
        b1 = new JButton("one"); b2 = new JButton("two");
        b3 = new JButton("three"); b4 = new JButton("four");
        b5 = new JButton("five");
        con.add(b1);con.add(b2);con.add(b3);con.add(b4);con.add(b5);
        setTitle("网格布局演示");                    //设置窗口标题
        setSize(500, 400);
        setVisible(true);
    }
    public static void main(String[] args) {
        new LayoutDemo();
    }
}
```

4. 卡片布局

CardLayout 提供了像管理一系列卡片一样管理组件的功能。采用这种布局,多个组件拥有同一个显示空间,不过一个时刻只能显示一个组件,可以进行翻页。

CardLayout 的构造方法如下。

(1) CardLayout():创建一个无间距的卡片布局。

(2) CardLayout(int hgap, int vgap):创建一个具有指定水平和垂直间距的卡片布局。

卡片布局的几个重要方法如下。

(1) void next(Container parent):显示下一页。

(2) void previous(Container parent):显示前一页。

(3) void first(Container parent):显示第一页。

(4) void last(Container parent):显示最后一页。

(5) void show(Container parent,String name):显示指定页。

在设置成卡片布局的容器中添加组件,需要指定组件的标题。例如:

```
container.add("card1",card1);            //添加一个标题为 card1 的组件
```

5. 无布局

当容器的布局管理对象为空时,容器采用的是无布局方式。在无布局时,需要设置组件的位置和大小。例如:

```
Container.setLayout(null);                //设置为无布局
JButton btn = new JButton("确定");        //建立按钮
btn.setBounds(20,30,20,100);              //设置按钮位置和大小
container.add(btn);                       //添加 btn 的组件
```

除上面介绍的几种布局管理器外,Java 还提供了 BoxLayout、GridBagLayout 等多种布局管理器,实际应用中往往采用多种布局管理来完成复杂的图形用户界面。

5.2.4 案例 5-1 设计绘图软件界面

第 3 章中设计了一组图形类,但是还没有实现绘图软件的功能,这个案例先来设计界面。界面效果如图 5-6 所示。窗口分为上、左、中三个区。上区是绘图工具栏,提供图形类型选择、填充方式选择以及线条粗细选择工具;左区是颜色工具栏,用于选择颜色,最上面的色块表示当前颜色;中区为绘图区。

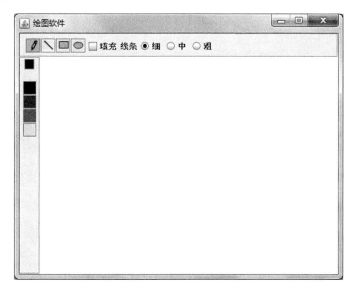

图 5-6 绘图软件界面

【技术要点】

(1) 整体界面布局符合边界布局的特点,因此,窗体的内容面板采用默认的布局方式(边界布局)。绘图工具栏(drawTool)放在 North,颜色工具栏(colorTool)放在 West,绘图区放在 Center。

(2) drawTool 和 colorTool 是两个面板,为了使面板有一定的宽度或高度,使用 setPreferredSize() 预设大小。drawTool 和 colorTool 均采用流式布局,并设置了间隙。drawTool 的设置了左对齐,colorTool 的设置了居中。

(3) 绘图工具栏上的图形类型选择按钮利用 JToggleButton 实现,填充方式选择用 JCheckBox 实现,线条选择用 JRadioButton 实现,颜色选择用 JButton 实现,同时使用标签显示提示文本。

【设计步骤】

(1) 为项目准备图像素材,如下所示。

(2) 在 NetBeans 中新建一个 Java 应用程序项目,项目命名为 Exam5_2_4,将图像素材复制到项目文件夹根目录下。

(3) 在项目中建立包 exam5_2_4,并将案例 3-4 所建的类复制到该包下。
(4) 打开 DrawWindow,添加组件定义。

```java
public class DrawWindow extends JFrame {
    JToggleButton b1, b2, b3, b4;        //用于图形类型选择
    JCheckBox ch;                         //用于填充类型选择
    JButton c0, c1, c2, c3, c4;          //用于颜色选择
    JRadioButton j1, j2, j3;             //用于线条选择
    DrawBoard drawBoard;                  //绘图面板
    public DrawWindow() {
        …
    }
}
```

(5) 在构造方法中建立组件,并将组件添加到窗体,代码如下所示。

```java
public DrawWindow() {
    Container con = this.getContentPane();              //取出内容面板
    //以下是建立绘图工具栏
    JPanel drawTool = new JPanel(new FlowLayout(FlowLayout.LEFT, 1, 5));
    drawTool.setPreferredSize(new Dimension(1, 36));    //预设大小
    drawTool.setBorder(BorderFactory.createEtchedBorder());  //设置边
    b1 = new JToggleButton(new ImageIcon("b0.jpg"), true);
    b1.setSelectedIcon(new ImageIcon("a0.jpg"));
    b1.setPreferredSize(new Dimension(22, 21));
    b2 = new JToggleButton(new ImageIcon("b1.jpg"), true);
    b2.setSelectedIcon(new ImageIcon("a1.jpg"));
    b2.setPreferredSize(new Dimension(22, 21));
    b3 = new JToggleButton(new ImageIcon("b2.jpg"), true);
    b3.setSelectedIcon(new ImageIcon("a2.jpg"));
    b3.setPreferredSize(new Dimension(22, 21));
    b4 = new JToggleButton(new ImageIcon("b3.jpg"), true);
    b4.setSelectedIcon(new ImageIcon("a3.jpg"));
    b4.setPreferredSize(new Dimension(22, 21));
    drawTool.add(new JLabel("  "));                     //添加占位,使得后面的按钮与左侧有一定距离
    ButtonGroup bg1 = new ButtonGroup();                //建立组
    bg1.add(b1); bg1.add(b2); bg1.add(b3); bg1.add(b4); //将切换按钮添加到组
    drawTool.add(b1); drawTool.add(b2);
    drawTool.add(b3); drawTool.add(b4);
    ch = new JCheckBox("填充", false);
    drawTool.add(ch);
    j1 = new JRadioButton("细", true);
    j2 = new JRadioButton("中", false);
    j3 = new JRadioButton("粗", false);
    ButtonGroup group = new ButtonGroup();              //建立组
    group.add(j1);  group.add(j2);  group.add(j3);
    drawTool.add(new JLabel("线条"));
    drawTool.add(j1); drawTool.add(j2); drawTool.add(j3);
    //以下是建立颜色工具栏
    JPanel colorTool = new JPanel(new FlowLayout(FlowLayout.CENTER, 0, 1));
    colorTool.setPreferredSize(new Dimension(32, 1));
    colorTool.setBorder(BorderFactory.createEtchedBorder());
    c0 = new JButton(); c0.setBackground(Color.BLACK);
    c0.setPreferredSize(new Dimension(15, 15));
    c1 = new JButton(); c1.setBackground(Color.BLACK);
```

```
        c1.setPreferredSize(new Dimension(20, 20));
        c2 = new JButton(); c2.setBackground(Color.BLUE);
        c2.setPreferredSize(new Dimension(20, 20));
        c3 = new JButton(); c3.setBackground(Color.RED);
        c3.setPreferredSize(new Dimension(20, 20));
        c4 = new JButton(); c4.setBackground(Color.YELLOW);
        c4.setPreferredSize(new Dimension(20, 20));
        colorTool.add(c0);
        colorTool.add(new JLabel("      "));              //占位
        colorTool.add(c1); colorTool.add(c2);
        colorTool.add(c3); colorTool.add(c4);
        drawBoard = new DrawBoard();
        con.add(drawTool, "North");
        con.add(colorTool, "West");
        con.add(drawBoard, "Center");
        setTitle("绘图程序");                              //设置窗口标题
        setSize(500, 400);
        setDefaultCloseOperation(JFrame.EXIT_ON_CLOSE);
        setVisible(true);
    }
```

（6）保存并运行程序。

5.3 事件处理机制

在 GUI 应用程序中,用户操作(如单击鼠标或按某个键)、程序代码或系统内部都可以产生事件。在事件驱动机制中,应用程序代码可以响应事件来执行一系列的操作,称为事件处理。

5.3.1 事件处理模型

事件(Event)可以定义为程序发生了某些事情的信号。外部用户行为,如移动鼠标,单击鼠标和按键等,可以引发事件；系统内部,如时钟等,也可引发事件。

发生事件的对象称为事件的源对象,简称为事件源。例如,按钮是单击按钮事件的事件源。在 Java 中用事件类来描述事件,所有事件类的根类是 java.uti.EventObject。不同的事件对应不同的事件类。如单击按钮事件对应 ActionEvent 类,键盘事件对应 KeyEvent 类。事件对象包含与事件有关的信息。

Java 使用授权处理模型来处理事件：在事件源上引发事件,由监听者来处理事件。同一个事件源上可能发生多种事件,事件源可以把在其自身所有可能发生的事件分别授权给不同的事件处理者来处理,这个过程称为注册事件监听者。监听者是能够对事件进行监听,并能对发生的事件进行处理的对象。事件监听者类必须实现相应的监听者接口。监听者接口是定义在事件源和监听者之间的接口规范,它定义了事件处理方法的格式。事件处理模型如图 5-7 所示。

Java 为每个事件类型定义了一个接口,如表 5-1 所示。

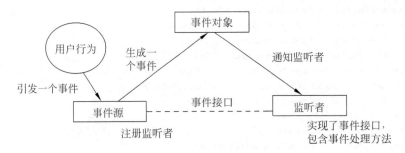

图 5-7 事件处理模型

表 5-1 事件类、监听者接口和事件处理方法

事 件 类	监听器接口	事件处理方法
ActionEvent	ActionListener	actionPerformed(ActionEvent e)
KeyEvent	KeyListener	keyPressed(KeyEvent e) keyReleased(KeyEvent e) keyTyped(KeyEvent e)
FocusEvent	FocusListener	focusGained(FocusEvent e) focusLost(FocusEvent e)
MouseEvent	MouseListener	mouseClicked(MouseEvent e) mousePressed(MouseEvent e) mouseReleased(MouseEvent e) mouseEntered(MouseEvent e) mouseExited(MouseEvent e)
MouseEvent	MouseMotionListener	mouseDragged(MouseEvent e) mouseMoved(MouseEvent e)
ItemEvent	ItemListener	itemStateChanged(ItemEvent e)
WindowEvent	WindowListener	windowActivated(WindowEvent e) windowClosed(WindowEvent e) windowClosing(WindowEvent e) windowDeactivated(WindowEvent e) windowDeiconified(WindowEvent e) windowIconified(WindowEvent e) windowOpened(WindowEvent e)

5.3.2 事件处理

1. 事件处理的基本步骤

1) 声明实现监听者接口

监听者类必须实现相应的监听者接口。例如,下面程序中的斜体部分声明实现 ActionListener 接口。

```
public class ActionEventDemo extends JFrame implements ActionListener {
```

```
    …
}
```

2) 实现监听者接口方法

```
public class ActionEventDemo extends JFrame implements ActionListener{
    …
    public void actionPerformed(ActionEvent e) {
        if(e.getSource() == b1){
            JoptionPane.showMessage(null, "单击了按钮b1");
        } else {
            JoptionPane.showMessage(null, "单击了按钮b2");
        }
    }
}
```

3) 注册监听者

为事件源注册监听者类对象。例如,在 ActionEventDemo 构造方法中增加以下两条语句。

```
public class ActionEventDemo extends JFrame implements ActionListener{
    JButton b1 = new JButton("b1");
    JButton b2 = new JButton("b2");
    public ActionEventDemo() {
        …
        b1.addActionListener(this);
        b2.addActionListener(this);
        …
    }
    …
}
```

2. 事件处理的程序结构

事件处理程序大致有以下三种结构。
(1) 事件源所在的类实现监听者接口。前面所述的步骤就是这种方式。
(2) 非事件源所在的类实现监听者接口。

```
public class ActionEventDemo extends JFrame{
    JButton b1 = new JButton("b1");
    JButton b2 = new JButton("b2");
    public ActionEventDemo(){
        …
        MyActionListener listener = new MyActionListener(this);
        b1.addActionListener(listener);
        b2.addActionListener(listener);
        …
    }
}
class MyActionListener implements ActionListener{
```

```
        ActionEventDemo fp;
        public MyActionListener(ActionEventDemo fp){
            this.fp = fp;
        }
        public void actionPerformed(ActionEvent e) {
            if(e.getSource() == fp.b1) {
                JOptionPane.showMessage(null, "单击了按钮 b1");
            } else {
                JOptionPane.showMessage(null, "单击了按钮 b2");
            }
        }
    }
```

（3）匿名类实现监听者接口。如下代码，通过匿名类处理窗口关闭事件。

```
public class WindowEventDemo extends JFrame {
    public WindowEventDemo() {
        this.addWindowListener(new WindowAdapter() {
            @Override
            public void windowClosing(WindowEvent e) {
                dispose();
                System.exit(0);
            }
        });
    }
    public static void main(String args[]) {
        new WindowEventDemo();
    }
}
```

3. 事件适配器

事件适配器是实现了监听者接口的类，名称格式为 XXXAdapter。例如，窗口事件的适配器是 WindowAdatper，键盘事件的适配器是 KeyAdapter。具有一个方法以上的监听者接口都有对应的适配器。适配器实现了对应监听者接口的所有方法，通过继承适配器来定义监听者类，就不用实现接口的所有的方法，而只需重写所需要的方法。

5.3.3 常用事件

1. 行为事件

单击按钮、选择菜单项、在文本框中按回车键等都产生行为事件（ActionEvent）。处理这种事件需要实现 ActionListener 接口。前面知识中已接触过。

2. 鼠标事件

鼠标事件（MouseEvent）的事件源一般为容器。当鼠标键按下、释放、单击、进来、离开、移动、拖动时会引发鼠标事件。可以通过实现 java.awt.event 包中的两个接口：MouseListener

接口和 MouseMotionListener 接口处理鼠标事件。

(1) MouseMotionListener 包含的方法如下。

① mouseDragged(MouseEvent e)：鼠标拖动。

② mouseMoved(MouseEvent e)：鼠标移动。

(2) MouseListener 包含的方法如下。

① mousePressed(MouseEvent e)：鼠标按下。

② mouseReleased(MouseEvent e)：鼠标释放。

③ mouseEntered(MouseEvent e)：鼠标进来。

④ mouseExited(MouseEvent e)：鼠标离开。

⑤ mouseClicked(MouseEvent e)：鼠标单击。

(3) MouseEvent 类的一些方法。

① int getX()：返回鼠标事件发生时坐标点的 x 值。

② int getY()：返回鼠标事件发生时坐标点的 y 值。

③ Point getPoint()：返回 Point 对象，包含鼠标事件发生点的坐标点，使用 Point 类的方法 getX()和 getY()可得到坐标点的 x、y 值。

④ int getClickCount()：得到鼠标单击的次数。鼠标单击，返回整数值 1；鼠标双击，返回整数值 2。

3. 键盘事件

键盘事件(KeyEvent)的监听者接口是 KeyListener。该接口包含以下三个方法。

(1) keyPressed(KeyEvent e)：按下某个键时调用此方法。

(2) keyReleased(KeyEvent e)：释放某个键时调用此方法。

(3) keyTyped(KeyEvent e)：按下又释放某个键时调用此方法。

KeyEvent 有以下两个重要的方法。

(1) char getKeyChar()：返回与此事件中的键关联的字符。

(2) int getKeyCode()：返回与此事件中的键关联的键位码 keyCode。

对于 Ascii 键使用第一个方法来判断，对于功能键和光标键等使用第二个方法来判断。第二个方法用在 keyPressed()或 keyReleased()事件中才有效。

4. 窗口事件

当打开、关闭、激活、停用、图标化或取消图标化 Window 对象时，或者焦点转移到 Window 内或移出 Window 时，由 Window 对象生成窗口事件(WindowEvent)。WindowListener 接口的方法如下。

(1) windowActivated(WindowEvent e)：将 Window 设置为活动 Window 时调用。

(2) windowClosed(WindowEvent e)：因对窗口调用 dispose 而将其关闭时调用。

(3) windowClosing(WindowEvent e)：用户试图从窗口的系统菜单中关闭窗口时调用。

(4) windowDeactivated(WindowEvent e)：当 Window 不再是活动 Window 时调用。

(5) windowDeiconified(WindowEvent e)：窗口从最小化状态变为正常状态时调用。

(6) windowIconified(WindowEvent e)：窗口从正常状态变为最小化状态时调用。

(7) windowOpened(WindowEvent e)：窗口首次变为可见时调用。

5.3.4　案例 5-2　实现绘图软件

在案例 5-1 的基础上增加事件处理程序，实现绘图软件的功能。运行效果如图 5-8 所示。

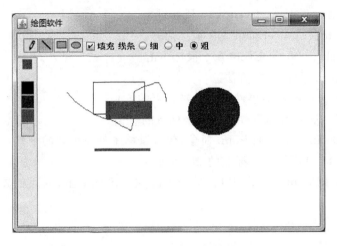

图 5-8　绘图软件运行效果

【技术要点】

（1）为工具栏的组件添加行为事件处理程序，实现相应的功能。事件处理程序放在主窗口中实现。

（2）为绘图区域添加鼠标事件处理程序实现绘图。鼠标按下时根据当前绘图类型，建立相应的图形对象，并添加到一个集合中。鼠标拖动时，对于任意画，先把新的鼠标位置作为上次短线的终端，然后用新位置建立新的线对象，并将其添加到一个集合中；对于绘制线、矩形和椭圆，只需用新的鼠标位置设置当前对象的第二个坐标(x2,y2)。事件处理放在绘图板中实现，并采用匿名类的方式。

（3）为绘图区域添加键盘事件处理程序，判断 Shift 键是否按下，按下时将 shift 变量置 true，否则置 false，以便决定是否绘制正圆或正方形。

【设计步骤】

（1）在 NetBeans 中新建一个 Java 应用程序项目，项目命名为 Exam5_3_4，将案例 5-1 的图像素材复制到当前项目根目录下。

（2）在项目中建立包 exam5_3_4，并将案例 5-1 所设计的类复制到该包下。

（3）打开 DrawWindow，添加实现 ActionListener 事件接口的代码，斜体部分为新加的。

```
public class DrawWindow extends JFrame implements ActionListener {
    …
    public DrawWindow() {
```

```java
    ...
    b1.addActionListener(this);
    b2.addActionListener(this);
    b3.addActionListener(this);
    b4.addActionListener(this);
    c0.addMouseListener(null);
    c1.addActionListener(this);
    c2.addActionListener(this);
    c3.addActionListener(this);
    c4.addActionListener(this);
    ch.addActionListener(this);
    j1.addActionListener(this);
    j2.addActionListener(this);
    j3.addActionListener(this);
    setTitle("绘图程序");                              //设置窗口标题
    setSize(500, 400);
    setDefaultCloseOperation(JFrame.EXIT_ON_CLOSE);
    setVisible(true);
    drawBoard.requestFocus();
}
@Override
public void actionPerformed(ActionEvent e) {
    if (e.getSource() == b1) {
        drawBoard.type = ShapeType.DRAW;
    } else if (e.getSource() == b2) {
        drawBoard.type = ShapeType.LINE;
    } else if (e.getSource() == b3) {
        drawBoard.type = ShapeType.RECT;
    } else if (e.getSource() == b4) {
        drawBoard.type = ShapeType.OVAL;
    } else if (e.getSource() == c1) {
        drawBoard.color = Color.BLACK;
        c0.setBackground(Color.BLACK);
    } else if (e.getSource() == c2) {
        drawBoard.color = Color.BLUE;
        c0.setBackground(Color.BLUE);
    } else if (e.getSource() == c3) {
        drawBoard.color = Color.RED;
        c0.setBackground(Color.RED);
    } else if (e.getSource() == c4) {
        drawBoard.color = Color.YELLOW;
        c0.setBackground(Color.YELLOW);
    } else if (e.getSource() == ch) {
        drawBoard.fillType = ch.isSelected() ? FillType.FILL : FillType.NO_FILL;
    } else if (e.getSource() == j1) {
        drawBoard.thick = 1f;
    } else if (e.getSource() == j2) {
        drawBoard.thick = 2f;
    } else if (e.getSource() == j3) {
        drawBoard.thick = 4f;
    }
```

```
            drawBoard.requestFocus();
        }
        ...
}
```

（4）打开 DrawBoard 类，添加变量定义，并在构造方法中通过匿名类的方式添加鼠标按下、鼠标拖动、键盘按下和键盘抬起事件处理代码，在 paintComponent 中删除测试代码，增加新的绘图代码。斜体部分为新加的。

```java
public class DrawBoard extends JPanel {
    IShape.ShapeType type = IShape.ShapeType.DRAW;      //画图类型
    Color backColor = Color.WHITE;                       //默认背景颜色
    Color color = Color.BLACK;                           //默认颜色
    float thick = 1f;                                    //线条粗细
    IShape.FillType fillType = IShape.FillType.NO_FILL;  //填充方式
    Shape shape;                                         //存放正在画的图像对象
    List<Shape> list = new ArrayList<Shape>();           //存放图形的集合
    boolean shift = false;
    public DrawBoard() {
        this.setOpaque(true);
        this.setBackground(Color.WHITE);
        this.addMouseListener(new MouseAdapter() {
            @Override
            public void mousePressed(MouseEvent e) {
                switch (type) {
                    case DRAW:
                    case LINE:
                        shape = new Line(e.getX(), e.getY(), e.getX(), e.getY(), color, thick);
                        break;
                    case RECT:
                        shape = new Rect(e.getX(), e.getY(), e.getX(), e.getY(), color, thick, fillType);
                        break;
                    case OVAL:
                        shape = new Oval(e.getX(), e.getY(), e.getX(), e.getY(), color, thick, fillType);
                        break;
                }
                list.add(shape);
            }
        });
        addMouseMotionListener(new MouseMotionAdapter() {
            @Override
            public void mouseDragged(MouseEvent e) {
                switch (type) {
                    case DRAW:
                        shape.setX2(e.getX());
                        shape.setY2(e.getY());
                        shape = new Line(e.getX(), e.getY(), e.getX(), e.getY(), color, thick);
```

```java
                    list.add(shape);
                    break;
                case LINE:
                case RECT:
                case OVAL:
                    shape.setX2(e.getX());
                    shape.setY2(e.getY());
                    if (shift) {
                        shape.setY1(shape.getY() + shape.getHeight() - shape.getWidth());
                    }
                    break;
                }
                repaint();
            }
        });
        addKeyListener(new KeyAdapter() {
            @Override
            public void keyReleased(KeyEvent e) {
                if (e.getKeyCode() == KeyEvent.VK_SHIFT) {
                    shift = false;
                }
            }
            @Override
            public void keyPressed(KeyEvent e) {
                if (e.getKeyCode() == KeyEvent.VK_SHIFT) {
                    shift = true;
                }
            }
        });
    }
    @Override
    protected void paintComponent(Graphics g) {
        super.paintComponent(g);
        for (Shape s : list) {
            s.draw((Graphics2D) g);
        }
    }
}
```

(5) 保存并运行程序。

5.4 菜单和工具栏

菜单和工具栏可为用户选择功能提供直观快捷的方式。

5.4.1 菜单

1. 菜单的组件

1) 菜单条

菜单条(JMenuBar)是菜单的容器。菜单条的构造方法如下。

JMenuBar()：建立一个新的 JMenuBar。

2) 菜单

菜单(JMenu)是用来存放和整合 JMenuItem 的组件。JMenu 可以是单层次结构，也可以是分层结构。菜单的构造方法有以下几个。

(1) JMenu()：建立一个新的 JMenu。

(2) JMenu(Action a)：建立一个支持 Action 的新的 JMenu。

(3) JMenu(String s)：以指定的字符串名称建立一个新的 JMenu。

(4) JMenu(String,Boolean b)：以指定的字符串名称建立一个新的 JMenu，并决定这个菜单是否具有下拉式的属性。

3) 菜单项

菜单项(JMenuItem)继承 AbstractButton 类，因此 JMenuItem 具有许多 AbstractButton 的特性，也可以说 JMenuItem 是一种特殊的 JButton。菜单项的构造方法有以下几个。

(1) JMenuItem()：建立一个新的 JMenuItem。

(2) JMenuItem(Action a)：建立一个支持 Action 的新的 JMenuItem。

(3) JMenuItem(Icon icon)：建立一个有图标的 JMenuItem。

(4) JMenuItem(String text)：建立一个有文字的 JMenuItem。

(5) JMenuItem(String text,Icon icon)：建立一个有图标和文字的 JMenuItem。

(6) JMenuItem(String text,int mnemonic)：建立一个有文字和快捷键的 JMenuItem。

2. 如何建立菜单

建立菜单首先要通过 JMenuBar 建立一个菜单条，然后使用 JMenu 建立菜单，再通过 JMenuItem 为每个菜单建立菜单项。例如，如下代码创建的菜单如图 5-9 所示。

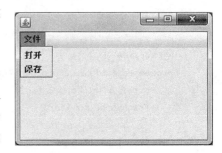

图 5-9 带菜单的窗口

```
package exam5_4_1;
import javax.swing.*;
public class Exam5_4_1 extends JFrame {
    public Exam5_4_1() {
        JMenuBar menubar = new JMenuBar();              //建立菜单条
        JMenu fileMenu = new JMenu("文件");              //建立菜单
        JMenuItem item1 = new JMenuItem("打开");         //建立菜单项
        JMenuItem item2 = new JMenuItem("保存");
        fileMenu.add(item1);                             //将菜单项添加到菜单
```

```
            fileMenu.add(item2);
            menubar.add(fileMenu);              //将菜单添加到菜单条
            setJMenuBar(menubar);               //将菜单设置到窗口
            setSize(300,200);
            setVisible(true);
        }
        public static void main(String args[]) {
            new   Exam5_4_1();
        }
    }
```

3. 建立菜单的高级技巧

1) 建立图标菜单

```
JMenuItem item1 =  new   JMenuItem("打开", new ImageIcon("m11.gif"));
```

2) 设置热键和快捷键

```
JMenu fileMenu = new JMenu("文件(F)");                       //建立菜单
fileMenu.setMnemonic('F');                                    //为菜单设置热键
JMenuItem item1 = new JMenuItem("打开(O)");                   //建立菜单项
item1.setMnemonic('O');                                       //为菜单项设置热键
item1.setAccelerator(KeyStroke.getKeyStroke(KeyEvent.VK_O,InputEvent.CTRL_MASK));
                                                              //建立快捷键 Ctrl + U
```

3) 弹出式菜单

JPopupMenu 是一种特别形式的 JMenu,其性质与 JMenu 几乎完全相同,但它并不固定在窗口的某个位置,而是由程序决定其出现的位置。例如:

```
public void mouseReleased(MouseEvent e){                      //鼠标抬起事件
    if(e.isPopupTrigger()) {
        popup.show(e.getComponent(),e.getX(),e.getY());       //显示弹出菜单
    }
}
```

5.4.2 工具栏

工具栏是一个显示一组动作、命令或功能的组件。一般来说,工具栏中的组件都是带图标的按钮,可以使用户更加方便地选择所需的功能。

1. 建立工具栏

JToolBar 构造方法有以下几个。

(1) JToolBar():建立一个新的 JToolBar,位置为默认的水平方向。

(2) JToolBar(int orientation):建立一个指定位置的 JToolBar。

(3) JToolBar(String name):建立一个指定名称的 JToolBar。

(4) JToolBar(String name,int orientation):建立一个指定名称和位置的 JToolBar。

例如，下面的代码建立一个工具栏，该工具栏上包含一个按钮。

```java
JToolBar toolBar = new JToolBar();
JButton b1 = new JButton();
b1.setToolTipText("打开文件");
b1.addActionListener(this);
b1.setIcon(new ImageIcon("b1.gif"));
toolBar.add(b1);
add(toolBar, BorderLayout.PAGE_START);          //将工具栏设置到窗体
```

2. 建立工具栏的高级技巧

1）设置浮动

void setFloatable(boolean b)：设置工具栏是否可以浮动。

void setRollover(boolean rollover)：设置工具栏是否可转滚。

2）设置方向

void setOrientation(int o)：设置工具栏方向。o 可取如下常量：

(1) JToolBar.HORIZONTAL

(2) JToolBar.VERTICAL

3）添加分隔条

void addSeparator()：添加分隔条。

5.4.3　案例5-3　设计学生管理系统主界面

设计学生管理系统主界面，要求运行时最大化，并有背景图、菜单及工具栏，菜单结构如图 5-10 所示。运行效果如图 5-11 所示。

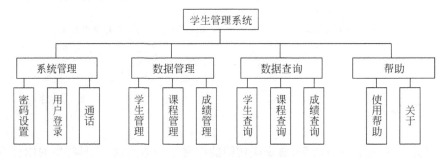

图 5-10　学生管理系统菜单结构

【技术要点】

（1）单独设计一个方法 createMenu() 用于建立菜单。在该方法中通过 JMenuBar 建立一个菜单条，然后使用 JMenu 建立菜单，再使用 JMenuItem 为每个菜单建立菜单项。

（2）单独设计一个方法 createToolBar() 用于创建工具栏。在该方法中创建 JToolBar 对象，使用 add() 方法将带图标的按钮添加到工具栏中。

（3）新建一个面板 PicPanel，继承 JPanel，利用该面板显示背景图。在其构造方法中，

通过Toolkit.getDefaultToolkit().getImage()方法加载图像,在paintComponent()中显示图像。

图 5-11 带有菜单工具栏的主界面

【设计步骤】

(1) 为项目准备图像素材,如下所示。

(2) 在NetBeans中新建一个Java应用程序项目,项目命名为Exam5_4_3,将图像素材复制到项目文件夹根目录下。

(3) 在项目中建立包exam5_4_3,在该包下新添加一个类,命名为PicPanel,该类继承JPanel,用于显示图像,代码如下所示。

```
public class PicPanel extends JPanel {
    Image image;
    public PicPanel(){
    }
    public PicPanel(String filename) {
        image = Toolkit.getDefaultToolkit().getImage(filename);
    }
    public void show(Image image) {
        this.image = image;
        repaint();
    }
    public void show(String filename){
        image = Toolkit.getDefaultToolkit().getImage(filename);
        repaint();
    }
    @Override
    protected void paintComponent(Graphics g) {
```

```java
        super.paintComponent(g);
        g.drawImage(image, 0, 0, this.getWidth(), this.getHeight(), this);
    }
}
```

(4) 在 exam5_4_3 包下新添加一个类,命名为 MainWindow,代码如下所示。

```java
public class MainWindow extends JFrame implements ActionListener {
    JMenuBar menuBar;                                    //菜单条
    JMenu menu1, menu2, menu3, menu4;                    //菜单
    JMenuItem m11, m12, m13;                             //菜单项
    JMenuItem m21, m22, m23;
    JMenuItem m31, m32, m33;
    JMenuItem m41, m42;
    JToolBar toolBar;                                    //定义工具栏
    JButton b1, b2, b3;
    public MainWindow() {
        add(new PicPanel("back.jpg"),BorderLayout.CENTER);
        createMenu();
        createToolBar();
        setTitle("学生管理系统");                          //设置窗口标题
        setIconImage((new ImageIcon("icon.gif")).getImage());   //设置图标
        setSize(600, 400);                                //设置窗口大小
        setDefaultCloseOperation(JFrame.EXIT_ON_CLOSE);   //设置关闭行为
        setVisible(true);                                 //使窗口可见
        this.setExtendedState(JFrame.MAXIMIZED_BOTH);
    }
    private void createMenu() {
        menuBar = new JMenuBar();                         //建菜单条
        menu1 = new JMenu("系统管理(S)");
        menu1.setMnemonic('S');                           //设置热键
        m11 = new JMenuItem("密码设置");
        m12 = new JMenuItem("用户登录");
        m13 = new JMenuItem("退出(X)");
        m13.setAccelerator(KeyStroke.getKeyStroke('X', 2));
        menu1.add(m11);
        menu1.add(m12);
        menu1.addSeparator();                             //分割线的意思
        menu1.add(m13);
        menu2 = new JMenu("数据管理(D)");
        menu2.setMnemonic('D');                           //设置热键
        m21 = new JMenuItem("学生管理");
        m22 = new JMenuItem("课程管理");
        m23 = new JMenuItem("成绩管理");
        menu2.add(m21);
        menu2.add(m22);
        menu2.add(m23);
        menu3 = new JMenu("数据查询(F)");
        menu3.setMnemonic('F');                           //设置热键
        m31 = new JMenuItem("学生查询");
        m32 = new JMenuItem("课程查询");
```

```java
        m33 = new JMenuItem("成绩查询");
        menu3.add(m31);
        menu3.add(m32);
        menu3.add(m33);
        menu4 = new JMenu("帮助(H)");
        menu4.setMnemonic('H');                             //设置热键
        m41 = new JMenuItem("使用帮助");
        m42 = new JMenuItem("关于");
        menu4.add(m41);
        menu4.addSeparator();
        menu4.add(m42);
        m11.addActionListener(this);
        m12.addActionListener(this);
        m13.addActionListener(this);
        m21.addActionListener(this);
        m22.addActionListener(this);
        m23.addActionListener(this);
        m31.addActionListener(this);
        m32.addActionListener(this);
        m41.addActionListener(this);
        m42.addActionListener(this);
        menuBar.add(menu1);
        menuBar.add(menu2);
        menuBar.add(menu3);
        menuBar.add(menu4);
        this.setJMenuBar(menuBar);
    }
    private void createToolBar() {
        toolBar = new JToolBar();
        b1 = new JButton();
        b1.setToolTipText("学生管理");
        b1.addActionListener(this);
        b1.setIcon(new ImageIcon("b1.gif"));
        b2 = new JButton();
        b2.setToolTipText("课程管理");
        b2.addActionListener(this);
        b2.setIcon(new ImageIcon("b2.gif"));
        b3 = new JButton();
        b3.setToolTipText("成绩管理");
        b3.addActionListener(this);
        b3.setIcon(new ImageIcon("b3.gif"));
        b1.addActionListener(this);
        b2.addActionListener(this);
        b3.addActionListener(this);
        toolBar.add(b1);
        toolBar.add(b2);
        toolBar.add(b3);
        toolBar.setRollover(true);                 //设置转滚效果,鼠标移上时出现边框
        add(toolBar, BorderLayout.PAGE_START);
    }
    public void actionPerformed(ActionEvent e) {
```

```
    }
    public static void main(String args[ ]) {
        new MainWindow();                          //建立窗口
    }
}
```

(5) 保存并运行程序。

5.5 对话框与其他常用组件

对话框是一种类似于窗口的容器。Java 提供了丰富的组件,除了前面介绍的组件外,常用的还有文本框、密码域、文本区和组合框。

5.5.1 对话框

对话框类似于窗口,与一般窗口的区别在于它可依赖于其他窗口:当它所依赖的窗口消失或最小化时,对话框也消失;窗口还原时,对话框又会自动恢复。此外,对话框还具有模态特性。

1. JDialog 对话框

JDialog 与 JFrame 类似,是有边框、有标题、可独立存在的顶级容器。对话框分为无模态对话框和模态对话框。模态对话框只让程序响应对话框内部的事件,对于对话框以外的事件程序不响应;而无模态对话框可以让程序响应对话框以外的事件。

JDialog 的主要构造方法如下。

(1) JDialog()

(2) JDialog(Frame owner)

(3) JDialog(Frame owner, boolean modal)

(4) JDialog(Frame owner, String title)

(5) JDialog(Frame owner, String title, boolean modal)

其中,参数 owner 指明对话框所依赖的窗口,title 指明对话框的标题,modal 指明对话框是否为模态。

2. JOptionPane 对话框

简单的对话框可以使用 JOptionPane 类的静态方法建立。

(1) showConfirmDialog():确认对话框,询问问题,带有 Yes,No 和 Cancel 按钮。

① 参数 1:包含该对话框的容器,该信息可以用来决定对话框窗口应该显示在屏幕的什么位置,若该参数是 null,或该参数不是一个 Frame 对象,则对话框会被显示在屏幕中央。

② 参数 2:可以是一个字符串、一个组件或一个图标,它被显示在对话框里。

③ 参数 3:一个字符串,指明对话框标题。

④ 参数4：整数，指明哪个选项按钮被显示出来。可以有两个值：YES_NO_OPTION，YES_NO_CANCEL_OPTION。

⑤ 参数5：整数，表示对话框的类型。可取的值有：ERROR_MESSAGE，INFORMATION_MESSAGE，PLAIN_MESSAGE，QUESTION_MESSAGE，WARNING_MESSAGE。

⑥ 返回值：为一整数值，依用户单击什么按钮而定：YES_OPTION，NO_OPTION，CANCEL_OPTION，OK_OPTION，CLOSED_OPTION（当用户什么都不选直接关掉对话框时）。

例如，如下语句显示的对话框如图 5-12 所示。

```
int n = JOptionPane.showConfirmDialog(null,        // 所属窗体
        "你喜欢 Java 吗?",                          // 输出信息
        "问题对话框",                                // 标题
        JOptionPane.YES_NO_OPTION );                // 按钮类型
```

(2) showInputDialog()：输入对话框，用来接收文本输入并用字符串存储。

参数1,2,3,4 相当于 Confirm 对话框的参数1,2,3,5。

例如，如下语句显示的对话框如图 5-13 所示。

```
ImageIcon icon = new ImageIcon("icon.gif");
Object[] possibilities = { "C++", "Java", "VB" };
String s = (String) JOptionPane.showInputDialog(null,   // 所属窗体
    "请选择项目:\n 喜欢哪种语言?",                        // 输出信息
    "客户选择",                                          // 标题
    JOptionPane.PLAIN_MESSAGE,                          // 对话框类型
    icon,                                               // 显示图标
    possibilities,                                      // 选项内容
    "Java" );                                           // 默认选项
```

图 5-12 确认对话框

图 5-13 输入对话框

(3) showMessageDialog()：消息对话框，用于显示消息。

参数1,2,3,4 与 Input 对话框一致。

例如，如下语句显示的对话框如图 5-14 所示。

```
JOptionPane.showMessageDialog(null, "Java 世界丰富多彩!");
```

(4) showOptionDialog()：包含上面所有的三种对话框类型。

① 前 5 个参数与 Confirm 对话框一样。

② 参数 6：要显示的一个 Icon 对象。

③ 参数7：一个对象数组，它存放了在对话框中用于做出选择的组件和其他对象。

④ 参数8：代表默认选项的对象。

例如，如下语句显示的对话框如图5-15所示。

```
Object options[] = { "是的", "不喜欢" };
int n = JOptionPane.showOptionDialog(null,
    "你喜欢 Java 吗?",
    "问题对话框",
    JOptionPane.YES_NO_OPTION, JOptionPane.QUESTION_MESSAGE,  //图标类型
    null,                                                      // 图标
    options, // 选项内容
    options[0] );                                              // 默认选项
```

图 5-14　消息对话框　　　　　　　　　图 5-15　选项对话框

5.5.2　其他组件介绍

1. 文本框

文本框(JTextField)允许输入或编辑单行文本。主要的构造方法有以下几个。

(1) JTextField()

(2) JTextField(int columns)

(3) JTextField(String text)

(4) JTextField(String text, int columns)

其中，columns 为初始字段长度，text 为初始文本。

主要的方法如下。

(1) void setFont(Font f)：设置字体。

(2) String getText()：获取文本。

(3) void setText()：设置文本。

(4) void setEditable(boolean b)：设置是否可编辑。

(5) void requestFocus()：设置焦点。

(6) void setHorizontalAlignment(int alignment)：设置文本对齐方式。可用的对齐方式有：JTextField.LEFT、JTextField.CENTER、JTextField.RIGHT。

2. 密码域

JPasswordField 也是一个单行的输入组件，与 JTextField 基本类似，不同的是

JPasswordField 增加了屏蔽输入的功能。密码域取值的方法如下。

```
String password = new String(txtPassword.getPassword());
```

3. 文本域

用于创建多行文本域。主要的构造方法如下。

(1) JTextArea()
(2) JTextArea(int rows, int cols)
(3) JTextArea(String text)
(4) JTextArea(String text, int rows, int cols)

其中，rows、cols 为行数和列数，text 为初始文本内容。

文本域常用的方法有以下几个。

(1) void setText(Stringtext)：设置文本。
(2) void insert(String text, int pos)：插入文本。
(3) void append(String text)：添加文本。
(4) void replace(String text, int start, int end)：替换文本。

文本区不自带滚动条，要加滚动条，需要使用滚动面板 JScrollPane，例如：

```
JTextArea tt = new JTextArea(10,50);
JScrollPane jsp = new JScrollPane(tt);
container.add(jsp);
```

4. 组合框

组合框(JComboBox)是文本编辑区和列表的组合。可以在文本编辑区中输入选项，也可以单击下拉按钮从显示的列表中进行选择。默认组合框是不能编辑的，需要通过 setEditable (true)设为可编辑。

组合框的构造方法如下。

(1) JComboBox()：建立一个无选项的 JComboBox 组件。
(2) JComboBox(ComboBoxModel aModel)：用数据模型建立一个 JComboBox 组件。
(3) JComboBox(Object[] items)：利用数组对象建立一个 JComboBox 组件。
(4) JComboBox(Vector items)：利用向量对象建立一个 JComboBox 组件。

例如，如下代码使用数组创建组合框。

```
String[] s = {"西瓜","苹果","草莓","香蕉","葡萄"};
JComboBox combo = new JComboBox(s);
```

常用的方法有以下几个。

(1) void addItem(Object object)：通过字符串类或其他类加入选项。
(2) int getItemCount()：获取条目的总数。
(3) void removeItem(Object object)：通过字符串类或其他类删除选项。
(4) void removeItemAt(int index)：通过索引删除选项。
(5) void insertItemAt(Object object, int index)：在特定的位置插入元素。

(6) int getSelectedIndex()：获得所选项的索引值(索引值从 0 开始)。

(7) ObjectgetSelectedItem()：获得所选项的内容。

5.5.3 案例 5-4 用户登录与添加学生界面设计

设计学生管理系统的用户登录窗口和添加学生窗口。程序运行后，首先打开主界窗口，在主界面的上面弹出登录窗口，如果用户不登录，将无法切换到后面的主窗口；若用户登录正确，登录窗口将关闭，主窗口可以使用。运行界面如图 5-16 所示。添加学生数据窗口通过菜单或工具栏打开。运行界面如图 5-17 所示。

图 5-16　登录窗口

【技术要点】

(1) 登录窗口和添加学生数据窗口均继承 JDialog，并设置成模态。

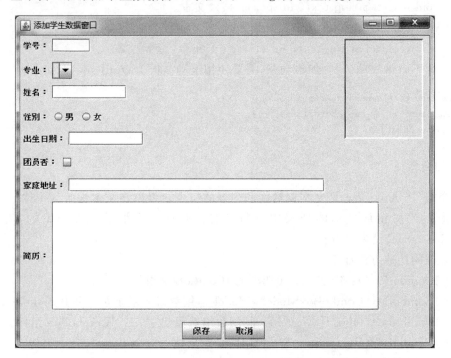

图 5-17　添加学生数据窗口

(2) 登录窗口整体布局为网格布局，3 行 1 列，每一行放一个面板。使用 JTextField 输入用户名，使用 JPasswordField 输入密码。在按钮的行为事件中对用户名和密码进行检验。

(3) 添加学生数据窗口的整体布局也是边界布局，分为上、中、下三个区。上又分为上左和上右，上左是网格布局，7 行 1 列，每一行放一个面板，均为左对齐流式布局，分别呈现的是学号、专业、姓名、性别、出生日期和地址；上右呈现照片。中区呈现简历，下区呈现【保存】和【取消】按钮。最下面一个面板放置两个按钮，采用默认布局。

（4）单击照片，使用文件对话框 JFileChooser 选择文件。

【设计步骤】

（1）在 NetBeans 下新建一个 Java 应用程序项目，项目命名为 Exam5_5_3。将案例 5-3 设计图像素材复制到当前项目文件夹的根目录下。

（2）在项目中新建一个包 exam5_5_3，将案例 5-3 设计的类复制到该包下。

（3）在 exam5_5_3 包下新添加一个类，命名为 LoginWindow，代码如下所示。

```java
public class LoginWindow extends JDialog implements ActionListener {
    JTextField txtUsername = new JTextField(10);              //用户名文本框
    JPasswordField txtPassword = new JPasswordField(10);      //密码域
    JButton btnOK = new JButton("确定");
    JButton btnCancel = new JButton("取消");
    public LoginWindow() {
        Container contentPane = this.getContentPane();        //取出内容面板
        contentPane.setLayout(new GridLayout(3, 1, 5, 5));    //设置布局为5行1列
        JPanel p1 = new JPanel();
        JPanel p2 = new JPanel();
        JPanel p3 = new JPanel();
        p1.add(new JLabel("用户名：")); p1.add(txtUsername);
        p2.add(new JLabel("密  码：")); p2.add(txtPassword);
        p3.add(btnOK); p3.add(btnCancel);
        contentPane.add(p1);                                  //将面板添加到内容面板
        contentPane.add(p2);
        contentPane.add(p3);
        setDefaultCloseOperation(JFrame.DISPOSE_ON_CLOSE);    //设置自动关闭窗口
        btnOK.addActionListener(this);                        //注册事件接听者
        btnCancel.addActionListener(this);
        txtUsername.addActionListener(this);
        txtPassword.addActionListener(this);
        setSize(250, 150);                                    //设置窗口的大小
        Dimension size = Toolkit.getDefaultToolkit().getScreenSize();
        setLocation((size.width - 300) / 2, (size.height - 220) / 2);
        setTitle("登录窗口");
        this.addWindowListener(new WindowAdapter() {
            @Override
            public void windowClosing(WindowEvent e) {
                System.exit(0);
            }
        });
        setModal(true);                                       //设置模态
        setResizable(false);                                  //不让用户改变窗口的大小
        setVisible(true);
    }
    public void actionPerformed(ActionEvent e) {              //事件处理方法
        if (e.getSource() == btnOK || e.getSource() == txtPassword) {
            if (txtUsername.getText().trim().equals("yang")
                    && new String(txtPassword.getPassword()).equals("1234")) {
                dispose();                                    //关闭登录窗口
            } else {
```

```java
                    JOptionPane.showMessageDialog(null, "用户名或密码错误!");
                    txtUsername.requestFocus();                //设置焦点
                }
            } else if (e.getSource() == btnCancel) {           //单击【取消】按钮
                dispose();                                     //关闭窗口
                System.exit(0);                                //退出程序
            } else if (e.getSource() == txtUsername) {         //在用户名文本框中按回车键
                txtPassword.requestFocus();                    //设置焦点
            }
        }
        public static void main(String args[]) {
            new LoginWindow();
        }
    }
```

（4）打开 MainWindow，在构造方法的最后加入如下代码。

```java
new LoginWindow();
```

（5）运行 LoginWindow，测试登录窗口。

（6）在 exam5_5_3 包下新添加一个类，命名为 AddStudent，代码如下所示。

```java
public class AddStudent extends JFrame implements ActionListener {
    String title[] = {"学号", "专业", "姓名", "性别", "出生日期", "团员否", "家庭地址"};
    JTextField txtNo = new JTextField(5);
    JComboBox comMajor = new JComboBox();
    JTextField txtName = new JTextField(10);
    JRadioButton radSexM = new JRadioButton("男");
    JRadioButton radSexF = new JRadioButton("女");
    JTextField txtBirthDate = new JTextField(10);
    JCheckBox chIsMember = new JCheckBox("");
    JTextField txtAddress = new JTextField(35);
    JTextArea txtResume = new JTextArea(10, 45);
    PicPanel panelPic = new PicPanel();
    JButton btnOK = new JButton("保存");
    JButton btnCancel = new JButton("取消");
    String filename;
    public AddStudent() {
        Container con = getContentPane();
        ButtonGroup group = new ButtonGroup();
        group.add(radSexM);
        group.add(radSexF);
        panelPic.setBorder(BorderFactory.createLoweredBevelBorder());
        panelPic.setPreferredSize(new Dimension(120, 150));
        JPanel top = new JPanel(new BorderLayout());
        JPanel topLeft = new JPanel(new GridLayout(7, 1));
        JPanel topRight = new JPanel();
        topRight.setPreferredSize(new Dimension(140, 1));
        topRight.add(panelPic);
        JPanel p[] = new JPanel[7];
        for (int i = 0; i < 7; i++) {
```

```java
            p[i] = new JPanel(new FlowLayout(FlowLayout.LEFT));
            p[i].add(new JLabel(title[i] + ": "));
            topLeft.add(p[i]);
        }
        p[0].add(txtNo);
        p[1].add(comMajor);
        p[2].add(txtName);
        p[3].add(radSexM);
        p[3].add(radSexF);
        p[4].add(txtBirthDate);
        p[5].add(chIsMember);
        p[6].add(txtAddress);
        top.add(topLeft, "Center");
        top.add(topRight, "East");
        JPanel center = new JPanel(new FlowLayout(FlowLayout.LEFT));
        center.add(new JLabel("简历: "), "West");
        center.add(new JScrollPane(txtResume), "Center");
        JPanel bottom = new JPanel();
        bottom.add(btnOK);
        bottom.add(btnCancel);
        con.add(top, "North");
        con.add(center, "Center");
        con.add(bottom, "South");
        panelPic.addMouseListener(new MouseAdapter() {
            @Override
            public void mousePressed(MouseEvent e) {
                JFileChooser chooser = new JFileChooser();
                chooser.addChoosableFileFilter(new FileNameExtensionFilter("JPEG 图片文件", "jpg"));
                int returnVal = chooser.showOpenDialog(null);
                if (returnVal == JFileChooser.APPROVE_OPTION) {
                    File file = chooser.getSelectedFile();
                    filename = file.getAbsolutePath();
                    panelPic.show(filename);
                }
            }
        });
        btnOK.addActionListener(this);
        btnCancel.addActionListener(this);
        setTitle("添加学生数据窗口");
        setSize(640, 500);
        setVisible(true);
    }
    public void actionPerformed(ActionEvent e) {
        if (e.getSource() == btnOK) {
            ;
        } else {
            dispose();
        }
    }
    public static void main(String args[]) {
```

```
        new AddStudent();
    }
}
```

(7) 保存项目,单独运行 AddStudent 进行测试。

小结

GUI 是指以图形的方式实现用户与计算机之间交互操作的应用程序界面。早期的 GUI 程序设计主要使用 AWT。Java 1.2 开始引入称为 Swing 的新的 GUI 组件库,其功能比 AWT 组件的功能更加强大。

Java 语言的类库中提供了丰富的绘图功能,其中大部分对图形、文本、图像的操作方法都定义在 Graphics 中。Java2D API 增强了 AWT 的图形、文本和图像功能,使用 Java2D API 可以开发出更为强大的图形、图像程序。

Swing 组件从功能上可分为:容器类和组件类。窗口和对话框是最主要的容器。Java 创建窗口使用 JFrame(框架)。对话框(JDialog)是一种类似于窗口的容器。与一般窗口的区别在于它可依赖于其他窗口,并具有模态特性。简单的对话框可使用 JOptionPane 类的静态方法建立。

容器可以通过选择不同的布局管理器来决定布局。布局管理器主要包括:FlowLayout、BorderLayout、GridLayout、CardLayout。

在 GUI 应用程序中,用户操作(如单击鼠标或按某个键)、程序代码或系统内部都可以产生"事件"。在事件驱动机制中,应用程序代码可以响应事件来执行一系列的操作,称为"事件处理"。Java 使用授权处理模型来处理事件。常用的事件有行为事件(ActionEvent)、鼠标事件(MouseEvent)、键盘事件(KeyEvent)、窗口事件(WindowEvent)等。

菜单和工具栏为用户选择功能提供了直观快捷的方式。窗口上的菜单使用 JMenuBar 创建,工具栏使用 ToolBar 控件创建。

习题

一、思考题

5-1 Swing 与 AWT 有什么联系和区别?

5-2 绘图程序怎样获得 Graphics?

5-3 JFrame 和 JDialog 有什么区别?

5-4 Java 有哪些常用布局?各有什么特点?JPanel 和 JFrame 的默认布局是什么?

5-5 简述在 Java 的委托事件处理模型中,事件源、事件对象、事件监听者、监听者接口的概念及它们在处理事件时的相互关系。

5-6 窗口有哪些常用的方法和事件?什么是事件适配器?窗口事件的事件适配器是什么?

5-7 键盘事件对象的两个方法 getKeyChar() 和 getKeyCode() 有什么区别?

5-8 什么是菜单?怎样为窗口创建菜单?JMenu 中能否添加 JMenu?在文本框中,单击鼠标右键欲弹出一个菜单,该怎样设计?

二、编程题

5-9 设计一个 Windows 应用程序,能够求二次方程的根。要求利用窗口界面输入二次方程的系数,用 JOptionPane 的静态方法打开对话框,并显示方程的根。

5-10 设计产品管理系统主界面,主界面包含菜单、工具栏和背景图。

5-11 设计产品管理系统的登录界面和产品添加界面。

实验

题目:GUI 程序设计

一、实验目的

(1) 掌握图形界面程序的设计步骤;
(2) 掌握 Java 程序菜单、工具栏等设计方法;
(3) 掌握常用控件的使用;
(4) 进一步理解面向对象的程序设计方法;
(5) 培养学生应用程序设计能力。

二、实验要求

设计图书借阅管理系统界面,要求:

(1) 设计图书借阅管理系统的主界面,完成菜单和工具栏的设计。菜单参考图 5-18。

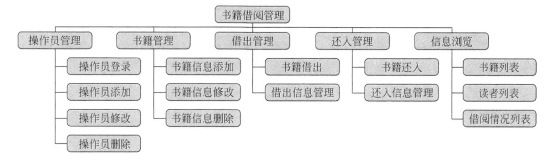

图 5-18 实验程序菜单

(2) 完成书籍信息添加界面的设计,包括书名、类型、作者、单价、出版社、数量、简介等录入项。

(3) 实现主窗口对子窗口的调用。

第 6 章 Java 数据库编程

【内容简介】

编写数据库的应用程序是 Java 语言的主要用途之一。Java 语言提供 JDBC（Java Database Connectivity，Java 数据库连接）技术支持数据库应用开发。本章首先介绍 JDBC 的基本知识、MySQL 安装与使用、使用 JDBC 访问数据库的一般步骤，然后详细介绍数据库连接、数据查询、数据更新、事务处理等基本知识和技术。

本章将通过学生管理系统案例，帮助读者理解 Java 数据库编程的基本原理和技术。

通过本章的学习，读者将初步具备利用 Java 语言编写数据库应用程序的能力。

【教学目标】

- 了解 JDBC 的基本功能与特点；
- 掌握数据库的连接方法；
- 掌握基本的数据查询和数据更新方法；
- 理解什么是事务，掌握事务处理的方法；
- 理解存储过程的使用方法。

6.1 JDBC 简介

6.1.1 什么是 JDBC

JDBC 是一种用于执行 SQL 语句的 Java API，可以为多种关系数据库提供统一的访问接口。JDBC 由一组用 Java 语言编写的类与接口组成，通过调用这些类和接口所提供的方法，用户能够以一致的方式连接多种不同的数据库系统（如 Access、SQL Server、Oracle、MySQL 等），进而可使用标准的 SQL 来存取数据库中的数据。JDBC 的体系结构如图 6-1 所示。

图 6-1 JDBC 体系结构

JDBC API 的作用就是屏蔽不同的数据库驱动程序之间的差别，使得程序设计人员有一个标准的、纯 Java 的数据库程序设计接口，为在 Java 中访问各种类型的数据库提供技术支持。驱动程序管理器（DriverManager）为应用程序装载数据库驱动程序。数据库驱动程序是与具体的数据库相关的,用于向数据库提交 SQL 请求。

概括起来,JDBC 的作用主要有以下三个方面。

(1) 建立与数据库的连接。

(2) 向数据库发出查询请求。

(3) 处理数据库返回结果。

6.1.2 JDBC 的重要类和接口

JDBC API 主要用来连接数据库和直接调用 SQL 命令,执行各种 SQL 语句。JDBC 的类和接口在 java.sql 包下,重要的类和接口如表 6-1 所示。

表 6-1 与数据库有关的几个重要类和接口

类 或 接 口	作 用
DriverManager	该类处理驱动程序的加载和建立新数据库连接
Connection	该接口表示到特定数据库的连接
Statement	该接口表示用于执行静态 SQL 语句并返回它所生成结果的对象
PrepareStatement	该接口表示预编译的 SQL 语句的对象。派生自 Statement,预编译 SQL 效率高,且支持参数查询
CallableStatement	该接口表示用于执行 SQL 存储过程的对象。派生自 PrepareStatement,用于调用数据库中的存储过程
ResultSet	该接口表示数据库结果集的数据表,通常通过执行查询数据库的语句生成

6.2 创建 MySQL 数据库

使用 JDBC 设计数据库程序,首先要选择数据库管理系统,然后对应用程序的数据库进行设计。本书选择了 MySQL 数据库。

6.2.1 MySQL 安装与使用

1. MySQL 简介

MySQL 是瑞典 MySQL AB 公司开发的一个小型关系型数据库管理系统,在 2008 年 1 月被 Sun 公司收购,目前,MySQL 被广泛地应用在 Internet 上的中小型网站中。由于其体积小、速度快、总体拥有成本低,尤其是开放源码这一特点,许多中小型网站为了降低网站总体成本而选择了 MySQL 作为网站后台数据库系统。

2. 安装 MySQL

通过 MySQL 官方网站(http://www.mysql.com)可以获得 MySQL 安装程序。本书使用的 MySQL 发布版本是 MySQL Server 5.5.44,其具体下载地址是 http://dev.mysql.

com/downloads/mysql/5.5.html。下载完成将得到安装文件 mysql-5.5.44-winx32.msi)（如果是 64 位系统，可下载 mysql-5.5.44-winx64.msi)。具体安装步骤如下。

(1) 双击运行 mysql-5.5.44-win32.msi，开始安装 MySQL，打开如图 6-2 所示界面，单击 Next 按钮。

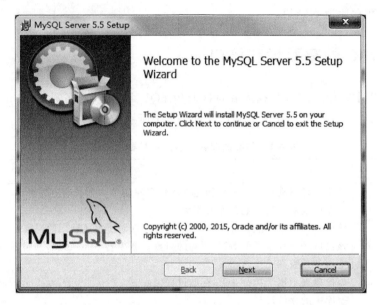

图 6-2　开始安装 MySQL

(2) 在如图 6-3 所示界面中，选中 I accept the terms in the License Agreement 复选框，单击 Next 按钮。

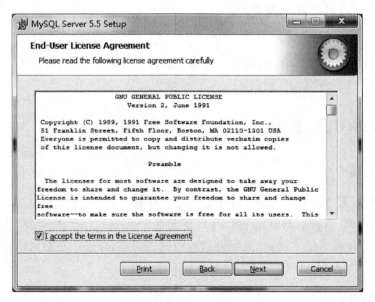

图 6-3　选择安装类型

（3）在如图 6-4 所示的界面中，选择安装类型，这里选择 Typical。

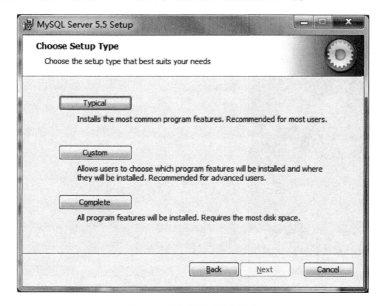

图 6-4　MySQL 安装完成

（4）在如图 6-5 所示的界面中，单击 Install 按钮。

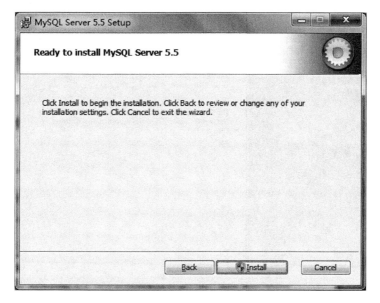

图 6-5　开始配置 MySQL Server

（5）在后续的界面中连续单击 Next 按钮，直到出现如图 6-6 所示的界面。选中 Launch the MySQL Instance Configuration Wizard 复选框，单击 Finish 按钮。

注意：如果这里不选择配置，安装以后再想配置，可在 MySQL 安装目录的 bin 目录下找到 MySQLInstanceConfig.exe 文件，执行它进行配置。

（6）在如图 6-7 所示的界面中，单击 Next 按钮。

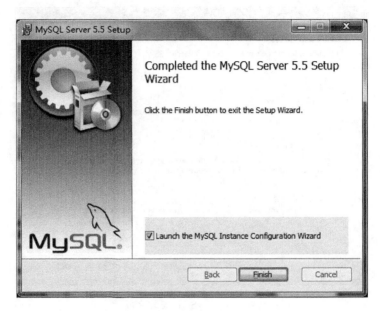

图 6-6　选择是否配置

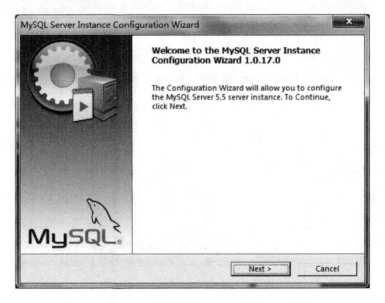

图 6-7　开始配置 MySQL Server

(7) 在如图 6-8 所示的界面中,选择配置类型,这里保留默认设置,单击 Next 按钮。

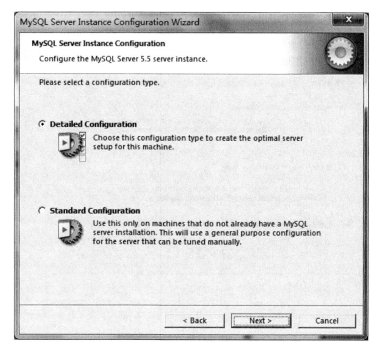

图 6-8　选择配置类型

(8) 在如图 6-9 所示的界面中,选择服务器类型,这里保留默认设置,单击 Next 按钮。

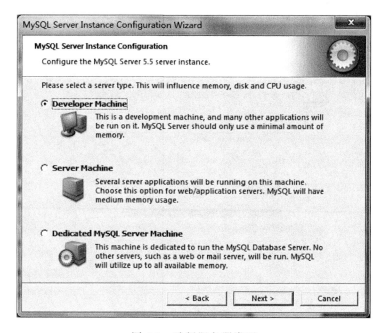

图 6-9　选择服务器类型

(9) 在如图 6-10 所示的界面中,选择数据库类型,这里保留默认设置,单击 Next 按钮。

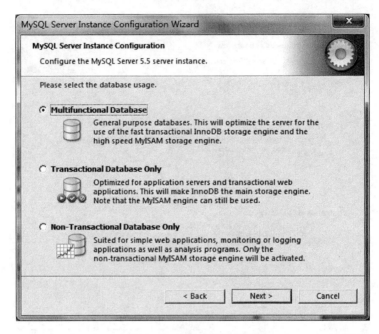

图 6-10　选择数据库类型

(10) 在如图 6-11 所示的界面中,选择安装路径,这里保留默认设置,单击 Next 按钮。

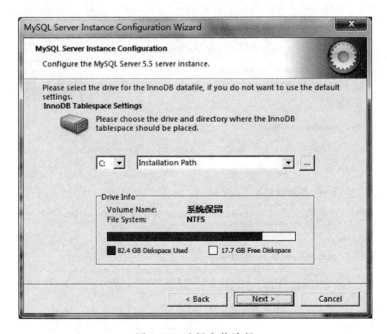

图 6-11　选择安装路径

（11）在如图 6-12 所示的界面中设置可连接的数量，这里保留默认设置，单击 Next 按钮。

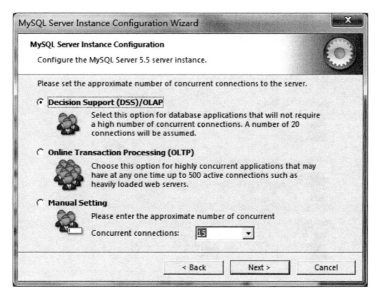

图 6-12　设置允许连接的数量

（12）在如图 6-13 所示的界面中可设置端口号，这里保留默认设置，单击 Next 按钮。

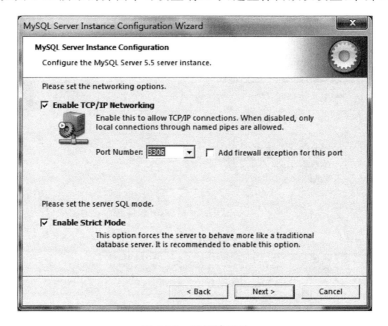

图 6-13　设置端口号

（13）在如图 6-14 所示的界面中，选中 Manual Selected Default Character Set/Collation 单选按钮，并设置字符集为 utf8，单击 Next 按钮。

（14）在如图 6-15 所示的界面中设置服务名称，这里保留默认设置，单击 Next 按钮。

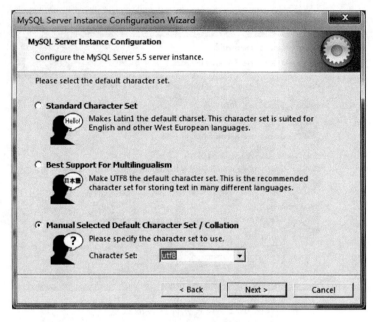

图 6-14 设置字符集合

图 6-15 设置服务器名

(15) 在如图 6-16 所示的界面中,设置 root 密码。如果需要 root 用户从远程计算机访问还需要将 Enable root access from remote machines 复选框选中。单击 Next 按钮。

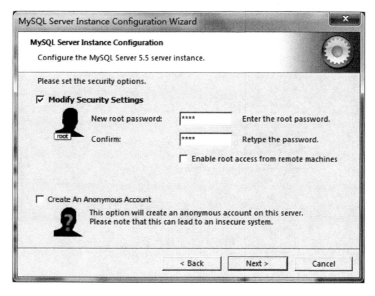

图 6-16　设置密码

(16) 在如图 6-17 所示的界面中,单击 Execute 按钮。

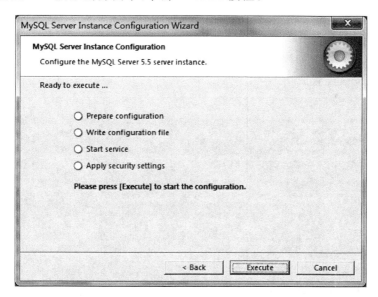

图 6-17　执行

(17) 在如图 6-18 所示的界面中,单击 Finish 按钮,完成对 MySQL Server 的配置。

3. 验证 MySQL 安装

可按如下步骤验证 MySQL 是否安装成功。

(1) 单击【开始】→【所有程序】→MySQL→MySQL Server 5.5→MySQL 5.5 Command

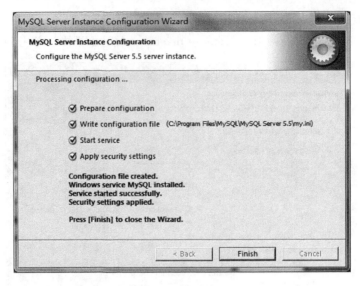

图 6-18 完成配置

Line Client 菜单项,显示 MySQL Command Line Client 窗口。

(2) 在 MySQL5.5 Command Line Client 窗口中输入 root 用户密码,窗口的提示符将变为 mysql>,这表示已经正确连接 MySQL。

(3) 在提示符 mysql>后输入语句:

show databases;

将显示所有数据库列表。如果结果如图 6-19 所示,即显示出 MySQL 默认的 4 个数据库,则表示 MySQL 安装配置成功。

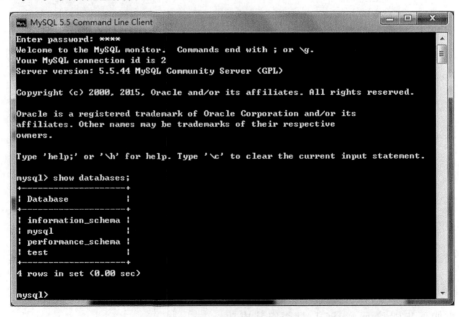

图 6-19 查询数据库

4. 下载 MySQL 驱动

使用 Java 连接到 MySQL，需要用到 MySQLConnector/J，这是 MySQL 的 JDBC 驱动程序包，可以在 MySQL 的网站上得到。本书中使用的版本为 MySQL Connector/J 5.1.36，具体下载地址是 http://dev.mysql.com/downloads/connector/j。

下载完成后得到文件 mysql-connector-java-gpl-5.1.36.msi，双击安装。找到安装的目录，里面有一个名为 mysql-connector-java-5.1.36-bin.jar 的 jar 包，这就是 MySQL 的 JDBC 连接驱动包。

如果使用 NetBeans 作为开发环境，不用下载驱动程序，因为 NetBeans 中已经自带。

5. MySQL 启动和停止

1) 启动 MySQL 服务器

启动 MySQL 服务器的方法有两种：系统服务器和命令提示符(DOS)。

（1）通过系统服务器启动 MySQL

在【我的电脑】（若使用 Windows 7，在主菜单的【计算机】）上单击鼠标右键，选择【管理】菜单项，打开【计算机管理】窗口，选择【服务】，从【名称】列中找到 MySQL 服务，单击右键，选择【启动】命令，如图 6-20 所示。

图 6-20　通过系统服务启动 MySQL

（2）在命令提示符下启动 MySQL

进入 DOS 窗口，在命令提示符下输入如下指令：

```
net start MySQL
```

2）停止 MySQL 服务器

停止 MySQL 服务器的方法也是两种：系统服务和命令提示符（DOS）。

（1）使用系统服务停止 MySQL：在图 6-20 的界面中选择【停止】命令。

（2）在命令提示符下停止 MySQL：进入 DOS 窗口，在命令提示符下输入如下指令：

```
net stop MySQL
```

6．MySQL 常用的操作

（1）source filename：执行脚本文件。

（2）show databases：显示所有数据库。

（3）create database db_name：创建数据库。

（4）use db_name：选择数据库。

（5）show tables：显示当前数据库中的表。

（6）drop database db_name：删除数据库。

（7）drop table table_name：删除表。

（8）desc table_name：显示表的结构。

（9）set character_set_results='GBK'：设置输出编码，防止控制台输出乱码。

7．在 NetBeans 下管理 MySQL 数据库

在 NetBeans 下可以管理 MySQL 数据库，需要进行如下配置。

（1）选择【窗口】→【服务】菜单命令，打开【服务】选项卡，如图 6-21 所示。

（2）在【数据库】上单击右键，从弹出的菜单中选择【注册 MySQL 服务器】命令，打开【MySQL 服务器属性】对话框，设置基本属性如图 6-22 所示。

图 6-21　【服务】选项卡

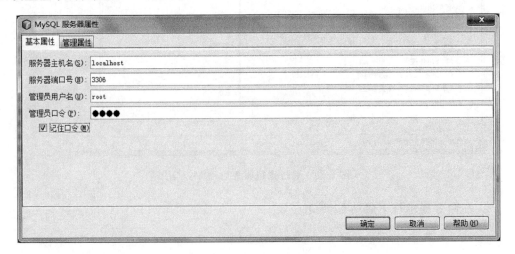

图 6-22　MySQL 服务器基本属性

(3)选择【管理属性】选项卡,设置管理属性,如图 6-23 所示。

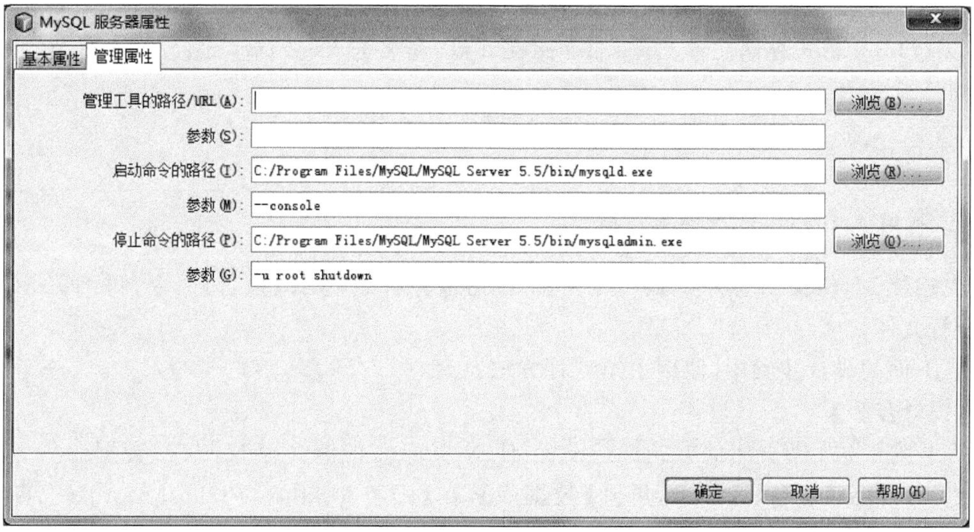

图 6-23 MySQL 服务器管理属性

6.2.2 案例 6-1 学生管理系统数据库设计

本书以一个简单的学生管理系统为例,介绍 Java 数据库编程的有关知识。学生管理系统的数据库名称为 xsgl,有 5 个数据表 xsgl_user、xsgl_major、xsgl_student、xsgl_course 和 xsgl_score,分别存储用户、专业、学生、课程和成绩数据,如图 6-24 所示。

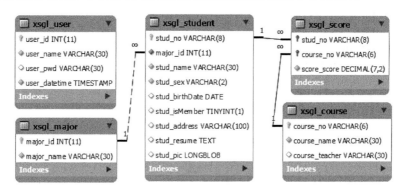

图 6-24 学生管理系统数据表结构

【技术要点】

创建数据库,有以下三种常用的方法:

1. 在 MySQL 控制台直接执行 SQL 脚本

可以在 MySQL 控制台直接输入 SQL 脚本,执行脚本。

2. 使用 source 命令

以 UTF-8 格式存储文本文件,如存储在 d 盘,命名为 xsgl.txt,然后在 MySQL 控制台执行如下命令:

source d:\\xsgl.txt;

3. 利用 NetBeans 环境创建数据库

先连接 MySQL 数据库,然后在【表】上单击鼠标右键,选择【执行】命令,再编写 SQL 脚本,执行文件。

在下面的设计步骤中,使用了第三种方法。

【设计步骤】

(1) 按 6.2.1 节介绍的方式进行设置,使 NetBeans 能够管理 MySQL 数据库。

(2) 切换到【服务】选择卡,展开【数据库】,在【位于 localhost:3306 [root] (已断开连接) 上的 MySQL 服务器】上单击鼠标右键,在弹出的菜单中选择【连接】命令,连接 MySQL 服务器。

(3) 展开新建的连接,并进一步展开其下面的 MySQL,然后在【表】上单击鼠标右键,在弹出的菜单中选择【执行】命令。

(4) 在右侧窗口中编写 SQL 脚本,脚本如下。

```
create database xsgl;
use xsgl;
/*创建用户表*/
create table xsgl_user (
    user_id int auto_increment primary key,
    user_name varchar(30) not null,
    user_pwd varchar(30),
    user_datetime timestamp
);
/*创建专业表*/
create table xsgl_major (
    major_id int auto_increment primary key,
    major_name varchar(30) not null unique
);
/*创建课程表*/
create table xsgl_course (
    course_no varchar(6) primary key,
    course_name varchar(30) not null unique,
    course_teacher varchar(30)
);
/*创建学生表*/
create table xsgl_student(
    stud_no varchar(8) primary key,
    major_id int not null references xsgl_major(major_id),
    stud_name varchar(30)   not null,
    stud_sex varchar(2)    not null,
```

```sql
    stud_birthDate datetime,
    stud_isMember bool,
    stud_address varchar(100),
    stud_resume text,
    stud_pic image
);
/*创建学生成绩表*/
create table xsgl_score (
    stud_no varchar(8) references xsgl_student(stud_no),
    course_no varchar(6) references xsgl_course(course_no),
    score_score decimal(7,2) not null,
    primary key (stud_no,course_no)
);
insert into xsgl_user(user_name,user_pwd) values('yang','1234');
insert into xsgl_major(major_name) values('计算机科学与技术');
insert into xsgl_major(major_name) values('电子信息');
insert into xsgl_major(major_name) values('数字媒体技术');
insert into xsgl_course values('120011','C语言','杨老师');
insert into xsgl_course values('120012','Java','张老师');
insert into xsgl_course values('120013','ASP','赵老师');
insert into xsgl_student(stud_no,major_id,stud_name,stud_sex,stud_birthDate,stud_isMember,stud_address) values('101',1,'张长海','男','1989-01-20',1,'北京');
insert into xsgl_student(stud_no,major_id,stud_name,stud_sex,stud_birthDate,stud_isMember,stud_address) values('102',1,'李学军','男','1989-01-20',0,'大连');
insert into xsgl_student(stud_no,major_id,stud_name,stud_sex,stud_birthDate,stud_isMember,stud_address) values('201',2,'王丽','女','1989-01-20',1,'北京');
insert into xsgl_student(stud_no,major_id,stud_name,stud_sex,stud_birthDate,stud_isMember,stud_address) values('202',2,'赵磊','男','1989-01-20',0,'上海');
insert into xsgl_student(stud_no,major_id,stud_name,stud_sex,stud_birthDate,stud_isMember,stud_address) values('203',3,'田小蕊','女','1989-01-20',1,'天津');
insert into xsgl_score values('101','120011',85);
insert into xsgl_score values('101','120012',75);
insert into xsgl_score values('101','120013',65);
insert into xsgl_score values('102','120011',85);
insert into xsgl_score values('102','120012',55);
insert into xsgl_score values('102','120013',45);
insert into xsgl_score values('201','120011',95);
insert into xsgl_score values('201','120012',45);
insert into xsgl_score values('201','120013',85);
insert into xsgl_score values('202','120011',65);
insert into xsgl_score values('202','120012',75);
insert into xsgl_score values('202','120013',65);
insert into xsgl_score values('203','120011',75);
insert into xsgl_score values('203','120012',65);
insert into xsgl_score values('203','120013',95);
```

(5) 在脚本编写区的空白处单击鼠标右键,在弹出的菜单中选择【运行文件】命令,即可执行脚本创建数据库。

6.3 基于 JDBC 编写数据库应用程序

基于 JDBC 的数据库应用程序，首先要创建与数据库的连接(Connection)，然后在连接的基础上创建操作对象(如 Statement、PreparedStatement)，再利用操作对象执行 SQL 语句。

6.3.1 创建与数据库的连接

要对数据库进行操作，首先必须与数据库建立连接。最常使用的连接方式是使用纯 Java JDBC 驱动程序实现数据库的连接。

1. 数据库驱动程序及其加载

Java JDBC 驱动程序是独立的连接驱动程序，不需要中间服务器，与数据库实现通信的整个过程均由 Java 语言实现。它一般由数据库系统开发商提供，使用前需要下载相应的类库。

连接 MySQL 数据库需要使用 MySQL Connector/J 驱动程序，NetBeans 开发环境中提供了该驱动程序，添加方法如下：在项目中的【库】上单击鼠标右键，在弹出的菜单中选择【添加库】命令，如图 6-25 所示，打开【添加库】对话框。在该对话框中，选择【MySQL JDBC 驱动程序】，单击【添加库】按钮，如图 6-26 所示。

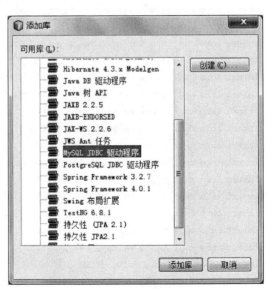

图 6-25 选择【添加库】　　　　　　　图 6-26 【添加库】对话框

在 JDBC 中，通常有以下两种加载驱动程序的方式。

一种是将驱动程序添加到 java.lang.System 的属性 jdbc.drivers 中。这是一个由

DriverManager 类加载驱动程序类名的列表,用冒号分隔。在 JDBC 的 java.sql.DrvierManager 类初始化时,JVM 在系统属性中搜索 jdbc.drivers 字段的内容。如果存在以冒号分隔的驱动程序名称,则 DriverManager 类加载相应的驱动程序。

另一种方式是在程序中利用 Class.forName()方法加载指定的驱动程序,例如,加载 SQL Server 数据库驱动程序:

```
Class.forName("com.microsoft.sqlserver.jdbc.SQLServerDriver");
```

常用数据库驱动程序如表 6-2 所示。

表 6-2 常用的数据库驱动程序

数 据 库	驱 动 类
MySQL	com.mysql.jdbc.Driver
Oracle	oracle.jdbc.driver.OracleDriver
SQL Server	com.microsoft.sqlserver.jdbc.SQLServerDriver
Access	sun.jdbc.odbc.JdbcOdbcDriver

2. DriverManager

DriverManager 类是 java.sql 包中用于数据库驱动程序管理的类,作用于用户和驱动程序之间。它跟踪可用的驱动程序,并在数据库和相应的驱动程序之间建立连接,也处理诸如驱动程序登录时间限制及登录和跟踪消息的显示等事务。一般的应用程序主要使用它的 getConnection()方法,这个方法可用于与数据库建立连接。

static Connection getConnection(String url, String username, String password):通过指定的数据库 URL、用户名和密码与数据库建立连接。

数据库的 URL 类似网络资源的统一定位,它指明了协议、主机地址、端口、数据库及编码方式等信息,连接不同的数据库的 URL 在格式上是有区别的,如表 6-3 所示。

表 6-3 常用的数据库 URL

数据库	URL
MySQL	jdbc:mysql://localhost:3306/xsgl? useUnicode=true& characterEncoding=utf8
Oracle	jdbc:oracle:thin:@localhost:1521:EX
SQL Server	jdbc:sqlserver://localhost:1433;database=xsgl
Access	jdbc:odbc:Driver={MicroSoft Access Driver (*.mdb)};DBQ=c:/data/xsgl.mdb

3. Connection

连接成功后获得 Connection 实例,它表示与数据库连接,对数据库的一切操作都是在这个连接基础上进行的。Connection 类的主要方法有以下几个。

(1) Statement createStatement():创建一个 Statement 对象。

(2) CallableStatement prepareCall(String sql):创建一个 CallableStatement 对象来调用数据库存储过程。

(3) PreparedStatement prepareStatement(String sql):创建一个 PreparedStatement

对象来将参数化的 SQL 语句发送到数据库。

(4) void setAutoCommit(boolean autoCommit)：设置自动提交模式为给定状态。

(5) void commit()：提交对数据库的改动并释放当前持有的数据库的锁。

(6) void rollback()：回滚当前事务中的所有改动并释放当前连接持有的数据库的锁。

(7) void close()：立即释放连接对象的数据库和 JDBC 资源。

4. 连接数据库的步骤

有了驱动程序之后，连接数据库的步骤如下。

(1) 加载驱动程序。在程序中加载驱动程序利用 Class.forName()。例如，下面的代码是加载 MySQL 驱动程序。

```
Class.forName("com.mysql.jdbc.Driver");
```

(2) 创建指定数据库的连接。用 DriverManager 的 getConnection()方法建立与数据库的连接。例如，下面的代码建立与 xsgl 数据库的连接。

```
String url = "jdbc:mysql://localhost:3306/xsgl?useUnicode = true&amp; characterEncoding = utf8";
Connection con = DriverManager.getConnection(url, "root", "1234");
```

6.3.2 操作数据的基本原理

建立连接之后，在连接的基础上创建操作对象(如 Statement、PrepareStatement 等)，再利用操作对象所提供的方法执行 SQL 语句，从而实现对数据库的增、删、改、查。

1. 建立操作对象

Java 程序中所有的 SQL 语句都是通过 Statement 接口或其子接口(PrepareStatement、CallableStatement)的实现类实例来执行。以建立 Statement 为例，建立的方法为：

```
Statement stmt = con.createStatement();                    //con 为连接对象
```

如果要建立可滚动的记录集，需要使用如下格式的方法：

```
con.createStatement(resultSetType, resultSetConcurrency);
```

resultSetType 可取下列常量。

(1) ResultSet.TYPE_FORWARD_ONLY：只能向前，默认值。

(2) ResultSet.TYPE_SCROLL_INSENSITIVE：可操作数据集的游标，不反映数据的变化。

(3) ResultSet.TYPE_SCROLL_SENSITIVE：可操作数据集的游标，反映数据的变化。

resultSetConcurrency 可取下列常量。

(1) ResultSet.CONCUR_READ_ONLY：不可进行更新操作。

(2) ResultSet.CONCUR_UPDATABLE：可以进行更新操作，默认值。

PreparedStatement 是 SQL 预处理类接口，使用其实现类来处理 SQL 能大大提高系统的执行效率。所不同的是,PreparedStatement 对象使用 prepareStatement()方法创建,并且在创建时直接指定 SQL 语句。此外,它还可以使用带参数的查询(用? 表示参数)。对于带参的查询,需要向 PreparedStatement 对象传递参数值。例如:

```
PreparedStatement pstmt = con.preparedStatement("select * from xsgl_student where stud_name = ?");
pstmt.setString(1, "yang");              //1 表示参数的位置(问号的序号),yang 为参数值
```

2. 执行 SQL

Statement 提供了三种执行 SQL 语句的方法。

(1) ResultSet executeQuery(String sql):执行 select 语句,返回一个结果集。

(2) int executeUpdate(String sql):执行 update、insert、delete 等不需要返回结果集的 SQL 语句。它返回一个整数,表示执行 SQL 语句影响的数据行数。

(3) boolean execute(String sql):用于执行多个结果集、多个更新结果(或者两者都有)的 SQL 语句。它返回一个 boolean 值。如果第一个结果是 ResultSet 对象,返回 true;如果是整数,就返回 false。取结果集时可以与 getMoreResultSet、getResultSet 和 getUpdateCount 结合来对结果进行处理。

例如,下面的代码是删除用户表中用户号为 3 的数据。

```
String sql = "delete from xsgl_users where user_id = 3";
int n = stmt.executeUpdate(sql);
```

再如,下面的代码是查询用户表中的所有数据。

```
String sql = "select * from xsgl_user";
ResultSet rs = stmt.executeQuery(sql);
```

PreparedStatement 也有上述三个方法,但都不带参数,因为在建立 PreparedStatement 对象时已经指定 SQL 语句。例如,下面的代码是删除用户号为 3 的记录。

```
String sql = "delete fromxsgl_user where user_id = ?";
PreparedStatement pstmt = con.prepareStatement(sql);
pstmt.setInt(1,3);                       //1 是问号(参数)的位置,3 表示 userID 的值
int n = stmt.executeUpdate();
```

3. 获得查询结果

如果 SQL 语句是 select 语句,执行 executeQuery()方法返回的是 ResultSet 对象。

ResultSet 对象是一个由查询结果构成的数据表。在 ResultSet 中隐含着一个数据行指针,可使用如下方法将指针移动到指定的数据行。

(1) boolean absolute(int row):将指针移动到结果集对象的某一行。

(2) boolean first():将指针移动到结果集对象的第一行。

(3) boolean next():将指针移动到当前行的下一行。

(4) boolean previous():将指针移动到当前行的前一行。

(5) boolean last():将指针移动到当前行的最后一行。

移到指定的数据行后,再使用一组 getXXX()方法读取各字段的数据。XXX 是 JDBC

中 Java 语言的数据类型。这些方法的参数有两种格式,一是用整数指定字段的索引(索引从 1 开始),二是用字段名(可能是别名)来指定字段。

```
String userName1 = rs.getString(2);              //通过索引取第二个字段的值
StringuserName2 = rs.getString("user_name");     //通过列名取第二个字段的值
```

6.3.3　MVC 设计模式

好的设计模式可以使程序结构清晰,便于维护和扩展。MVC(Model-View-Controller,模型-视图-控制器)是目前比较流行的程序设计模式。它提供了一种按功能对各种对象进行划分的方法,使程序结构更加直观清晰,便于重用,也有利于维护和扩展。这种设计模式很好地实现了数据层与表示层的分离,使开发工作更加容易和迅速,如图 6-27 所示。

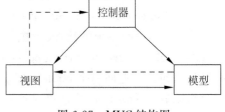

图 6-27　MVC 结构图

模型(Model)用于封装与应用程序的业务逻辑相关的数据以及对数据的处理方法。

视图(View)提供用户交互或数据展现的界面,由控制器调度。

控制器(Controller)根据用户的请求调用模型获得数据,再通过视图呈现给用户。

按照这种模式设计一个学生管理系统,可以这样划分:

模型：{数据模型,如 Student 类(只包含属性、构造方法和属性方法)。
　　　 数据访问模型,如 StudentDao 类(封装数据的操作方法)。

视图：用户交互界面,如 ShowStudent 类(显示学生)等界面。

控制器：起调度作用的类,如起始类和系统主界面。

6.3.4　案例 6-2　按 MVC 模式设计学生管理系统

创建学生管理系统项目,命名为 xsgl,按 MVC 模式组织程序结构。在项目中创建 6 个包,分别命名为 xsgl.control(控制包)、xsgl.idao(数据访问接口包)、xsgl.dao(数据访问模型包)、xsgl.model(数据模型包)、xsgl.util(工具包)、xsgl.view(视图包)。在 xsgl.model 中建立数据模型类 User、Major、Student、Course 及 Score;在 xsgl.util 包中建立一个 SqlHelper 类封装对数据库的连接操作和关闭操作,并设计一个测试类 TextSqlHelper,测试 SqlHelper 的使用。连接成功显示如图 6-28 所示界面,不成功显示如图 6-29 所示界面。

图 6-28　连接成功界面

图 6-29　连接失败界面

【技术要点】

通过 Class.forName()方法加载驱动程序,再通过驱动程序管理器(DriverManager)的 getConnection()方法建立连接。使用 JOptionPane.showMessageDialog()方法显示对话框。

【设计步骤】

(1) 创建项目。在 NetBeans 下创建一个 Java 应用程序项目,命名为 xsgl。

(2) 导入类库。在【库】中添加 MySQL JDBC 驱动程序。

(3) 规划结构。在项目中创建 6 个包,如图 6-30 所示。

(4) 设计工具类。在 xsgl.util 包下建立一个工具类,命名为 SqlHelper,代码如下所示。

图 6-30 项目的包结构

```java
package xsgl.util;
import java.sql.Connection;
import java.sql.DriverManager;
import java.sql.PreparedStatement;
import java.sql.ResultSet;
import java.sql.SQLException;
public class SqlHelper {
    public static Connection connect() {
        try {
            Class.forName("com.mysql.jdbc.Driver");      //加载驱动程序
            Connection con = DriverManager.getConnection("jdbc:mysql://localhost:3306/xsgl?useUnicode=true&amp;characterEncoding=utf8", "root", "1234");  //连接数据库
            return con;                                   //返回连接对象
        } catch (Exception e) {
            e.printStackTrace();
            return null;
        }
    }
    public static void closeResultSet(ResultSet rs) {
        try {
            rs.close();
        } catch (SQLException ex) {
        }
    }
    public static void closePreparedStatement(PreparedStatement ps) {
        try {
            ps.close();
        } catch (SQLException ex) {
        }
    }
    public static void closeConnection(Connection con) {
        try {
            con.close();
        } catch (SQLException ex) {
        }
    }
}
```

(5) 设计数据模型。在 xgsl.model 包中建立 User、Major、Student、Course 及 Score 类,代码如下所示。

User 类:

```java
package xsgl.model;
import java.sql.Date;
public class User {
    private Integer userId;
    private String userName;
    private String userPwd;
    private Date userDatetime;
    …                                           //属性方法省略
}
```

Major 类:

```java
package xsgl.model;
import java.util.Objects;
public class Major {
    private Integer majorId;
    private String majorName;
    …                                           //属性方法省略
}
```

Course 类:

```java
package xsgl.model;
public class Course {
    private String courseNo;
    private String courseName;
    private String courseTeacher;
    …                                           //属性方法省略
}
```

Student 类:

```java
package xsgl.model;
import java.sql.Date;
public class Student {
    private String studNo;
    private Major major;
    private String studName;
    private String studSex;
    private Date studBirthDate;
    private Boolean studIsMember;
    private String studAddress;
    private String studResume;
    private byte[] studPic;
    …                                           //属性方法省略
}
```

Score 类：

```
package xsgl.model;
public class Score {
    private Student student;
    private Course course;
    private Float score;
    private static Float avgScore;
    …                                               //属性方法省略
}
```

（6）设计数据访问接口。在 xsgl.idao 包中建立数据访问接口，这里只建立 IStudentDao，代码如下所示。

```
package xsgl.idao;
import java.util.List;
import xsgl.model.Student;
public interface IStudentDao {
    boolean addStudent(Student student);
    boolean deleteStudent(String studNo);
    boolean editStudent(Student student);
    int findCount(String stud_name);
    Student findStudent(String studNo);
    List<Student> findStudents(String studName, Integer pageNo, Integer pageSize);
}
```

（7）对工具类进行测试。在 xsgl.util 包下建立一个测试类，命名为 TestSqlHelper，代码如下所示。

```
package xsgl.util;
import java.sql.*;
import javax.swing.JOptionPane;
public class TestSqlHelper {
    public static void main(String args[]) {
        Connection con = SqlHelper.connect();
        if (con != null) {
            JOptionPane.showMessageDialog(null, "数据库连接成功!");
            SqlHelper.closeConnection(con);
        } else {
            JOptionPane.showMessageDialog(null, "数据库连接失败!");
        }
    }
}
```

（8）运行 TestSqlHelper。测试成功后可删除该类。

6.4 数据查询

数据查询操作是指对数据表中数据或汇总的信息进行查询。数据查找主要是利用 Java 的 Statement 或 PrepareStatement 所提供的 executeQuery()方法执行 select 语句。

6.4.1 查询一条记录

如果查询的结果是一条记录（例如，根据主键查询，就是一条记录），需要用 if 语句判断，并且把查询的结果存放在一个对象中。例如，按用户 ID 查询用户：

```java
public User findUser(Integer userId) {
    // 查询数据需要定义 4 个对象,前 3 个用于查询,第 4 个用于存储
    Connection con = null;                              //连接对象
    PreparedStatement ps = null;                        //预处理对象
    ResultSet rs = null;                                //结果集对象
    User user = null;                                   //用户对象
    try {
        con = SqlHelper.connect();                      //连接数据库
        String sql = "select * from xsgl_user where user_id = ?";   //写 SQL 语句
        ps = con.prepareStatement(sql);                 //创建预处理对象
        ps.setInt(1, userId);                           //设置参数值
        rs = ps.executeQuery();                         //执行查询
        if (rs.next()) {                                //如果 next()为真,表明查到记录
            user = new User();
            user.setUserId(rs.getInt("user_id"));
            user.setUserName(rs.getString("user_name"));
            user.setUserPwd(rs.getString("user_pwd"));
            user.setUserDatetime(rs.getDate("user_datetime"));
        }
        return user;
    } catch (Exception e) {
        e.printStackTrace();
        return null;
    } finally {
        SqlHelper.closeResultSet(rs);
        SqlHelper.closePreparedStatement(ps);
        SqlHelper.closeConnection(con);
    }
}
```

需要注意的是，执行查询得到的结果集，指针是在第一条记录的前面，执行一次 next() 后才能移到第一条记录。

6.4.2 查询多条记录

如果查询的结果可能有多条记录，这时需要用 while 循环，把每条记录存成一个对象，并把所有的对象添到一个集合里。例如，按用户名查询用户：

```java
public List<User> findUsers(String userName) {
    // 查询数据需要定义 4 个对象,前 3 个用于查询,第 4 个用于存储
    Connection con = null;                              //连接对象
    PreparedStatement ps = null;                        //预处理对象
```

```java
        ResultSet rs = null;                              //结果集对象
        List<User> list = new ArrayList<User>();          //列表对象
        try {
            con = SqlHelper.connect();                    //连接数据库
            String sql = "select * from xsgl_user where user_name like ?";
            ps = con.prepareStatement(sql);               //建立预处理对象
            ps.setString(1, "%" + userName + "%");        //设置参数值
            rs = ps.executeQuery();                       //执行查询
            User user;
            while (rs.next()) {                           //如果next()为真,表明查到记录
                user = new User();
                user.setUserId(rs.getInt("user_id"));
                user.setUserName(rs.getString("user_name"));
                user.setUserPwd(rs.getString("user_pwd"));
                user.setUserDatetime(rs.getDate("user_datetime"));
                list.add(user);
            }
            return list;
        } catch (Exception e) {
            e.printStackTrace();
            return list;
        } finally {
            SqlHelper.closeResultSet(rs);
            SqlHelper.closePreparedStatement(ps);
            SqlHelper.closeConnection(con);
        }
    }
```

6.4.3 聚合查询

聚合查询是通过一个聚合函数(如 sum、avg 或 count)汇总来自多个行的信息。以 count 为例,查询返回的是记录数。例如,按用户名查询记录数:

```java
public int findCount(String userName) {
    // 查询数据需要定义 4 个对象,前 3 个用于查询,第 4 个用于存储
    Connection con = null;                                //连接对象
    PreparedStatement ps = null;                          //预处理对象
    ResultSet rs = null;                                  //结果集对象
    int count = 0;                                        //存放记录数
    try {
        con = SqlHelper.connect();                        //连接数据库
        String sql = "select count(*) as count from xsgl_user where user_name like ?";
        ps = con.prepareStatement(sql);                   //建立预处理对象
        ps.setString(1, "%" + userName + "%");            //设置参数值
        rs = ps.executeQuery();                           //执行查询
        if (rs.next()) {                                  //如果next()为真,表明查到记录
            count = rs.getInt("count");
        }
        return count;
```

```
        } catch (Exception e) {
            e.printStackTrace();
            return 0;
        } finally {
            SqlHelper.closeResultSet(rs);
            SqlHelper.closePreparedStatement(ps);
            SqlHelper.closeConnection(con);
        }
    }
```

6.4.4 分页查询数据

分页查询数据,即不是一次性查出所有数据,而是根据给定的页号和页的大小查出所需的数据。

对于 MySQL 数据库,select 语句中的 limit 选项可以用于分页查询。例如,对于上面的例子,可以增加两个 Integer 类型参数:pageNo 和 pageSize,并修改 SQL 语句,如下所示。

```
String sql = "select * from xsgl_student where user_name like ? limit " + (pageNo - 1) *
pageSize + "," + pageSize;
```

也可以使用 PreparedStatement 对象实现分页。在建立 PreparedStatement 对象时需要指定可滚动游标,然后通过程序来实现分页。参见如下代码。

```
        ps = con.prepareStatement(sql, ResultSet.TYPE_SCROLL_SENSITIVE, ResultSet.CONCUR_READ_
ONLY);
        …
        rs = ps.executeQuery();
        rs.absolute((pageNo - 1) * pageSize);
        int i = 0;
        while (rs.next() && i < pageSize) {
            …
            i++;
        }
```

6.4.5 案例 6-3 实现对学生数据的查询

读取学生(xsgl_student)表中的数据,以表格的方式显示在窗口上,并可根据学生姓名进行模糊查询,显示效果如图 6-31 所示。单击学号可以查看学生的详细信息,显示效果如图 6-32 所示。

【技术要点】

(1)设计 StudentDao(学生数据访问)类、FindStudent(查询学生)类、ShowStudent(查看学生)类。StudentDao 是数据访问模型,实现 IStudentDao 接口,这个案例中先实现与查询有关部分方法;FindStudent 是用于查询学生数据的窗口;ShowStudent 是用于显示学生数据的窗口。StudentDao 放在 xsgl.dao 包下,FindStudent 和 ShowStudent 放在 xsgl.view

图 6-31 查询学生窗口

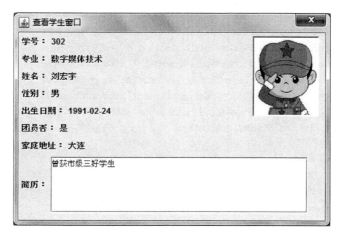

图 6-32 查看学生窗口

包下。

(2) 为了将数据以表格方式呈现,设计一个表格数据模型类 XsglTableModel,它作为数据和表格之间的桥梁,可以很方便地将数据显示在表格中。

(3) 存储照片采用字节型数组。

【设计步骤】

(1) 打开 xsgl 项目,将第 5 章设计的类和图像复制到当前项目中。PicPanel 复制到 xgsl.util 包下;MaintWindow 复制到 xsgl.control 包下;LoginWindow 和 AddStudent 复制到 xsgl.view 包下;界面图像复制到项目的根目录下。

(2) 在 xsgl.dao 包中建立 StudentDao 类,编写代码如下所示。

```
package xsgl.dao;
  …                                           //导入语句省略
public class StudentDao implements IStudentDao{
    //根据学号查询学生
    @Override
    public Student findStudent(String studNo) {
        Connection con = null;                  //定义连接对象
```

```java
        PreparedStatement ps = null;                //定义预处理对象
        ResultSet rs = null;                        //定义结果集对象
        Student student = null;                     //定义学生对象
        try {
            con = SqlHelper.connect();              //获得连接对象
            ps = con.prepareStatement("select a.major_name, b.* from xsgl_major a, xsgl_student b where a.major_id = b.major_id and b.stud_no = ?");
            ps.setString(1, studNo);
            rs = ps.executeQuery();                 //执行查询
            if (rs.next()) {                        //循环从记录集中获得数据
                student = new Student();
                Major major = new Major();
                student.setMajor(major);
                major.setMajorName(rs.getString("major_name"));
                student.setStudNo(rs.getString("stud_no"));
                major.setMajorId(rs.getInt("major_id"));
                student.setStudName(rs.getString("stud_name"));
                student.setStudSex(rs.getString("stud_sex"));
                student.setStudBirthDate(rs.getDate("stud_birthDate"));
                student.setStudIsMember(rs.getBoolean("stud_isMember"));
                student.setStudAddress(rs.getString("stud_address"));
                student.setStudResume(rs.getString("stud_resume"));
                student.setStudPic(rs.getBytes("stud_pic"));
            }
            return student;
        } catch (SQLException e) {
            e.printStackTrace();
            return null;
        } finally {
            SqlHelper.closeResultSet(rs);
            SqlHelper.closePreparedStatement(ps);
            SqlHelper.closeConnection(con);
        }
    }
    //根据姓名分页查询学生
    public List<Student> findStudents(String studName, Integer pageNo, Integer pageSize) {
        Connection con = null;                      //定义连接对象
        PreparedStatement ps = null;                //定义预处理对象
        ResultSet rs = null;                        //定义结果集对象
        List<Student> list = new ArrayList<Student>();  //定义列表对象
        try {
            con = SqlHelper.connect();              //获得连接对象
            ps = con.prepareStatement("select a.major_name, b.* from xsgl_major a, xsgl_student b where a.major_id = b.major_id and b.stud_name like ? limit " + (pageNo-1)*pageSize + "," + pageSize);  //创建预处理对象
            ps.setString(1, "%" + studName + "%");
            rs = ps.executeQuery();                 //执行查询
            Student student;
            while (rs.next()) {                     //循环从记录集中获得数据
                student = new Student();
                Major major = new Major();
```

```java
                student.setMajor(major);
                major.setMajorName(rs.getString("major_name"));
                student.setStudNo(rs.getString("stud_no"));
                major.setMajorId(rs.getInt("major_id"));
                student.setStudName(rs.getString("stud_name"));
                student.setStudSex(rs.getString("stud_sex"));
                student.setStudBirthDate(rs.getDate("stud_birthDate"));
                student.setStudIsMember(rs.getBoolean("stud_isMember"));
                student.setStudAddress(rs.getString("stud_address"));
                student.setStudResume(rs.getString("stud_resume"));
                student.setStudPic(rs.getBytes("stud_pic"));
                list.add(student);
            }
            return list;
        } catch (SQLException e) {
            e.printStackTrace();
            return list;
        } finally {
            SqlHelper.closeResultSet(rs);
            SqlHelper.closePreparedStatement(ps);
            SqlHelper.closeConnection(con);
        }
    }
    //根据姓名查询记录总数
    public int findCount(String stud_name) {
        Connection con = null;                          //连接对象
        PreparedStatement ps = null;                    //预处理对象
        ResultSet rs = null;                            //结果集对象
        int count = 0;                                  //存放记录数
        try {
            con = SqlHelper.connect();                  //连接数据库
            String sql = "select count(*) as count from xsgl_student where stud_name like ?";
            ps = con.prepareStatement(sql);             //建立预处理对象
            ps.setString(1, "%" + stud_name + "%");     //设置参数值
            rs = ps.executeQuery();                     //执行查询
            if (rs.next()) {                            //如果 next()为真,表明查到记录
                count = rs.getInt("count");
            }
            return count;
        } catch (Exception e) {
            e.printStackTrace();
            return count;
        } finally {
            SqlHelper.closeResultSet(rs);
            SqlHelper.closePreparedStatement(ps);
            SqlHelper.closeConnection(con);
        }
    }
    @Override
    public boolean addStudent(Student student) {
        return false;
```

```java
    }
    @Override
    public boolean editStudent(Student student) {
        return false;
    }

    @Override
    public boolean deleteStudent(String studNo) {
        return false;
    }
}
```

(3) 在 xsgl.util 包下,建立类 XsglTableModel,编写代码如下所示。

```java
package xsgl.util;
import javax.swing.table.AbstractTableModel;
public class XsglTableModel extends AbstractTableModel {
    private Object[][] data;
    private String[] head;

    public XsglTableModel(String[] head, Object[][] data) {
        this.head = head;
        this.data = data;
    }
    @Override
    public int getColumnCount() {
        return head.length;
    }
    @Override
    public int getRowCount() {
        return data.length;
    }
    @Override
    public String getColumnName(int col) {
        return head[col];
    }
    @Override
    public Object getValueAt(int row, int col) {
        return data[row][col];
    }
    @Override
    public Class getColumnClass(int c) {
        return getValueAt(0, c).getClass();
    }
}
```

(4) 在 xsgl.view 包下,建立 FindStudent 类,编写代码如下所示。

```java
package xsgl.view;
...                                                    //导入语句省略
public class FindStudent extends JFrame implements ActionListener {
    final static Integer PAGE_SIZE = 4;
```

```java
StudentDao studentDao = new StudentDao();
JTable table = new JTable();
String[] head = {"学号","姓名","性别","出生日期","团员否"};
JTextField txtName = new JTextField(10);
JButton btnFind = new JButton("查找");
JButton btnFirst = new JButton("首页");
JButton btnNext = new JButton("下一页");
JButton btnPrev = new JButton("上一页");
JButton btnLast = new JButton("尾页");
JLabel labPageNo = new JLabel("ssss");
String userName = "";
int pageCount, pageNo = 1;
public FindStudent() {
    Container con = this.getContentPane();
    JPanel top = new JPanel();
    top.add(new JLabel("姓名")); top.add(txtName); top.add(btnFind);
    con.add(top, "North");
    con.add(new JScrollPane(table), "Center");
    JPanel bottom1 = new JPanel();
    bottom1.add(btnFirst); bottom1.add(btnPrev);
    bottom1.add(btnNext); bottom1.add(btnLast); bottom1.add(labPageNo);
    con.add(bottom1, "South");
    int count = studentDao.findCount("");          //查询记录总数
    //计算总页数
    if (count > 0) {
        pageNo = 1;
        pageCount = count / PAGE_SIZE + (count % PAGE_SIZE > 0 ? 1 : 0);
    } else {
        pageNo = 0;
        pageCount = 0;
    }
    setState();                                    //设置按钮的状态
    loadData(userName);                            //读取数据
    btnFind.addActionListener(this); btnNext.addActionListener(this);
    btnPrev.addActionListener(this); btnFirst.addActionListener(this);
    btnLast.addActionListener(this);
    table.addMouseListener(new MouseAdapter() {
      @Override
      public void mouseClicked(MouseEvent e) {
          int row = table.getSelectedRow();        //鼠标单击表格时,获取选中的行
          if (row >= 0) {
              String studNo = table.getValueAt(row, 0).toString();
              new ShowStudent(studNo);
          }
      }
    });
    setTitle("查询学生窗口");
    setSize(450, 270);
    setVisible(true);
}
public void loadData(String userName) {
```

```java
            List<Student> list = studentDao.findStudents(userName, pageNo, PAGE_SIZE);
            table.setModel(new XsqlTableModel(head, convert(list)));
    }
                                                            // 将list转换为二维数组
    private Object[][] convert(List<Student> list) {
        Object[][] data = new Object[list.size()][];
        for (int i = 0; i < list.size(); i++) {
            Student s = list.get(i);
            data[i] = new Object[]{s.getStudNo(), s.getStudName(),
                s.getStudSex(), s.getStudBirthDate(),
                s.getStudIsMember(),};
        }
        return data;
    }
    @Override
    public void actionPerformed(ActionEvent e) {
        if (e.getSource() == btnFind) {
            userName = txtName.getText();
            int count = studentDao.findCount(userName);
            if (count > 0) {
                pageNo = 1;
                pageCount = count / PAGE_SIZE + (count % PAGE_SIZE > 0 ? 1 : 0);
            } else {
                pageNo = 0;
                pageCount = 0;
            }
        } else if (e.getSource() == btnNext && pageNo < pageCount) {
            pageNo++;                               //下一记录
        } else if (e.getSource() == btnPrev && pageNo > 1) {
            pageNo--;                               //前一记录
        } else if (e.getSource() == btnFirst) {
            pageNo = 1;                             //首记录
        } else if (e.getSource() == btnLast) {
            pageNo = pageCount;                     //尾记录
        }
        setState();
        loadData(userName);                         //重新读取数据
    }
    private void setState() {
        if (pageCount > 0) {
            labPageNo.setText(pageNo + "/" + pageCount);
            if (pageNo <= 1) {
                btnPrev.setEnabled(false); btnFirst.setEnabled(false);
            } else {
                btnPrev.setEnabled(true); btnFirst.setEnabled(true);
            }
            if (pageNo == pageCount) {
                btnNext.setEnabled(false); btnLast.setEnabled(false);
            } else {
                btnNext.setEnabled(true); btnLast.setEnabled(true);
            }
```

```java
        } else {
            btnNext.setEnabled(false); btnPrev.setEnabled(false);
            btnFirst.setEnabled(false); btnLast.setEnabled(false);
            labPageNo.setText("无记录");
        }
    }
}
```

(5) 在 xsgl.view 包下,建立 ShowStudent 类,编写代码如下所示。

```java
package xsgl.view;
...                                                  //导入语句省略
public class ShowStudent extends JDialog{
    String title[] = {"学号","专业","姓名","性别","出生日期","团员否","家庭地址"};
    JLabel lab[] = new JLabel[7];
    public ShowStudent(String studNo) {
        Container con = getContentPane();
        txtResume.setEditable(false);
        panelPic.setBorder(BorderFactory.createLoweredBevelBorder());
        panelPic.setPreferredSize(new Dimension(100, 120));
        JPanel top = new JPanel(new BorderLayout());
        JPanel topLeft = new JPanel(new GridLayout(7, 1));
        JPanel topRight = new JPanel();
        topRight.setPreferredSize(new Dimension(120, 1));
        topRight.add(panelPic);
        JPanel p[] = new JPanel[7];
        for (int i = 0; i < 7; i++) {
            p[i] = new JPanel(new FlowLayout(FlowLayout.LEFT));
            lab[i] = new JLabel();
            p[i].add(new JLabel(title[i] + ": "));
            p[i].add(lab[i]);
            topLeft.add(p[i]);
        }
        top.add(topLeft, "Center");
        top.add(topRight, "East");
        JPanel center = new JPanel(new FlowLayout(FlowLayout.LEFT));
        center.add(new JLabel("简历: "), "West");
        center.add(new JScrollPane(txtResume), "Center");
        con.add(top, "North");
        con.add(center, "Center");
        loadData(studNo);
        setTitle("查看学生窗口");
        setModal(true);
        setSize(450, 300);
        setVisible(true);
    }
    void loadData(String studNo) {                   //将数据设置到相应的组件
        try {
            StudentDao studentDao = new StudentDao();
            Student student = studentDao.findStudent(studNo);
            lab[0].setText(student.getStudNo());
```

```
            lab[1].setText(student.getMajor().getMajorName());
            lab[2].setText(student.getStudName());
            lab[3].setText(student.getStudSex());
            lab[4].setText(student.getStudBirthDate().toString());
            lab[5].setText(student.getStudIsMember() ? "是" : "不是");
            lab[6].setText(student.getStudAddress());
            txtResume.setText(student.getStudResume());
            if (student.getStudPic() != null) {
                ByteArrayInputStream in = new ByteArrayInputStream(student.getStudPic());
                BufferedImage image = ImageIO.read(in);
                panelPic.show(image);
            }
        } catch (Exception e) {
            e.printStackTrace();
        }
    }
}
```

（6）打开 MainWindow，为菜单事件添加代码。代码如下所示。

```
public void actionPerformed(ActionEvent e) {
    if(e.getSource() == m31){
        new FindStudent();
    }
}
```

（7）运行程序，在主菜单中能选择【数据查询】→【学生查询】。

6.5 数据更新

更新数据指对数据的添加、修改和删除，通过执行 insert、update 和 delete 语句完成。

6.5.1 添加记录

添加记录的 SQL 语句格式如下：

insert into 表名(字段名列表) values(值列表)

例如，在用户数据表中添加一条记录：

insert intoxsql_user(user_name,user_pwd) values('zhang', '1234');

使用 PreparedStatement 添加记录，首先创建一个带参数的 insert 语句，然后利用连接对象建立 PreparedStatement 对象，再调用 PreparedStatement 对象的 executeUpdate()方法。该方法返回一个整数，如果大于 0 表示添加成功，否则添加失败。例如，添加用户的方法如下：

```
public boolean addUser(User user){
```

```
    // 添加数据需要定义两个对象变量
    Connection con = null;                              //连接对象
    PreparedStatement ps = null;                        //预处理对象
    try {
        con = SqlHelper.connect();                      //连接数据库
        String sql = "insert into xsgl_user(user_name,user_pwd) values(?,?)";
        ps = con.prepareStatement(sql);                 //建立预处理对象
        ps.setString(1, user.getUserName());            //设置第一个参数值
        ps.setString(2, user.getUserPwd());             //设置第二个参数值
        int n = ps.executeUpdate();
        return n > 0;
    } catch (Exception e) {
        e.printStackTrace();
        return false;
    } finally {
        SqlHelper.closePreparedStatement(ps);
        SqlHelper.closeConnection(con);
    }
}
```

6.5.2 修改记录

修改记录的 SQL 语句格式如下：

update 表名 set 字段1 = 字段值1,字段2 = 字段值2 … where 特定条件

修改记录一般以主键作为条件，例如，将用户号为 2 的用户修改为"wang"：

update xsgl_user set user_name = 'wang' where user_id = 3

在 Java 中，修改记录与插入记录类似，只是 SQL 语句不同。例如，修改用户的方法如下。

```
public boolean editUser(User user) {
    // 修改数据需要定义两个对象变量
    Connection con = null;                              //连接对象
    PreparedStatement ps = null;                        //预处理对象
    try {
        con = SqlHelper.connect();                      //连接数据库
        String sql = "update xsgl_user set user_name = ?,user_pwd = ? Where user_id = ?";
        ps = con.prepareStatement(sql);                 //建立预处理对象
        ps.setString(1, user.getUserName());            //设置第一个参数值
        ps.setString(2, user.getUserPwd());             //设置第二个参数值
        ps.setInt(3, user.getUserId());                 //设置第三个参数值
        int n = ps.executeUpdate();
        return n > 0;
    } catch (Exception e) {
        e.printStackTrace();
        return false;
    } finally {
```

```
            SqlHelper.closePreparedStatement(ps);
            SqlHelper.closeConnection(con);
        }
    }
```

6.5.3 删除记录

删除记录的 SQL 语句格式如下：

delete from 表名 where 特定条件

删除记录一般以主键作为条件，例如，删除用户号为 2 的用户：

delete from xsgl_user where user_id = 2

在 Java 中，删除记录与插入记录类似，只是 SQL 语句不同。例如，按用户号删除用户的方法如下。

```java
public boolean deleteUser(Integer userId) {
    // 删除数据需要定义两个对象变量
    Connection con = null;                              //连接对象
    PreparedStatement ps = null;                        //预处理对象
    try {
        con = SqlHelper.connect();                      //连接数据库
        String sql = "delete from xsgl_user where user_id = ?";
        ps = con.prepareStatement(sql);                 //建立预处理对象
        ps.setInt(1, userId);                           //设置参数值
        int n = ps.executeUpdate();
        return n > 0;
    } catch (Exception e) {
        e.printStackTrace();
        return false;
    } finally {
        SqlHelper.closePreparedStatement(ps);
        SqlHelper.closeConnection(con);
    }
}
```

6.5.4 事务处理

事务是作为单个逻辑工作单元执行的一系列操作。一个逻辑工作单元必须有 4 个属性：原子性、一致性、隔离性和持久性。事务的原子性表示事务执行过程中的任何失败都将导致事务所做的任何修改失效。一致性表示当事务执行失败时，所有被该事务影响的数据都应该恢复到事务执行前的状态。隔离性表示在事务执行过程中对数据的修改，在事务提交之前对其他事务不可见。持久性表示已提交的数据在事务执行失败时，数据的状态都应该正确。在对数据进行操作的过程中，使用事务处理是保证数据一致性和完整性所必需的。

在 Java 中使用事务，首先要通过连接对象的 setAutoCommit()方法关闭自动提交模

式,然后执行一组操作,再用 commit()方法提交。若出现异常(提交失败),用 rollback()方法回滚,以恢复原始状态。例如:

```
Connection con = null;
Statement stmt = null;
try{
    con = SqlHelper.connect();
    stmt = con.createStatement();
    con.setAutoCommit(false);                   //con 是 Connection 对象
    stmt.executeUpdate(sql1);                   //sql1 是第一个更新数据的 SQL 语句
    stmt.executeUpdate(sql2);                   //sql2 是第二个更新数据的 SQL 语句
    stmt.executeUpdate(sql3);                   //sql3 是第三个更新数据的 SQL 语句
    con.commit();                               //提交
}catch(SQLException e){
    con.rollback();                             //回滚
}finally{
    SqlHelper.closeStatement(stmt);
    SqlHelper.closeConnection(con);
}
```

6.5.5 案例 6-4 实现对学生数据的管理

设计管理学生的界面,能够添加、修改和删除学生数据。管理窗口的运行界面如图 6-33 所示,单击【添加】按钮显示如图 6-34 所示界面,可以添加新的学生数据;选择某行,再单击【修改】按钮显示如图 6-35 所示界面,可修改所选的学生数据;选择某行,单击【删除】按钮可删除所选的学生数据。

图 6-33 管理学生

【技术要点】

(1) 在案例 6-3 基础上进行设计,实现 StudentDao 类的另外三个方法:addStudent()、editStudent()和 deleteStudent()。

(2) 修改 AddStudent 类,为【确定】按钮的单击事件添加处理代码,以实现数据的保存。保存时,将界面上输入的数据封装到一个 Student 对象中,然后调用 StudentDao 对象的 AddStudent()方法实现添加。

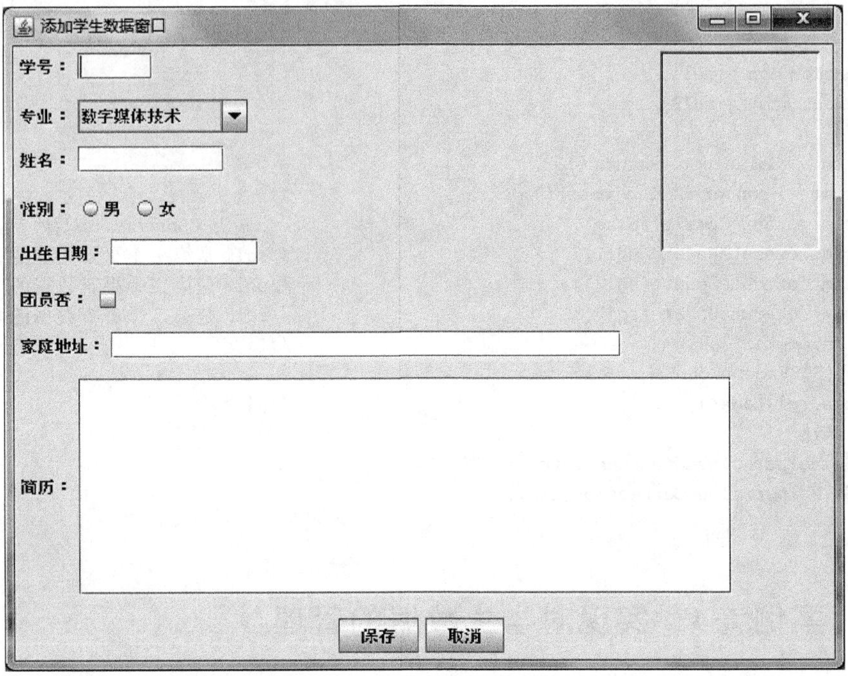

图 6-34　添加学生

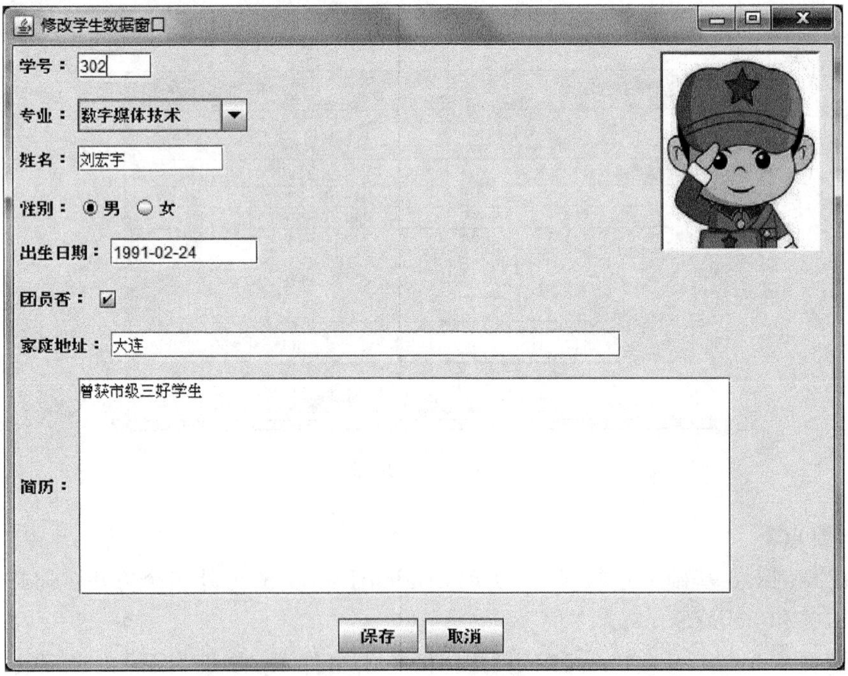

图 6-35　修改学生

（3）EditStudent 与 AddStudent 类似。该类的构造方法接收一个学号参数，再利用 StudentDao 对象的 findStudent()方法查出该学生，并显示到界面，并设置学生号不可修改；保存时，将界面上输入的数据封装到一个 Student 对象中，然后调用 StudentDao 对象的 editStudent()方法实现修改。

（4）AddStudent、EditStudent 两个窗口上的专业下拉列表的内容均是从数据库中读取的。添加数据和选择默认选项分别使用了下拉列表的 addItem()和 setSelectedItem()方法。为此，需要修改 Major 类，覆盖 toString()、hashCode()、equals()方法。

【设计步骤】

（1）打开案例 6-3 设计的学生管理系统项目。先需要修改 Major 类，覆盖 toString()、hashCode()、equals()方法。

```java
public class Major{
    …
    @Override
    public String toString() {
        return majorName;
    }
    @Override
    public int hashCode() {
        int hash = 7;
        hash = 89 * hash + Objects.hashCode(this.majorId);
        return hash;
    }
    @Override
    public boolean equals(Object obj) {
        if (obj == null) {
          return false;
        }
        if (getClass() != obj.getClass()) {
          return false;
        }
        final Major other = (Major) obj;
        if (!Objects.equals(this.majorId, other.majorId)) {
          return false;
        }
        return true;
    }
}
```

（2）打开 StudentDao，设计 addStudent()、editStudent()和 deleteStudent()方法。

```java
public boolean addStudent(Student student) {
    Connection con = null;                      //定义连接对象
    PreparedStatement ps = null;                //定义预处理对象
    try {
        con = SqlHelper.connect();              //获得连接对象
        ps = con.prepareStatement("insert into xsgl_student(stud_no,major_id,stud_name,stud_sex,stud_birthDate,stud_isMember,stud_address,stud_resume,stud_pic) values (?,?,?,?,?,?,?,?,?)");    //创建预处理对象
```

```java
                ps.setString(1, student.getStudNo());
                ps.setInt(2, student.getMajor().getMajorId());
                ps.setString(3, student.getStudName());
                ps.setString(4, student.getStudSex());
                ps.setDate(5, student.getStudBirthDate());
                ps.setBoolean(6, student.getStudIsMember());
                ps.setString(7, student.getStudAddress());
                ps.setString(8, student.getStudResume());
                ps.setBytes(9, student.getStudPic());
                int n = ps.executeUpdate();
                return n > 0;
        } catch (SQLException e) {
                e.printStackTrace();
                return false;
        } finally {
                SqlHelper.closePreparedStatement(ps);
                SqlHelper.closeConnection(con);
        }
    }
    public boolean editStudent(Student student) {
        Connection con = null;                         //定义连接对象
        PreparedStatement ps = null;                   //定义预处理对象
        try {
                con = SqlHelper.connect();             //获得连接对象
                ps = con.prepareStatement("update xsgl_student set major_id = ?, stud_name = ?, stud_
sex = ?, stud_birthDate = ?, stud_isMember = ?, stud_address = ?, stud_pic = ? where stud_no = ?
where stud_no = ?");                                  //创建预处理对象
                ps.setInt(1, student.getMajor().getMajorId());
                ps.setString(2, student.getStudName());
                ps.setString(3, student.getStudSex());
                ps.setDate(4, student.getStudBirthDate());
                ps.setBoolean(5, student.getStudIsMember());
                ps.setString(6, student.getStudAddress());
                ps.setString(7, student.getStudResume());
                ps.setBytes(8, student.getStudPic());
                ps.setString(9, student.getStudNo());
                int n = ps.executeUpdate();
                return n > 0;
        } catch (SQLException e) {
                e.printStackTrace();
                return false;
        } finally {
                SqlHelper.closePreparedStatement(ps);
                SqlHelper.closeConnection(con);
        }
    }
    public boolean deleteStudent(String studNo) {
        Connection con = null;                         //定义连接对象
        PreparedStatement ps = null;                   //定义预处理对象
```

```java
try {
    con = SqlHelper.connect();                         //获得连接对象
    ps = con.prepareStatement("delete from xsgl_student where stud_no = ?");
    ps.setString(1, studNo);
    int n = ps.executeUpdate();
    return n > 0;
} catch (SQLException e) {
    e.printStackTrace();
    return false;
} finally {
    SqlHelper.closePreparedStatement(ps);
    SqlHelper.closeConnection(con);
}
}
```

（3）在 xsgl.dao 包下添加 MajorDao 类，代码如下所示。这里暂时只添加一个方法。

```java
package xsgl.dao;
…                                                       //导入语句省略
public class MajorDao {
    public List<Major> findMajors() {
        // 查询数据需要定义 4 个对象，前 3 个用于查询，第 4 个用于存储
        Connection con = null;                          //连接对象
        PreparedStatement ps = null;                    //预处理对象
        ResultSet rs = null;                            //结果集对象
        List<Major> list = new ArrayList<Major>();      //列表对象
        try {
            con = SqlHelper.connect();                  //连接数据库
            String sql = "select * from xsgl_major";
            ps = con.prepareStatement(sql);             //建立预处理对象
            rs = ps.executeQuery();                     //执行查询
            Major major;
            while (rs.next()) {                         //如果 next()为真，表明查到记录
                major = new Major();
                major.setMajorId(rs.getInt("major_id"));
                major.setMajorName(rs.getString("major_name"));
                list.add(major);
            }
            return list;
        } catch (Exception e) {
            e.printStackTrace();
            return list;
        } finally {
            SqlHelper.closeResultSet(rs);
            SqlHelper.closePreparedStatement(ps);
            SqlHelper.closeConnection(con);
        }
    }
}
```

(4) 打开 xsgl.view 包下的 AddStudent,在该类中增加一个方法 imageToBytes(),用于将图像文件转换成字节。具体原理在第 7 章介绍。

```java
//图片到 byte 数组
public byte[] imageToBytes(String filename) {
    byte[] data = null;
    try {
        FileInputStream input = new FileInputStream(new File(filename));
        ByteArrayOutputStream output = new ByteArrayOutputStream();
        byte[] buf = new byte[1024];
        int numBytesRead = 0;
        while ((numBytesRead = input.read(buf)) != -1) {
            output.write(buf, 0, numBytesRead);
        }
        data = output.toByteArray();
        output.close();
        input.close();
    } catch (FileNotFoundException ex1) {
        ex1.printStackTrace();
    } catch (IOException ex1) {
        ex1.printStackTrace();
    }
    return data;
}
```

(5) 在 AddStudent 类中再增加一个方法 loadData(),该方法用于读取专业,并将专业设置到组合框。同时,在构造方法中添加对该方法的调用。

```java
private void loadData() {
    MajorDao majorDao = new MajorDao();
    java.util.List<Major> list = majorDao.findMajors();
    for (Major m : list) {
        comMajor.addItem(m);
    }
}
```

(6) 为【确定】按钮添加事件处理程序。

```java
public void actionPerformed(ActionEvent e) {
    if (e.getSource() == btnOK) {
        try {
            StudentDao studentDao = new StudentDao();
            Student student = new Student();
            student.setStudNo(txtNo.getText());
            student.setMajor((Major) comMajor.getSelectedItem());
            student.setStudName(txtName.getText());
            student.setStudSex(radSexM.isSelected() ? "男" : "女");
            SimpleDateFormat ts = new SimpleDateFormat("yyyy-MM-dd");
            student.setStudBirthDate(new java.sql.Date(ts.parse(txtBirthDate.getText()).getTime()));
            student.setStudIsMember(chIsMember.isSelected());
```

```java
                student.setStudAddress(txtAddress.getText());
                student.setStudResume(txtResume.getText());
                if (filename != null) {
                    student.setStudPic(imageToBytes(filename));
                }
                if (studentDao.addStudent(student)) {
                    JOptionPane.showMessageDialog(null, "添加学生成功");
                    dispose();
                } else {
                    JOptionPane.showMessageDialog(null, "添加学生失败");
                    txtName.requestFocus();
                }
            } catch (ParseException ex) {
                JOptionPane.showMessageDialog(null, "保存数据出现异常!");
            }
        } else {
            dispose();
        }
    }
```

（7）在 xsgl.view 包下新建一个窗口 EditStudent。这个窗口与添加窗口类似，可以将 AddStudent 复制一份，进行修改。

构造方法增加一个参数 studNo，并修改设置标题的语句。

```java
…
String studNo;
public EditStudent(String studNo) {
    this.studNo = studNo);
    …
    setTitle("修改学生数据窗口");
    …
}
```

在 loadData()方法中增加将学生数据设置到界面控件上的代码。

```java
void loadData() {                                  //将数据设置到相应的组件
    …
    StudentDao studentDao = new StudentDao();
    Student student = studentDao.findStudent(studNo);
    if (student != null) {
        comMajor.setSelectedItem(student.getMajor());
        txtNo.setText(student.getStudNo());
        txtName.setText(student.getStudName());
        radSexM.setSelected(student.getStudSex().equals("男"));
        radSexF.setSelected(student.getStudSex().equals("女"));
        txtBirthDate.setText(student.getStudBirthDate().toString());
        chIsMember.setSelected(student.getStudIsMember());
        txtAddress.setText(student.getStudAddress());
        txtResume.setText(student.getStudResume());
        if (student.getStudPic() != null) {
            try {
```

```
                    ByteArrayInputStream in = new ByteArrayInputStream(student.getStudPic());
                    BufferedImage image = ImageIO.read(in);
                    panelPic.show(image);
            } catch (Exception e) {
            }
        }
    }
}
```

将 actionPerformed() 方法修改成如下所示。

```
@Override
public void actionPerformed(ActionEvent e) {
    if (e.getSource() == btnOK) {
        try {
            …
            if (studentDao.editStudent(student)) {
                JOptionPane.showMessageDialog(null, "修改学生成功");
                dispose();
            } else {
                JOptionPane.showMessageDialog(null, "修改学生失败");
                txtName.requestFocus();
            }
        } catch (Exception ex) {
        }
    } else {
        dispose();
    }
}
```

（8）ManageStudent 与 FindStudent 类似。可以复制 FindStudent 类，选择重构，命名为 ManageStudent。在 ManageStudent 中增加如下按钮。

```
public class ManageStudent extends JFrame implements ActionListener {
    …
    JButton btnAdd = new JButton("添加");
    JButton btnEdit = new JButton("修改");
    JButton btnDelete = new JButton("删除");
    …
}
```

（9）修改 ManageStudent 的构造方法，将如下代码：

```
con.add(bottom1, "South");;
```

修改成如下代码：

```
JPanel bottom2 = new JPanel();
bottom2.add(btnAdd);
bottom2.add(btnEdit);
bottom2.add(btnDelete);
JPanel bottom = new JPanel(new GridLayout(2, 1));
```

```
bottom.add(bottom1);
bottom.add(bottom2);
con.add(bottom, "South");
```

在构造方法中为新增加的按钮注册事件：

```
btnAdd.addActionListener(this);
btnEdit.addActionListener(this);
btnDelete.addActionListener(this);
```

修改设置标题的语句：

```
setTitle("管理数据窗口");
```

(10) 修改 actionPerformed() 方法，增加对 btnAdd、btnEdit、btnDelete 按钮的事件处理。

```
@Override
public void actionPerformed(ActionEvent e) {
    ...
    else if (e.getSource() == btnAdd) {
        JDialog.setDefaultLookAndFeelDecorated(true);
        new AddStudent();
    } else if (e.getSource() == btnEdit) {
        int row = table.getSelectedRow();
        if (row >= 0) {
            String studNo = table.getValueAt(row, 0).toString();
            JDialog.setDefaultLookAndFeelDecorated(true);
            new EditStudent(studNo);
        } else {
            JOptionPane.showMessageDialog(null, "请先选择一个学生！");
        }
    } else if (e.getSource() == btnDelete) {
        int row = table.getSelectedRow();
        if (row >= 0) {
            String studNo = table.getValueAt(row, 0).toString();
            studentDao.deleteStudent(studNo);
        } else {
            JOptionPane.showMessageDialog(null, "请先选择一个学生！");
        }
    }
    ...
}
```

(11) 打开 MainWindow，为菜单事件添加代码。代码如下所示。

```
public void actionPerformed(ActionEvent e) {
    ...
    else if(e.getSource() == m21){
        new ManageStudent();
    }
}
```

(12) 运行程序,在主菜单中能选择【数据管理】→【学生管理】。

6.6 使用存储过程

存储过程允许用户用任意商业逻辑扩展 SQL。存储过程是在数据库中执行,所以具有很高的效率。合理使用数据库存储过程是优化数据库操作的关键。

6.6.1 存储过程的定义

存储过程(Stored Procedure)是一组为了完成特定功能的 SQL 语句集,经编译后存储在数据库中。用户通过指定存储过程的名字并给出参数(如果该存储过程带有参数)来执行它。存储过程是数据库中的一个重要对象,在数据库应用程序中经常使用存储过程。

存储过程具有以下优点。

(1) 存储过程只在创造时进行编译,以后每次执行存储过程都不需再重新编译,而一般 SQL 语句每执行一次就编译一次,所以使用存储过程可提高数据库执行速度。

(2) 当对数据库进行复杂操作时,可将此复杂操作用存储过程封装起来与数据库提供的事务处理结合一起使用。

(3) 存储过程可以重复使用,可减少数据库开发人员的工作量。

(4) 安全性高,可设定只有某些用户才具有对指定存储过程的使用权。

在 MySQL 中定义存储过程的基本格式如下:

create procedure 过程名 ([[**in**|**out**|**inout**] 参数名 参数类型[,...]])
    begin
        有效的 SQL 语句
end;

其中 in、out、inout 的含义。

(1) in:输入参数,用来向过程传递数据。

(2) out:输出参数,用来从过程返回数据。

(3) inout:既可输入,也可输出。

例如,在 MySQL 中定义如下两个存储过程。

1. 查询在成绩表中有成绩的课程

```
delimiter //
create procedure getCourseName()
begin
    select distinct a.* from xsgl_course a,xsgl_score b where a.course_no = b.course_no;
end //
delimiter ;
```

提示:上述定义中 delimiter 起到的作用是临时修改命令结束符,以避免立即执行。

2. 按课程名称和用户名查询学生成绩及平均成绩

```
delimiter //
create procedure stat(p_courseName varchar(20), p_studName varchar(20),out p_avgGrade float)
begin
        select avg(b.score_score) into p_avgGrade from xsgl_course a,xsgl_score b where a.
course_no = b.course_no and a.course_name like p_courseName;
        select a.stud_no,a.stud_name,b.course_no,b.course_name,c.score_score from xsgl_
student a,xsgl_course b,xsgl_score c where a.stud_no = c.stud_no and b.course_no = c.course_
no and b.course_name like p_courseName and a.stud_nname like p_studName;
end //
delimiter ;
```

在 MySQL 命令行测试上述两个存储。

```
mysql > call getCourseName();
mysql > call stat('Java',@avg);
mysql > select @avg;
```

6.6.2 调用存储过程

在 Java 中利用 CallableStatement 对象执行数据库中的存储过程。CallableStatement 对象可以通过 Connection 对象的 prepareCall() 方法得到,该方法调用中需要用一个转义子句字符串参数。转义子句的语法如下。

(1) 没有返回值,没有参数:

{call 存储过程名}

(2) 没有返回值,有参数:

{call 存储过程名(?,?,…)}

(3) 有返回值,有参数:

{? = call 存储过程名(?,?…)}

存储过程的返回值或输出参数需用 registerOutParameter(int index, int sqlType) 方法登记。该方法的第一个参数为索引。注意若有返回值,它的索引为 1,其他输出参数的索引按其所在的位置而定(有返回值时,从 2 开始,否则从 1 开始)。返回值和输出参数均要通过 CallableStatement 实例获取。例如,如下代码调用了存储过程 aaaa(这个存储过程有返回值和两个参数,一个为输入参数,一个为输出参数)。

```
CallableStatement cstmt = con.prepareCall("{? = call aaaa(?,?)}");
cstmt.registerOutParameter(1, java.sql.Types.INTEGER);    //登记返回参数
cstmt.setString(2, strName);                              //设置输入参数值
cstmt.registerOutParameter(3, java.sql.Types.VARCHAR);    //登记输出参数
ResultSet rs = cstmt.executeQuery();                      //执行该存储过程并返回结果集
rs.next();
```

```
StringstrWelcome = rs.getString(1);              //获取字段值
StringstrMyName = cstmt.getString(3);            //获取输出参数值
int intReturn = cstmt.getInt(1);                 //获取返回值
rs.close();                                      //关闭记录集
```

6.6.3 案例 6-5 使用存储过程查询学生成绩

设计一个程序，调用存储过程，按课程名和姓名查询学生成绩。运行界面如图 6-36 所示。

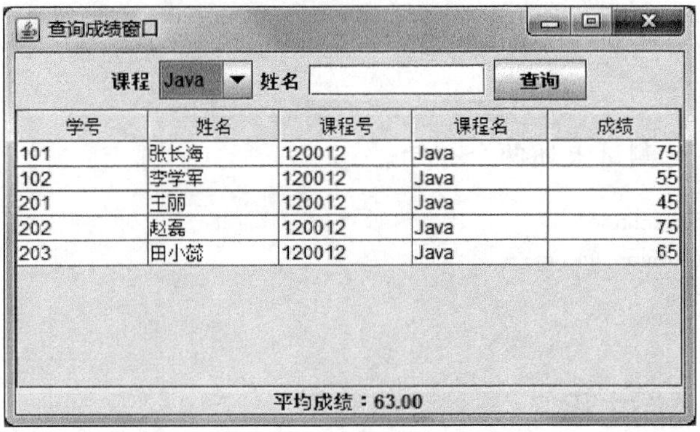

图 6-36 查询学生成绩

【技术要点】

（1）参考 6.6.1 节和 6.6.2 节在 MySQL 数据库中创建两个存储过程 getCourseName 和 stat。

（2）设计一个关于课程的数据访问类 CourseDao，此类的查询方法 findCoursesWithScores() 以课程名为参数，通过 CallableStatement 对象调用存储过程 getCourseName 查询有成绩的课程。

（3）设计一个关于成绩的数据访问类 ScoreDao，此类的查询方法 getScores() 以课程名为参数，通过 CallableStatement 对象调用存储过程 stat 查询成绩。

【设计步骤】

（1）在 xgsl 数据库中创建两个存储过程 getCourseName 和 stat。

（2）在 NetBeans 下打开 xsgl 项目。在 xsgl.dao 包下新建一个类 CourseDao，代码如下所示。

```java
package xsgl.dao;
…                                                //导入语句省略
public class CourseDao {
    public List<Course> findCoursesWithScores() {
        Connection con = null;                   //定义连接对象
        CallableStatement cstmt = null;          //定义存储过程对象
        ResultSet rs = null;                     //定义结果集对象
        List<Course> list = new ArrayList<Course>();   //定义列表对象
        try {
            con = SqlHelper.connect();           //获得连接对象
```

```java
        cstmt = con.prepareCall("{call getCourseName}");    //创建存储过程对象
        rs = cstmt.executeQuery();                          //执行查询
        Course course = null;
        while (rs.next()) {                                  //循环从记录集中获得数据
            course = new Course();
            course.setCourseNo(rs.getString("course_no"));
            course.setCourseName(rs.getString("course_name"));
            course.setCourseTeacher(rs.getString("course_teacher"));
            list.add(course);                                //将学生对象存放列表中
        }
    } catch (SQLException e) {
        e.printStackTrace();
    } finally {
        SqlHelper.closeResultSet(rs);
        SqlHelper.closePreparedStatement(cstmt);
        SqlHelper.closeConnection(con);
    }
    return list;
  }
}
```

(3) 在 xsgl.dao 包下新建一个类 ScoreDao,代码如下所示。

```java
package xsgl.dao;
...                                                         //导入语句省略
public class ScoreDao {
    public List<Score> getScores(String courseName, String studName) {
        Connection con = null;                              //定义连接对象
        CallableStatement cstmt = null;                     //定义存储过程对象
        ResultSet rs = null;                                //定义结果集对象
        List<Score> list = new ArrayList<Score>();          //定义列表对象
        try {
            con = SqlHelper.connect();                      //获得连接对象
            cstmt = con.prepareCall("{call stat(?,?,?)}");  //创建存储过程对象
            cstmt.setString(1, "%" + courseName + "%");
            cstmt.setString(2, "%" + studName + "%");
            cstmt.registerOutParameter(3, java.sql.Types.FLOAT);    //登记输出参数
            rs = cstmt.executeQuery();                      //执行查询
            Score score = null;
            while (rs.next()) {                              //循环从记录集中获得数据
                score = new Score();
                Student student = new Student();
                Course course = new Course();
                student.setStudNo(rs.getString("stud_no"));
                student.setStudName(rs.getString("stud_name"));
                course.setCourseNo(rs.getString("course_no"));
                course.setCourseName(rs.getString("course_name"));
                score.setStudent(student);
                score.setCourse(course);
                score.setScore(rs.getFloat("score"));
                list.add(score);                             //将学生对象存放列表中
```

```java
            }
            float avg = cstmt.getFloat(3);
            Score.setAvgScore(avg);
        } catch (SQLException e) {
            e.printStackTrace();
        } finally {
            SqlHelper.closeResultSet(rs);
            SqlHelper.closePreparedStatement(cstmt);
            SqlHelper.closeConnection(con);
        }
        return list;
    }
}
```

(4) 在 xsgl.view 包下新建一个类 FindeScore，代码如下所示。

```java
package xsgl.view;
…                                                //导入语句省略
public class FindScore extends JFrame {
    String[] head = {"学号","姓名","课程号","课程名","成绩"};
    JComboBox combCourse = new JComboBox();
    JTextField txtStudName = new JTextField(10);
    JButton btnFind = new JButton("查询");
    JTable table = new JTable();
    JLabel labAvg = new JLabel("", JLabel.CENTER);
    ScoreDao scoreDao = new ScoreDao();
    public FindScore() {
        Container con = this.getContentPane();
        CourseDao courseDao = new CourseDao();
        List<Course> list = courseDao.findCoursesWithScores();
        combCourse.addItem("所有");
        for (Course c : list) {
           combCourse.addItem(c);
        }
        combCourse.addItemListener(new ItemListener() {
            @Override
            public void itemStateChanged(ItemEvent e) {
                String courseName = e.getItem().toString();
                if (courseName.endsWith("所有")) {
                    loadData("", txtStudName.getText());
                } else {
                    loadData(courseName, txtStudName.getText());
                }
            }
        });
        btnFind.addActionListener(new ActionListener() {
            @Override
            public void actionPerformed(ActionEvent e) {
                String courseName = combCourse.getSelectedItem().toString();
                if (courseName.endsWith("所有")) {
                    loadData("", txtStudName.getText());
                } else {
                    loadData(courseName, txtStudName.getText());
                }
```

```java
            }
        });
        JPanel top = new JPanel();
        top.add(new JLabel("课程")); top.add(combCourse);
        top.add(new JLabel("姓名")); top.add(txtStudName);
        top.add(btnFind);
        con.add(top, "North");
        con.add(new JScrollPane(table), "Center");
        con.add(labAvg, "South");
        loadData("", "");
        setTitle("查询成绩窗口");
        setSize(450, 270);
        setVisible(true);
    }
    private void loadData(String courseName, String studName) {
        java.util.List<Score> list = scoreDao.getScores(courseName, studName);
        table.setModel(new XsglTableModel(head, convert(list)));
        DecimalFormat df = new DecimalFormat(".00");
        labAvg.setText("平均成绩:" + df.format(Score.getAvgScore()));
    }
    // 将list转换为二维数组
    private Object[][] convert(List<Score> list) {
        Object[][] data = new Object[list.size()][];
        for (int i = 0; i < list.size(); i++) {
            Score s = list.get(i);
            data[i] = new Object[]{s.getStudent().getStudNo(), s.getStudent().getStudName(),
                s.getCourse().getCourseNo(), s.getCourse().getCourseName(), s.getScore()};
        }
        return data;
    }
    public static void main(String args[]) {
        new FindScore();
    }
}
```

(5) 打开 MainWindow,在菜单事件处理程序中,打开查询学生窗口。代码如下所示。

```java
public void actionPerformed(ActionEvent e) {
    …
    else if(e.getSource() == m33){
        new FindScore();
    }
}
```

(6) 运行程序,在主菜单中能选择【数据查询】→【成绩查询】。

小结

Java 语言提供 JDBC 技术支持数据库应用开发。JDBC(Java Database Connectivity,Java 数据库连接)由一组用 Java 编程语言编写的类和接口组成。它的作用主要有三个方面：建立与数据库的连接；向数据库发出查询请求；处理数据库返回结果。

Java 一般使用纯 JDBC 驱动程序连接数据库，用 Connection 表示连接，通过 DriverManager.getConneciton()方法建立连接。

数据的基本操作主要是指对数据的查询、添加、修改、删除等操作，利用 Java 的 Statement 或 PrepareStatement 所提供的方法，可以方便地实现这些操作。

事务是作为单个逻辑工作单元执行的一系列操作。一个逻辑工作单元必须有 4 个属性：原子性、一致性、隔离性和持久性。在 Java 中使用事务，首先要通过连接对象的 setAutoCommit()方法关闭自动提交模式，然后执行一组操作，再用 commit()方法提交。若出现异常(提交失败)，用 rollback()方法回滚，以恢复原始状态。

在 Java 中利用 CallableStatement 对象可执行数据库中的存储过程。CallableStatement 对象可以通过 Connection 对象的 prepareCall()方法得到，该方法调用中需要用一个转义子句字符串参数。

习题

一、思考题

6-1 什么是 JDBC？它有什么作用？
6-2 如何使用驱动程序连接 MySQL 数据库？
6-3 简述使用 JDBC 访问数据的基本步骤。
6-4 Statement 与 PreparedStatement 有什么联系与区别？
6-5 怎样从结果集中获得数据？任何情况都能调用 absolute()方法吗？
6-6 MySQL 数据分页的基本方法是什么？
6-7 在 Java 中调用存储过程的一般步骤如何？
6-8 在 Java 数据库应用程序中怎样处理事务？

二、程序题

6-9 在 MySQL 下建立产品管理数据库。
6-10 实现对产品的查询。
6-11 实现对产品的管理，能够对产品进行添加、修改和删除。

实验

题目：数据库程序设计

一、实验目的

(1) 巩固课堂所学的理论知识。

(2) 深入理解数据库程序的设计原理和方法。
(3) 进一步理解 MVC 设计模式。
(4) 强化界面设计技术。
(5) 培养学生面向对象的程序设计能力。

二、实验要求

在上次实验的基础上实现图书借阅管理系统的主要功能：
(1) 设计图书数据模型。
(2) 设计图书数据访问接口。
(3) 实现图书的数据访问类。
(4) 实现图书的添加、修改、删除和查询。

第 7 章 流和文件

【内容简介】

文件管理、流及文件操作是程序设计的最常用的知识之一。本章将详细介绍文件和目录管理、过滤器与文件选择、字符流与文本文件读写、字节流与二进制文件读写、数据流和对象流等知识。

本章将通过"递归显示或删除文件"、"用字符流复制文件"、"用字节流复制文件"、"为绘图软件增加保存和打开功能"4 个案例,帮助读者理解和掌握所学的知识。

通过本章的学习,读者将会设计目录和文件管理的应用程序,能够利用流编写文件读写的应用程序。

【教学目标】

- ❑ 掌握文件和目录管理的方法;
- ❑ 了解 Java 流的分类,理解字符流和字节流的区别;
- ❑ 掌握常用流类的特点和用法;
- ❑ 掌握字符文件和二进制文件的读写方法;
- ❑ 能够用文件流类编写简单的应用程序。

7.1 文件管理基础

文件管理包括获取路径和文件名、读取或设置文件的各种属性、文件和目录操作、目录遍历等。File 类是文件管理的基础,它不仅能够对文件进行操作,而且能够对目录进行操作。

7.1.1 使用 File 类管理文件和目录

File 类属于 java.io 包,它提供了一种与机器无关的方式来表示一个文件或一个目录的方法。利用 File 类对象可以方便地对文件或目录进行管理。但是,它不能读写文件,读写文件需要用到后面几节所介绍的流的知识。

1. File 的构造方法

(1) File(File parent,String child):根据父路径和子路径名创建 File 实例。

(2) File(String pathname):根据路径名创建 File 实例。

(3) File(String parent,String child):根据父路径名和子路径名创建 File 实例。

(4) File(URI uri):根据 uri 创建 File 实例。

2. 获取路径或文件名

(1) String getName()：返回文件或目录的名称(不包括路径)。
(2) String getPath()：返回路径名。
(3) String getAbsolutePath()：返回绝对路径名。
(4) String getCanonicalPath()：返回路径名的规范形式。
(5) String getParent()：返回父目录的路径名。

例如，下面的示例演示如何获得文件名和路径名。

```java
package exam7_1_1;
import java.io.File;
public class FileDemo {
    public static void main(String[] args) {
        File file = new File("D:\\java\\java7\\test.txt");
        System.out.println(" ----- 获得文件名 ------ ");
        System.out.println(file.getName());
        File file0 = new File("");
        System.out.println(" ----- 获得当前路径 ------ ");
        System.out.println(file0.getAbsolutePath());
        File file1 = new File(".\\test1.txt");
        File file2 = new File("D:\\java\\java7\\test1.txt");
        System.out.println(" ----- 默认相对路径：取得路径不同 ------ ");
        System.out.println(file1.getPath());
        System.out.println(file1.getAbsolutePath());
        System.out.println(" ----- 默认绝对路径：取得路径相同 ------ ");
        System.out.println(file2.getPath());
        System.out.println(file2.getAbsolutePath());
    }
}
```

上述程序的输出结果为：

```
----- 获得文件名 ------
test.txt
----- 获得当前路径 ------
D:\Java\Java7
----- 默认相对路径：取得路径不同 ------
.\test1.txt
D:\Java\Java7\.\test1.txt
----- 默认绝对路径：取得路径相同 ------
D:\java\java7\test1.txt
D:\java\java7\test1.txt
```

注意 getPath()、getAbsolutePath()及 getCanonicalPath()的区别如下。
(1) getPath()得到的是构造时的路径。
(2) getAbsolutePath()得到的是全路径。
(3) getCanonicalPath 不但是全路径，而且把".."或者"."这样的符号解析出来。

3. 读取属性

(1) boolean canExecute()：测试是否为可执行文件。
(2) boolean exists()：测试当前 File 对象所指示的文件是否存在。
(3) boolean canWrite()：测试当前文件是否可写。
(4) boolean canRead()：测试当前文件是否可读。
(5) boolean isHidden()：测试是否为一个隐藏文件。
(6) boolean isFile()：测试是否为文件。
(7) boolean isDirectory()：测试是否为目录。
(8) long lastModified()：得到文件最近一次修改的时间。
(9) long length()：得到文件的长度，以字节为单位。

例如，下面的代码判断 File 是否存在，如果存在并且是文件则显示其大小。

```
File file = new File("D:\\java\\java7\\test1.txt");
if(file.exists()&&file.isFile()){
    System.out.println(file.length());
}
```

4. 设置属性

(1) boolean setExecutable(boolean executable)：设置所有者的执行权限。
(2) boolean setExecutable(boolean executable, boolean ownerOnly)：设置所有者或所有用户的执行权限。
(3) boolean setLastModified(long time)：设置最后一次修改时间。
(4) boolean setReadable(boolean readable)：设置所有者的读权限。
(5) boolean setReadable(boolean readable, boolean ownerOnly)：设置所有者或所有用户的读权限。
(6) boolean setReadOnly()：设置成只读。
(7) boolean setWritable(boolean writable)：设置所有者的写权限。
(8) boolean setWritable(boolean writable, boolean ownerOnly)：设置所有者或所有用户的写权限。

5. 文件和目录操作

(1) boolean delete()：删除目录或文件。
(2) void deleteOnExit()：在虚拟机终止时，请求删除文件或目录。
(3) String renameTo(File newName)：更改名称。
(4) boolean mkdir()：创建目录。
(5) boolean createNewFile()：创建一个新的空文件。
(6) static File createTempFile(String prefix, String suffix)：在默认临时文件目录中创建一个空文件，使用给定前缀和后缀生成其名称。
(7) static File createTempFile(String prefix, String suffix, File directory)：在指定目

录中创建一个新的空文件,使用给定的前缀和后缀字符串生成其名称。

6. 目录遍历

(1) String[] list():返回目录下的文件或目录的名称数组。

(2) File[] listFiles():返回表示目录下的文件或目录的 File 数组。

(3) String[] list(FilenameFilter filter):返回目录下满足指定文件名过滤器的文件或目录的名称数组。

(4) File[] listFiles(FileFilter filter):返回表示目录下满足指定文件过滤器的文件或目录的 File 数组。

(5) File[] listFiles(FilenameFilter filter):返回表示目录下满足指定文件名过滤器的文件或目录的 File 数组。

7. 分隔符

(1) static String pathSeparator:与系统有关的路径分隔符,为了方便,它被表示为一个字符串。在 Windows 下返回";"。

(2) static String separator:与系统有关的默认名称分隔符,为了方便,它被表示为一个字符串。在 Windows 下返回"\\"。

7.1.2 案例 7-1 递归显示或删除文件

设计程序能够分层显示目录结构,能够递归删除目录。运行界面如图 7-1 所示。

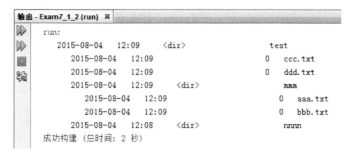

图 7-1 递归显示或删除文件

【技术要点】

使用 File 对象的 isFile() 方法判断是否为文件。如果是文件直接进行显示或删除操作;否则,再使用 isDirectory() 判断是否为目录;若是目录,通过 listFiles() 获得目录内的文件或子目录,进行递归。

【设计步骤】

(1) 在 NetBeans 下新建一个 Java 应用程序项目,项目命名为 Exam7_1_2。

(2) 在项目中建立包 exam7_1_2,并在该包下建立类 DemoFile,编写代码如下所示。

```
package exam7_1_2;
```

```java
import java.io.File;
public class FileDemo {
    private static void deleteFile(File file) {
        if (file != null) {
            if (file.isFile()) {
                file.delete();
            } else if(file.isDirectory()){
                File files[] = file.listFiles();
                for (int i = 0; i < files.length; i++) {
                    deleteFile(files[i]);
                }
                file.delete();
            }
        }
    }
    private static void listFile(File file, int level) {
        if (file != null) {
            if (file.isFile()) {
                System.out.println(String.format("%1$s%2$tY-%2$tm-%2$-5td%2$tH:%2$-7tM%3$20d     %4$s",aaa(level),file.lastModified(),file.length(),file.getName()));
            } else if(file.isDirectory()) {
                File files[] = file.listFiles();
                System.out.println(String.format("%1$s%2$tY-%2$tm-%2$-5td%2$tH:%2$-7tM%3$-20s%4$s",aaa(level),file.lastModified(),"<dir>",file.getName()));
                for (int i = 0; i < files.length; i++) {
                    listFile(files[i],level+1);
                }
            }
        }
    }
    private static String aaa(int n) {                    //辅助方法,用于产生重复空格
        StringBuilder sb = new StringBuilder();
        for(int i = 0; i < n; i++) {
            sb.append("    ");
        }
        return sb.toString();
    }
    public static void main(String[] args) {
        File file = new File("D:\\test");
        listFile(file,1);                                 //显示目录
        deleteFile(file);                                 //删除目录
        listFile(file,1);                                 //显示目录
    }
}
```

(3) 保存并运行程序。

7.1.3 过滤器与文件选择对话框

在遍历文件时,如果使用 File 类无参的 list() 方法得到的是目录下所有文件和子目录的清单。如果希望得到特定的文件或目录,可以使用过滤器。打开或保存文件时还可借助

可视化的文件选择对话框,使操作更加方便。

1. FileFilter 接口

该接口表示一个过滤器。此接口的实例可传递给 File 类的 listFiles(FileFilter)方法。此接口只有一个方法:

boolean accept(File pathname):验证一个 File 实例是否满足过滤条件。

例如,下面的示例显示"d:\ok"目录下的文本文件名。

```java
package exam7_1_3_a;
import java.io.File;
import java.io.FileFilter;
class MyFileFilter implements FileFilter {
    String ext;
    public MyFileFilter(String ext) {
        this.ext = ext;
    }
    public boolean accept(File file) {
        if (file.isDirectory()) {　//是一个目录而不是文件时,返回 false
            return false;
        }
        String fileName = file.getName();
        int index = fileName.lastIndexOf('.');
        if (index > 0 && index < fileName.length() - 1) {   //有扩展名
            String extension = fileName.substring(index + 1).toLowerCase();
            if (extension.equals(ext)) {            //扩展名满足条件
                return true;
            }
        }
        return false;
    }
}
public class MyFileFilterDemo {
    public static void main(String args[]) {
        File file = new File("d:\\OK");
        File []files = file.listFiles(new MyFileFilter("txt"));
        for(int i = 0; i < files.length; i++) {
            System.out.println(files[i]);
        }
    }
}
```

2. FilenameFilter 接口

该接口表示一个文件名过滤器。实现此接口的类实例可传递给 File 类的 list(FilenameFilter filter)方法。此接口只有一个方法:

boolean accept(File dir, String name):验证一个目录 dir 下的文件 name 是否满足过滤条件。

例如,下面的示例也是显示"d:\ok"目录下的文本文件名。

```java
package exam7_1_3_b;
import java.io.File;
import java.io.FilenameFilter;
class MyFilenameFilter implements FilenameFilter {
    String ext;
    public MyFilenameFilter(String ext) {
        this.ext = ext;
    }
    public boolean accept(File dir, String name) {
        File file = new File(dir, name);
        if (file.isDirectory()) {
            return false;
        }
        int index = name.lastIndexOf('.');
        if (index > 0 && index < name.length() - 1) {    //有扩展名
            String extension = name.substring(index + 1).toLowerCase();
            if (extension.equals(ext)) {                 //扩展名满足条件
                return true;
            }
        }
        return false;
    }
}
public class MyFilenameFilterDemo {
    public static void main(String args[]) {
        File file = new File("d:\\OK");
        File[] files = file.listFiles(new MyFilenameFilter("txt"));
        for (int i = 0; i < files.length; i++) {
            System.out.println(files[i]);
        }
    }
}
```

3. 文件选择对话框

使用 java.swing.JFileChooser 类可以建立文件打开或保存对话框。

1) 主要的构造方法

(1) JFileChooser():使用默认的路径,建立一个 JFileChooser 对象。

(2) JFileChooser(File file):以 file 所在位置为文件对话框的打开路径,建立一个 JFileChooser 对象。

(3) JFileChooser(Stringpath):指定打开路径 path,建立一个 JFileChooser 对象。

2) 文件对话框的打开和返回值

使用 JFileChooser 的 showOpenDialog()或 showSaveDialog()方法分别打开打开文件对话框和保存文件对话框。对话框的返回值有以下三种。

(1) JFileChooser.CANCEL_OPTION:表示用户单击【取消】按钮。

(2) JFileChooser.APPROVE_OPTION：表示用户单击【确定】按钮。
(3) JFileChooser.ERROR_OPEION：表示有错误产生或是对话框不正常关闭。

当用户选择了文件并单击【确定】按钮后，可以利用 getSelectedFile()方法取得文件对象，利用这个对象可取得文件名称(getName())与文件路径(getPath())。

3）如何设置筛选条件

可继承抽象类 javax.swing.filechooser.FileFilter 建立过滤器，需要实现它的两个方法：accept(File f)(用于过滤)和 getDescripton()(用于文件类型的描述)。一般可使用它的实体子类 FileNameExtensionFilter。该类的构造方法如下：

FileNameExtensionFilter(String description, String… extensions)：description 为文件类型描述，extensions 为扩展名，可以多个。

使用 JFileChooser 的 addChoosableFileFilter()方法或 setFileFilter()方法可以设置选择文件选择器。

例如，下面代码段打开的文件对话框如图 7-2 所示。

```
JFileChooser chooser = new JFileChooser();
chooser.addChoosableFileFilter(new FileNameExtensionFilter("GIF 图片文件","gif","GIF"));
chooser.addChoosableFileFilter(new FileNameExtensionFilter("JPEG 图片文件","jpg","jpeg"));
int returnVal = chooser.showOpenDialog(null);
if (returnVal == JFileChooser.APPROVE_OPTION) {
    System.out.println("你选择的文件为： "
            + chooser.getSelectedFile().getName());
}
```

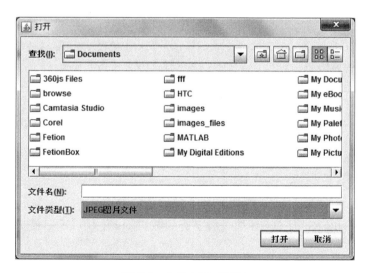

图 7-2 文件打开对话框

7.2 字符流与文本文件读写

字符流以字符为基本单位处理数据。文件字符流是重要的字符流。

7.2.1 字符流简介

Java 的所有字符流类都从 Reader 或 Writer 派生而来,这类流以 16 位的 Unicode 码表示的字符为基本处理单位。类的层次结构如表 7-1 所示。

表 7-1　字符流的层次结构

类	描述
Reader	抽象类,描述字符流的输入
BufferedReader	缓冲输入流
LineNumberReader	可记行数的输入流
CharArrayReader	字符数组读取的输入流
InputStreamReader	将字节转换为字符的输入流
FileReader	文件输入流
FilterReader	过滤输入流
PushbackReader	可回退的输入流
PipedReader	用于线程间通信的管道输入流
StringReader	字符串的输入流
Writer	抽象类,描述字符流输出
BufferedWriter	缓冲输出流
CharArrayWriter	字符数组输出流
OutputStreamWriter	将字节转换为字符的输出流
FileWriter	文件输出流
FilterWriter	过滤输出流
PipedWriter	用于线程间通信的管道输出流
StringWriter	字符串输出流
PrintWriter	可输出各种不同类型数据

1. Reader 类

Reader 是所有字符输入流类的根类。主要的方法如下。

1) 读取字符

(1) int read():读取一个字符,返回值为读取的字符。

(2) int read(char cbuf[]):读取一组字符到数组 cbuf[]中,返回值为实际读取的字符数量。

(3) abstract int read(char cbuf[],int off,int len):读取 len 个字符,从数组 cbuf[]的下标 off 处开始存放,返回值为实际读取的字符数量。

2) 关闭流

void close():关闭流。

2. Writer 类

Writer 类是所有字符输出流类的根类。

1）向输出流写字符

（1）void write(int c)：将整型值 c 的低 16 位写入输出流。

（2）void write(char cbuf[])：将字符数组 cbuf[]写入输出流。

（3）abstract void write(char cbuf[], int off, int len)：将字符数组 cbuf[]中从 off 位置开始的 len 个字符写入输出流。

（4）void write(String str)：将字符串 str 中的字符写入输出流。

（5）void write(String str, int off, int len)：将字符串 str 中从 off 位置开始的 len 个字符写入输出流。

2）刷空

flush()：刷空输出流，并输出所有被缓存的字节。

3）关闭流

void close()：关闭流。

7.2.2 文件字符流

1. 文件读字符流

FileReader 是一个文件读字符流类，它是 InputStreamReader 的子类。

1）常用构造方法

（1）FileReader(File file)：根据 File 对象创建文件读流对象。

（2）FileReader(String fileName)：根据给定的文件名创建文件读流对象。

2）常用方法

（1）read()：读一个字符。

（2）getEncoding()：取得编码方式。

（3）ready()：标识该文件读流是否可读，是否到达文件尾。

2. 文件写字符流

FileWriter 是一个文件写字符流类，它是 OutputStreamWriter 的子类。

1）常用构造方法

（1）FileWriter(File file)：根据 File 对象创建文件写流对象。

（2）FileWriter(File file, boolean append)：根据 File 对象创建文件写流对象，并指定是否为添加方式。

（3）FileWriter(String fileName)：根据给定的文件名创建文件写流对象。

（4）FileWriter(String fileName, boolean append)：根据给定的文件名创建文件写流对象，并指定是否为添加方式。

2）主要方法

（1）close()：关闭文件写流，将内容保存到文件中。

（2）write(char []buf,int off,int len)：写字符数组。

（3）write(int c)：写一个字符。

(4) write(String str,int off,int len)：写字符串。

7.2.3 案例 7-2 用字符流复制文件

设计一个程序，利用字符流复制文件。要求在窗体上通过文本框输入源文件和目标文件，单击【复制】按钮，进行复制。运行界面如图 7-3 所示。

图 7-3 【用字符流复制文件】界面

【技术要点】

利用源文件建立 File 对象，并建立相应的文件读流对象；利用目标文件建立另一个 File 对象，并建立相应的文件写流对象。再利用读流的 read()方法读数据，写流的 write()方法写数据，一边读，一边写，完成复制。

【设计步骤】

(1) 在 NetBeans 下新建一个 Java 应用程序项目，项目命名为 Exam7_2_3。

(2) 在项目中建立包 exam7_2_3，并在该包下建立类 CopyCharFile，编写代码如下所示。

```java
package exam7_2_3;
import java.io.*;
import java.awt.*;
import java.awt.event.*;
import javax.swing.*;
public class CopyCharFile extends JFrame implements ActionListener {
    JTextField t1 = new JTextField(30);
    JTextField t2 = new JTextField(30);
    JButton btn = new JButton("复制");
    public CopyCharFile() {
        JPanel p1 = new JPanel();
        p1.add(new JLabel("源文件:"));
        p1.add(t1);
        JPanel p2 = new JPanel();
        p2.add(new JLabel("目标文件:"));
        p2.add(t2);
        JPanel p3 = new JPanel();
        p3.add(btn);
        this.getContentPane().setLayout(new GridLayout(3, 1));
        this.getContentPane().add(p1);
        this.getContentPane().add(p2);
        this.getContentPane().add(p3);
```

```java
            btn.addActionListener(this);
            setTitle("用字符流复制文件");
            setSize(450, 150);
            setVisible(true);
        }
        public void actionPerformed(ActionEvent e) {
            try {
                File inputFile = new File(t1.getText());       //读取的文件
                File outputFile = new File(t2.getText());      //目标文件
                FileReader in = new FileReader(inputFile);     //文件读流
                FileWriter out = new FileWriter(outputFile);   //文件写流
                int c;
                while ((c = in.read()) != -1) {                //循环读取和输入文件
                    out.write(c);
                }
                in.close();                                     //关闭读流
                out.close();                                    //关闭写流
                JOptionPane.showMessageDialog(null, "复制成功!");
            } catch (IOException ee) {
                System.err.println(ee);
            }
        }
        public static void main(String[] args) throws IOException {
            JFrame.setDefaultLookAndFeelDecorated(true);
            new CopyCharFile();
        }
    }
```

(3) 保存并运行程序。

在复制文件时,使用缓冲流可以提高效率,代码可修改如下。

```java
    public void actionPerformed(ActionEvent e) {
        try {
            File inputFile = new File(t1.getText());
            File outputFile = new File(t2.getText());
            FileReader in = new FileReader(inputFile);
            BufferedReader bin = new BufferedReader(in);        //构造到读缓存流
            FileWriter out = new FileWriter(outputFile);
            BufferedWriter bout = new BufferedWriter(out);      //构造写缓存流
                while (bin.ready()) {                            //循环读取和输入文件
                    String str = bin.readLine();
                    bout.write(str);
                }
                bin.close();                                      //关闭缓存读流
                bout.close();                                     //关闭缓存写流
                in.close();                                       //关闭读流
                out.close();                                      //关闭写流
                JOptionPane.showMessageDialog(null, "复制成功!");
        } catch (IOException ee) {
            System.err.println(ee);
        }
    }
```

7.2.4 配置文件的读取

在 java.util 包下面有一个类 Properties,该类主要用于读取项目的配置文件(属性文件和 XML 文件)。

1. 属性文件

在开发一些 Java 应用程序的时候,经常会将一些环境特定的变量定义到一个配置文件中。比较常见的定义文件有 xml,properties,甚至 txt 等格式的。properties 文件称为属性文件,这种文件的扩展名为.properties,格式为文本文件,文件的内容是"键=值"的格式。在属性文件中,可以用"#"来作注释。

例如,如果想给学生管理系统的主界面增加一个配置文件,使得其背景图和大小可配置,可以定义如下配置文件 config.properties,内容如下。

```
#这是学生管理系统的配置文件
background-picture = d:\back.jpg
window-width = 600
window-height = 500
```

2. Properties

Properties 是专门为存取属性文件而设计的类。当然,它可以存取 XML 文件。Properties 有以下两个构造方法。

(1) Properties():创建一个没有属性列表的 Properties 对象。

(2) Properties(Properties defaults):根据已有的 Properties 对象创建新的 Properties 对象。

Properties 类的主要方法如下。

(1) getProperty(String key):用指定的键(属性)得到其所对应的值。

(2) load(InputStream inStream):从输入流中读取属性列表(键和值对)。

(3) setProperty(String key, String value):设置指定键对应的值。

(4) store(OutputStream out, String comments):将此 Properties 中的属性列表(键和值对)写入输出流,comments 为附加的注释。

(5) clear():清空属性列表。

使用 Properties 读取属性文件的步骤如下。

(1) 创建 Properties 对象。例如:

```
Properties prop = new Properties();
```

(2) 获得属性文件的输入流。如果属性文件和当前的类在一起,最常用的是通过 java.lang.Class 类的 getResourceAsStream(String name)方法来获得输入流。例如,在主窗口中获得学生管理系统的配置文件的输入流(如果配置文件和主窗口放在一起):

```
InputStream in = getClass().getResourceAsStream("config.properties");
```

若知道文件路径,也可以用下面这种方式获得输入流。

```
InputStream in = new BufferedInputStream(new FileInputStream(" d:\\xsgl\\config.
properties"));
```

(3) 从输入流中读取属性列表。

```
prop.load(in);
```

(4) 从 Properties 对象中获得属性值。

```
String bp = prop.getProperty("background_picture");
```

使用 Properties 存储属性文件的步骤如下。

(1) 创建 Properties 对象。

```
Properties prop = new Properties();
```

(2) 获得属性文件的输出流。如果属性文件和当前的类在一起:

```
String path = NewClass.class.getResource("").getPath();
FileOutputStream fos = new FileOutputStream(new File(path,"config.properties "));
```

若知道文件路径,也可以用下面这种方式获得输出流。

```
FileOutputStream fos = new FileOutputStream("d:\\xsgl\\config.properties ");
```

(3) 设置属性值。

```
prop.setProperty("background-picture ", "d:\\back.jpg");
prop.setProperty("window-width", "700");
prop.setProperty("window-height", "600");
```

(4) 将此 Properties 中的属性列表写入输出流。

```
prop.store(fos,"这是学生管理系统的配置文件");
```

可以将配置文件存成 XML 格式,只需文件的扩展名为 xml。文件的格式为:

```
<?xml version = "1.0" encoding = "UTF-8" standalone = "no"?>
<!DOCTYPE properties SYSTEM "http://java.sun.com/dtd/properties.dtd">
<properties>
    <comment>这是学生管理系统的配置文件</comment>
    <entry key = "background-picture"> d:\back.jpg </entry>
    <entry key = "window-width"> 700 </entry>
    <entry key = "window-height"> 600 </entry>
</properties>
```

7.3 字节流与二进制文件读写

字节流以字节为基本单位处理数据。文件字节流是重要的字节流。

7.3.1 字节流简介

Java 的所有字节流类都是从 InputStream 或 OutputStream 派生而来。这些流以字节为基本处理单位。字节流的层次结构如表 7-2 所示。

表 7-2 字节流的层次结构

类	描 述
InputStream	抽象类,描述流的输入
FileInputStream	文件读入的输入流
FilterInputStream	过滤输入流
LineNumberInputStream	知道从哪行开始的输入流
DataInputStream	包含读取 Java 标准数据类型的输入流
BufferedInputStream	缓冲输入流
PushbackInputStream	可回推的输入流
PipedInputStream	管道输入流
ByteArrayInputStream	从字节数组读取的输入流
SequenceInputStream	将 n 个输入流联合起来,一个接一个按一定顺序读取
StringBufferInputStream	字符串缓冲输入流
ObjectInputStream	对象输入流
OutputStream	抽象类,描述流的输入
FileOutputStream	写入文件的输出流
FilterOutputStream	过滤输出流
DataOutputStream	包含写 Java 标准数据类型的输出流
BufferedOutputStream	缓冲输出流
PrintStream	包含 print() 和 println() 的输出流
PipedOutputStream	管道输出流
ByteArrayOutputStream	写入字节数组的输出流
ObjectOutputStream	对象输出流

1. InputStream

所有字节输入流类的根类。主要的方法如下。

1) 从流中读取数据

(1) int read():读取一个字节,返回值为所读的字节。

(2) int read(byte b[]):读取多个字节,放置到字节数组 b 中,通常读取的字节数量为 b 的长度,返回值为实际读取的字节的数量。

(3) int read(byte b[], int off, int len):读取 len 个字节,放置到以下标 off 开始的字节数组 b 中,返回值为实际读取的字节的数量。

(4) int available():返回值为流中尚未读取的字节的数量。

(5) long skip(long n):读指针跳过 n 个字节不读,返回值为实际跳过的字节数量。

2) 关闭流

close():流操作完毕后必须关闭。

3）使用输入流中的标记

(1) void mark(int readlimit)：在此输入流中标记当前的位置。

(2) void reset()：把读指针重新指向用 mark 方法所记录的位置。

(3) boolean markSupported()：当前的流是否支持读指针的记录功能。

2. OutputStream

所有字节输出流类的根类。主要的方法如下。

1）输出数据

(1) void write(int b)：往流中写一个字节 b。

(2) void write(byte b[ ])：往流中写一个字节数组 b。

(3) void write(byte b[ ],int off,int len)：把字节数组 b 中从下标 off 开始,长度为 len 的字节写入流中。

2）刷空输出流

flush()：刷空输出流,并输出所有被缓存的字节。

3）关闭流

close()：流操作完毕后必须关闭。

7.3.2 文件字节流简介

1. FileInputStream

通过使用 FileInputStream 可以访问文件的一个字节、几个字节或整个文件。

1）构造方法

(1) FileInputStream(File file)：创建一个从指定的 File 对象读取数据的文件输入流。

(2) FileInputStream(String)：创建一个从指定名称的文件读取数据的文件输入流。

2）主要方法

(1) intavailable()：返回值为流中尚未读取的字节的数量。

(2) voidclose()：关闭当前文件输入流,并释放与它相关的任一系统资源。

(3) intread()：从当前输入流中读取一字节数据。

(4) int read(byte b[ ])：读取多个字节,放置到字节数组 b 中,通常读取的字节数量为 b 的长度。

(5) int read(byte b[ ], int off, int len)：读取 len 个字节,放置到以下标 off 开始的字节数组 b 中,返回值为实际读取的字节的数量。

(6) longskip(long)：读指针跳过 n 个字节不读,返回值为实际跳过的字节数量。

2. FileOutputStream

通过使用 FileOutputStream 向文件中写数据。

1）构造方法

(1) FileOutputStream(File file)：创建一个向指定 File 对象表示的文件中写入数据的

文件输出流。

(2) FileOutputStream(File file, boolean append)：创建一个向指定 File 对象表示的文件中写入数据的文件输出流，并指定是否为添加方式。

(3) FileOutputStream(String name)：创建一个向具有指定名称的文件中写入数据的输出文件流。

(4) FileOutputStream(String name, boolean append)：创建一个向具有指定 name 的文件中写入数据的输出文件流，并指定是否为添加方式。

2) 主要方法

(1) voidclose()：关闭当前文件输出流，且释放与它相关的任一系统资源。

(2) void write(int b)：往流中写一个字节 b。

(3) void write(byte b[])：往流中写一个字节数组 b。

(4) void write(byte b[], int off, int len)：把字节数组 b 中从下标 off 开始，长度为 len 的字节写入流中。

7.3.3 案例 7-3 用字节流复制文件

设计一个程序利用字节流复制文件。在窗体上通过文本框输入源文件和目标文件，单击【复制】按钮开始复制，并在文本区中显示复制信息。运行界面如图 7-4 所示。

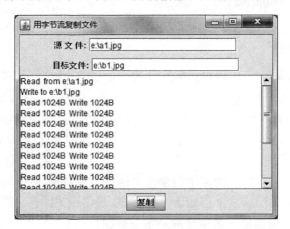

图 7-4 用字节流复制文件

【技术要点】

利用源文件建立 File 对象，并建立相应的文件输入流对象；利用目标文件建立另一个 File 对象，并建立相应的文件输出流对象。再利用输入流的 read()方法读数据，用输出流的 write()方法写数据，一边读，一边写，完成复制。

【设计步骤】

(1) 在 NetBeans 中新建一个 Java 应用程序项目，项目命名为 Exam7_3_3。

(2) 在项目中建立包 exam7_3_3，并在该包下建立类 CopyPicture，编写代码如下所示。

```
package exam7_3_3;
```

```java
import java.io.*;
import java.awt.*;
import java.awt.event.*;
import javax.swing.*;
public class CopyPicture extends JFrame implements ActionListener {
    JTextField t1 = new JTextField(20);
    JTextField t2 = new JTextField(20);
    JTextArea tt = new JTextArea(10, 10);
    JButton btn = new JButton("复制");
    public CopyPicture() {
        JPanel p1 = new JPanel();
        p1.add(new JLabel("源 文 件:"));
        p1.add(t1);
        JPanel p2 = new JPanel();
        p2.add(new JLabel("目标文件:"));
        p2.add(t2);
        JPanel top = new JPanel(new GridLayout(2, 1));
        top.add(p1);
        top.add(p2);
        JScrollPane center = new JScrollPane(tt);
        JPanel bottom = new JPanel();
        bottom.add(btn);
        this.getContentPane().add(top, "North");
        this.getContentPane().add(center, "Center");
        this.getContentPane().add(bottom, "South");
        btn.addActionListener(this);
        setTitle("用字节流复制文件");
        setSize(300, 220);
        setVisible(true);
    }
    public void actionPerformed(ActionEvent e) {
        final int bsize = 1024;                              //定义缓冲区大小
        byte[] buffer = new byte[bsize];                     //创建缓冲区
        try {
            File inputFile = new File(t1.getText());         //定义读取的文件源
            File outputFile = new File(t2.getText());        //定义复制的目标文件
            if (!outputFile.exists()) {
                outputFile.createNewFile();
            }
            FileInputStream fis = new FileInputStream(inputFile);
            FileOutputStream fos = new FileOutputStream(outputFile);
            tt.setText("");                                  //清空
            tt.append("Read from " + inputFile.getAbsolutePath() + "\n");
            tt.append("Write to " + outputFile.getAbsolutePath() + "\n");
            int bytes;
            while ((bytes = fis.read(buffer, bsize)) != -1) {
                fos.write(buffer, 0, bytes);
                tt.append("Read " + bytes + "B" + "  Write " + bytes + "B" + "\n");
            }
            tt.append("复制完成 \n");
            fis.close();                                     //关闭输入流
```

```
                fos.close();                              //关闭输出流
            } catch (Exception err) {
                tt.setText("复制失败");
            }
        }
        public static void main(String[] args) throws IOException {
            JFrame.setDefaultLookAndFeelDecorated(true);
            new CopyPicture();
        }
    }
```

(3) 保存并运行程序。

7.4 数据流和对象流

按字符或字节进行流的操作是最基本的。但是，有的时候我们希望能直接按数据类型读写数据，如写一个整数、写一个浮点数等。也可能希望直接写对象。Java 提供的数据流和对象流可以满足这种需要。

7.4.1 数据流简介

数据流(DataInputStream 和 DataOutputStream)以与机器无关的方式读取和写数据。这里的数据指的是 Java 的基本数据类型和 String。基本数据类型包括 byte、int、char、long、float、double、boolean 和 short。

DataInputStream 扩展了 FilterInputStream 类，并实现了 DataInput 接口。DataOutputStream 扩展了 FilterOutputStream 类，并实现了 DataOutput 接口。它们的功能就是把二进制的字节流转换成 Java 的基本数据类型，同时还提供了从数据中使用 UTF-8 编码构建 String 的功能。

这两个流要在底层流基础上建立，构造方法如下。

(1) DataInputStream(InputStream in)：创建一个指向底层输入流的数据输入流。

(2) DataOutputStream(OutputStream out)：创建一个指向底层输出流的数据输出流。

在 DataInputStream 和 DataOutputStream 两个类中的方法都很简单，基本结构为 readXXXX()和 writeXXXX()。其中，XXXX 代表基本数据类型或者 String。

下面的示例程序向文件中写入不同类型的数据，然后再按不同的类型读取数据。

```
package exam7_4_1;
import java.io.*;
public class DataStreamDemo {
    public static void main(String args[]) {
        try {
            FileOutputStream out = new FileOutputStream("e:\\io.txt");
            DataOutputStream dout = new DataOutputStream(out);
            dout.writeByte(-12);
```

```
            dout.writeLong(12);
            dout.writeChar('1');
            dout.writeFloat(1.01f);
            dout.writeUTF("好");
            dout.close();
        } catch (IOException e) {
            e.printStackTrace();
        }
        try {
            FileInputStream in = new FileInputStream("e:\\io.txt");
            DataInputStream din = new DataInputStream(in);
            System.out.println(din.readByte());
            System.out.println(din.readLong());
            System.out.println(din.readChar());
            System.out.println(din.readFloat());
            System.out.println(din.readUTF());
            din.close();
        } catch (IOException e) {
            e.printStackTrace();
        }
    }
}
```

上述程序的运行结果如下所示。

-12
12
1
1.01
好

7.4.2 对象流简介

Java 中可以通过对象的串行化来实现保存对象的功能。串行化是指对象通过把自己转化为一系列字节,记录字节的状态数据,以便再次利用的这个过程。

1. 串行化

对象通过写出描述自己状态的数值来记录自己,这个过程叫对象的串行化(Serialization)。在 java.io 包中,接口 Serializable 用来作为实现对象串行化的工具,只有实现了 Serializable 的类的对象才可以被串行化。Serializable 接口中没有定义任何方法,只是一个特殊标记,用来告诉 Java 编译器,这个对象参加了串行化的协议。

2. 对象的输入输出流

要串行化一个对象,必须与一定的对象输入/输出流联系起来,通过对象输出流将对象状态保存下来,再通过对象输入流将对象状态恢复。

java.io 包中,提供了 ObjectInputStream 和 ObjectOutputStream 将数据流功能扩展至

可读写对象。使用 ObjectInputStream 的 readObject()方法可以读取一个对象,使用 ObjectOutputStream 的 writeObject()方法可以将对象保存到输出流中。

3. 串行化的注意事项

1)串行化能保存的元素

只能保存对象的非静态成员变量,不能保存任何的成员方法和静态的成员变量,而且串行化保存的只是变量的值,对于变量的任何修饰符都不能保存。

2)某些对象不能串行化

不是所有的类对象都可串行化,比如 Thread 对象、FileInputStream 对象,这些对象的状态是瞬时的,因而这些对象的串行化过程无法进行。

3)定义自己的读取数据流的方式

默认的串行化机制是,对象串行化首先写入类数据和类字段的信息,然后按照名称的上升排列顺序写入其值。如果想自己明确地控制这些值的写入顺序和写入种类,必须定义自己的读取数据流的方式,即在类的定义中重写 writeObject()和 readObject()方法。

7.4.3 案例 7-4 为绘图软件增加保存和打开功能

为案例 5-2 设计的绘图软件增加保存和打开功能。运行的界面如图 7-5 所示。

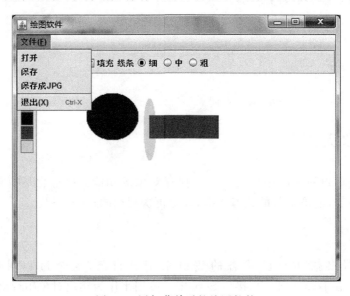

图 7-5 添加菜单后的绘图软件

【技术要点】

(1)绘图软件界面上绘制每个图形元素在 drawBoard.list 中都有对应对象,如果能将 drawBoard.list 保存,打开时恢复,然后刷新 drawBoard,即可重画图形。

(2)要保存 list,list 所存的对象必须都是序列化对象,为此要修改 Shape 类,使其实现 Serializable 接口,这样其子类也就都实现了这个接口。

（3）通过对象输出流的 writeObject()方法将 list 保存到文件中。再通过对象输入流的 readObject()方法从文件中读出 list 对象。

【设计步骤】

（1）在 NetBeans 中打开案例 5-2 设计的绘图软件。

（2）打开 Shape 类，使其实现 Serializable 接口。

```
public abstract class Shape implements IShape,Serializable {
    …
}
```

（3）打开 DrawWindow 类，为其增加菜单，添加打开、保存、保存成 JPG 的方法，添加菜单的事件处理代码。

```
public class DrawWindow extends JFrame implements ActionListener {
    JMenuBar menuBar;
    JMenu menu;
    JMenuItem m1, m2, m3,m4;
    …
    public DrawWindow() {
        …
        createMenu();
        …
    }
    private void createMenu() {
        menuBar = new JMenuBar();                    //建菜单条
        menu = new JMenu("文件(F)");
        menu.setMnemonic('F');                       //设置热键
        m1 = new JMenuItem("打开");
        m2 = new JMenuItem("保存");
        m3 = new JMenuItem("保存成 JPG");
        m4 = new JMenuItem("退出(X)");
        m4.setAccelerator(KeyStroke.getKeyStroke('X', 2));
        menu.add(m1);
        menu.add(m2);
        menu.add(m3);
        menu.addSeparator();                         //分割线的意思
        menu.add(m4);
        m1.addActionListener(this);
        m2.addActionListener(this);
        m3.addActionListener(this);
        m4.addActionListener(this);
        menuBar.add(menu);
        this.setJMenuBar(menuBar);
    }
}
    private void saveToJpg() {
        try {
            JFileChooser chooser = new JFileChooser();
            FileNameExtensionFilter fnef = new FileNameExtensionFilter("Graphic Files (.dat)", "jpg");
```

```java
                chooser.addChoosableFileFilter(fnef);
                int returnVal = chooser.showSaveDialog(null);
                if (returnVal == JFileChooser.APPROVE_OPTION) {
                    File file = chooser.getSelectedFile();
                    BufferedImage img = new BufferedImage(drawBoard.getWidth(),
             drawBoard.getHeight(), BufferedImage.TYPE_INT_RGB);
                    drawBoard.printAll(img.getGraphics());
                    ImageIO.write(img, "jpg", file);
                }
            } catch (IOException e) {
                e.printStackTrace();
            }
        }
        private void save() {
            try {
                JFileChooser chooser = new JFileChooser();
                FileNameExtensionFilter fnef = new FileNameExtensionFilter("Graphic Files (.dat)",
         "dat");
                chooser.addChoosableFileFilter(fnef);
                int returnVal = chooser.showSaveDialog(null);
                if (returnVal == JFileChooser.APPROVE_OPTION) {
                    File file = chooser.getSelectedFile();
                    FileOutputStream fo = new FileOutputStream(file);
                    ObjectOutputStream so = new ObjectOutputStream(fo);
                    so.writeObject(drawBoard.list);
                    so.close();
                    fo.close();
                }
            } catch (IOException e) {
                e.printStackTrace();
            }
        }
        private void open() {
            try {
                JFileChooser chooser = new JFileChooser();
                FileNameExtensionFilter fnef = new FileNameExtensionFilter("Graphic Files (.dat)",
         "dat");
                chooser.addChoosableFileFilter(fnef);
                int returnVal = chooser.showOpenDialog(null);
                if (returnVal == JFileChooser.APPROVE_OPTION) {
                    File file = chooser.getSelectedFile();
                    FileInputStream fi = new FileInputStream(file);
                    ObjectInputStream si = new ObjectInputStream(fi);
                    drawBoard.list = (List<Shape>) si.readObject();
                    drawBoard.repaint();
                    si.close();
                    fi.close();
                }
            } catch (Exception e) {
                e.printStackTrace();
            }
```

```
        }
        @Override
        public void actionPerformed(ActionEvent e) {
            …
            } else if (e.getSource() == m1) {
                open();
            } else if (e.getSource() == m2) {
                save();
            } else if (e.getSource() == m3) {
                saveToJpg();
            }else if (e.getSource() == m2) {
                System.exit(0);
            }
            drawBoard.requestFocus();
        }
    }
```

小结

File 类是文件管理的基础，它不仅能够对文件进行操作，而且能够对目录进行操作。

文件过滤器(FileFilter)和文件选择对话框(JFileChooser)有助于查找特定文件。

Java 把不同类型的输入、输出源抽象为流(Stream)，用统一的接口来表示，从而使程序简单明了。

字符流以字符为基本单位处理数据。所有字符流类都从 Reader 或 Writer 派生而来，这类流以 16 位的 Unicode 码表示的字符为基本处理单位。FileReader 和 FileWriter 是两个重要的字符流，用于对文本文件进行操作。

使用 java.util 包下面的类 Properties 可以方便地存取配置文件(属性文件和 XML 文件)。

字节流以字节为基本单位处理数据。所有字节流类都是从 InputStream 或 OutputStream 派生而来。这些类流以字节为基本处理单位。FileInputStream 和 FileOutputStream 是两个重要的字节流，用于以二进制方式对文件进行操作。

使用数据流(DataInputStream 和 DataOutputStream)可以按基本类型和 String 读写数据。使用对象流(ObjectInputStream 和 ObjectOutputStream)可以按对象读写数据。

习题

一、思考题

7-1　File 类有哪些构造方法和常用方法？

7-2　什么是流？Java 中定义了哪几种流？它们的共同抽象基类是什么？

7-3　字节流和字符流有什么区别？

7-4　System.out 和 System.in 都是什么类型的流?

7-5　如何读取属性文件?

7-6　DataOutputStream 和 PrintStream 之间有什么区别?

7-7　利用 ObjectOuputStream 可以存储什么样的对象?写入对象的方法是什么?读取对象的方法是什么?

7-8　什么是对象的串行化?对象串行化的作用是什么?

二、程序题

7-9　编写一个程序,在当前目录下创建一个子目录 test,在这个新创建的子目录下创建一个文件,并把这个文件设置成只读。

7-10　设计程序能够将两个文本文件合并成一个文本文件。

7-11　建立一个简单的文件编辑器,实现文件的打开、修改、保存等功能。

7-12　创建一个图书对象,并把它输出到一个文件 bool.dat 中,然后再把该对象读出来,在屏幕上显示对象信息。

实验

题目:建立一个日记本

一、实验目的

(1) 掌握目录的基本操作方法;

(2) 掌握文件的基本操作方法;

(3) 会利用文件流操作文件;

(4) 熟悉文件对话框的使用;

(5) 培养 Java 程序设计能力。

二、实验要求

建立一个日记本,具有日历和日记功能。要求:

在窗体上设计一个日历,在日历上选择一个日期后,单击【日记】按钮,要求输入密码,正确输入密码后进入日记编辑界面,可以输入新的内容或修改原有内容。日记以文本文件的形式存储,以日期为文件名;一个年份的日记放在一个文件夹下(文件夹以年命名)。

第8章 Java 多线程机制

【内容简介】

多线程编程就是将程序任务分成几个并行的子任务,各个子任务相对独立地并发执行,这样可以提高程序的性能和效率。Java 语言提供了内置的多线程机制,JVM 也为多线程应用提供了多种服务。本章将详细介绍线程的概念、线程的创建方法、线程的状态及控制、线程组与线程优先级、线程同步与通信等主要知识。

本章将通过"为学生管理系统增加启动界面和状态时钟"、"图片浏览程序"、"取款和存款"、"哲学家用餐问题"、"吃苹果"5个案例,帮助读者系统地掌握 Java 线程的相关知识。

通过本章的学习,读者将初步具有利用 Java 语言编写多线程程序的能力。

【教学目标】

- 理解线程的概念,掌握线程与进程的区别;
- 掌握线程的建立方法;
- 掌握线程控制的基本方法;
- 理解线程同步和通信机制;
- 能编写简单的多线程应用程序。

8.1 线程概述

8.1.1 线程与进程

一个进程就是一个执行中的程序。每一个进程都有自己独立的一块内存空间、一组系统资源。在进程概念中,每一个进程的内部数据和状态都是完全独立的。多进程是指在操作系统中能同时运行多个程序。

线程与进程相似,是一段完成某个特定功能的代码,是程序中的一个执行流;但与进程不同的是,同一个类的多个线程是共享一块内存空间和一组系统资源,而线程本身的数据通常只有微处理器的寄存器数据,以及一个供程序执行时使用的堆栈。所以系统在产生一个线程或者在各个线程之间切换时,负担要比进程小得多,正因如此,线程被称为轻量级进程。

一个进程在其执行过程中,可以产生多个线程。每个线程是进程内部单一的一个执行流。多线程则指的是在单个程序中可以同时运行多个不同的线程,执行不同的任务。

(1) 基于进程的特点是允许计算机同时运行两个或更多的程序。
(2) 基于线程的多任务处理环境中,线程是最小的处理单位。
(3) 每个进程的内部数据和状态都是完全独立的。
(4) 一个进程内的多线程是共享一块内存空间和一组系统资源,有可能互相影响。
(5) 线程的切换比进程切换的负担要小。

8.1.2 线程的优点

恰当地使用线程，可以降低开发和维护的开销，并且能够提高复杂应用的性能，改进应用程序响应速度。

(1) 方便调度和通信。与进程相比，多线程是一种非常"节俭"的多任务操作方式。

(2) 改进应用程序响应。这对图形界面的程序尤其有意义，当一个操作耗时很长时，整个系统都会等待这个操作，此时程序不会响应键盘、鼠标、菜单的操作，而使用多线程技术，将耗时长的操作置于一个新的线程，可以避免这种尴尬的情况。

(3) 提高系统效率。特别是使多 CPU 系统更加有效，操作系统会保证当线程数不大于 CPU 数目时，不同的线程运行于不同的 CPU 上。

(4) 改善程序结构。一个既长又复杂的进程可以考虑分为多个线程，成为几个独立或半独立的运行部分，这样的程序会利于理解和修改。

8.1.3 线程体与线程载体

Java 中要实现线程，需要使用 Runnable 接口。该接口包含一个 run()方法。实现 Runnable 接口的类都需要具体实现这个 run()方法。run()方法是一个特殊的方法，它可以被运行系统自动识别和执行，并且可以和其他线程同步运行，称为线程体。实现 Runnable 接口的类称为线程载体类。线程载体类的实例称为线程载体或线程目标对象。

8.2 线程的创建

在 Java 中用 Thread 来表示线程，建立线程都必须通过 Thread。可以直接继承 Thread 建立线程，也可先通过实现 Runnable 接口建立线程载体类，然后其对象作为参数使用 Thread 建立线程。

8.2.1 Thread 类

Thread 类用来创建线程或对线程进行操作。Thread 的构造方法如下。

(1) public Thread()；
(2) public Thread(Runnable target)；
(3) public Thread(Runnable target,String name)；
(4) public Thread(String name)；
(5) public Thread(ThreadGroup group,Runnable target)；
(6) public Thread(ThreadGroup group,String name)；
(7) public Thread(ThreadGroup group,Runnable target,String name)；

其中，group 指明该线程所属的线程组；target 为线程目标对象，它必须实现接口 Runnable；name 为线程名。如果 name 为 null 时，则 Java 自动提供唯一的名称。

Thread 的常用方法如下。
(1) ThreadGroup getThreadGroup()：返回当前线程所属的线程组。
(2) static int activeCount()：返回激活的线程数。
(3) static void yield()：使正在执行的线程临时暂停，并允许其他线程执行。
(4) staticThread currentThread()：返回正在运行的 Thread 对象。
(5) static voidyield()：停止运行当前线程，让系统运行下一个线程。
(6) void setPriority(int p)：给线程设置优先级。
(7) int getPriority()：返回线程的优先级。
(8) void setName(String name)：给线程设置名称。
(9) String getName()：取线程的名称。

8.2.2 创建线程的两种方式

1. 实现 Runnable 接口创建线程

创建线程的最基本方法就是定义一个线程载体类，该类实现了 Runnable 接口，并具体实现了 run()方法。run()方法中包含线程执行的具体内容。通过 Runnable 接口建立线程的基本步骤如下。

第一步：定义一个线程载体类，该类实现了 Runnable 接口。

```
class ThreadTargetClass implements Runnable {
    ...
}
```

第二步：具体实现 run()方法，在该方法中编写线程执行的代码。

```
public void run() {
    //此处为线程执行的具体内容
}
```

第三步：建立线程载体对象。

```
ThreadTargetClass obj = new ThreadTargetClass();        //建立线程目标对象
```

第四步：利用线程载体对象建立线程。

```
th = new Thread(obj);                                   //建立线程,需要利用 Thread 类
```

第五步：启动线程。

```
th.start();                                             //启动线程
```

2. 扩展 Thread 类建立线程

Thread 是 java.lang 包中提供的用于建立线程的类。Thread 类实现了 Runnable 接口，可以直接继承它来建立线程。继承 Thread 类也需要重写 run()方法。与实现 Runnable 接口建立线程的方法不同的是，继承 Thread 的实例本身就是线程；而实现了 Runnable 接

口的类,还需要借助 Thread 的构造方法建立线程。由于 Java 只支持单重继承,因此这种方法不能直接用在已继承其他类的类上。通过继承 Thread 类建立线程的基本步骤如下。

第一步:建立一个类,继承 Thread。

```
class MyThread extends Thread {
    …
}
```

第二步:根据线程的需要定义构造方法,以便传递所需要的参数。

```
public MyThread(…) {
    …
}
```

第三步:重写 run()方法。

第四步:建立并启动线程。

```
MyThread th = new MyThread(…);              //建立线程
th.start();                                  //启动线程
```

3. 建立线程的两种方式的比较

1) 使用 Runnable 接口
(1) 可以将代码和数据分开,形成清晰的模型;
(2) 还可以从其他类继承;
(3) 保持程序风格的一致性。
2) 直接继承 Thread 类
(1) 不能再从其他类继承;
(2) 编写简单,可以直接操纵线程。

8.2.3 案例 8-1 为学生管理系统增加启动界面和状态时钟

利用线程序设计学生管理系统启动界面和一个状态时钟,启动界面运行效果如图 8-1 所示,状态时钟运行效果如图 8-2 所示。在状态栏上显示一个动态文字时钟,每隔 1s 刷新一次。

图 8-1　学生管理系统进入界面

图 8-2 带时钟状态栏的运行界面

【技术要点】

（1）启动界面定义一个类，继承 Thread，在线程体中不断循环增加进度条的状态值，直到等于 100 为止。

（2）状态栏是一个面板类的派生类，实现 Runnable 接口。在线程体中通过 Date 获得当前时间，再利用 SimpleDateFormat 进行格式化。线程体不断循环取得时间并设置到标签上。

【设计步骤】

（1）在 NetBeans 下打开学生管理系统项目。

（2）在 xsgl.view 包下新建一个类，命名为 SplashWindow，编写代码如下所示。

```java
package xsgl.view;
import java.awt.*;
import javax.swing.*;
public class SplashThread extends Thread {
    SplashWindow fp;
    public SplashThread(SplashWindow fp) {
        this.fp = fp;
    }
    @Override
    public void run() {                                  //动作事件的方法
        while (fp.progressBar.getValue() < 100) {
            fp.progressBar.setValue(fp.progressBar.getValue() + 1);
            try {
                Thread.sleep(200);
            } catch (InterruptedException ex) {
            }
        }
    }
```

```java
        fp.dispose();
        new xsgl.control.MainWindow();
    }
}
public class SplashWindow extends JWindow {
    JLabel back = new JLabel(new ImageIcon("school.jpg"));    //显示图形的标签
    JProgressBar progressBar = new JProgressBar(1, 100);      //进度条
    public SplashWindow() {
        Container con = this.getContentPane();
        setCursor(Cursor.getPredefinedCursor(Cursor.WAIT_CURSOR));
        progressBar.setStringPainted(true);                   //允许进度条显示文本
        progressBar.setString("正在加载程序……");              //设置进度条文本
        con.add(back, "Center");                              //将标签添加到内容面板
        con.add(progressBar, "South");                        //将进度条添加到内容面板
        setSize(400, 300);                                    //设置界面大小
        toFront();                                            //使界面移到最前
        Dimension size = Toolkit.getDefaultToolkit().getScreenSize();
        setLocation((size.width - getWidth()) / 2,
            (size.height - getHeight()) / 2);
        setVisible(true);                                     //使窗口可见
        Thread th = new SplashThread(this);                   //建立线程
        th.start();                                           //启动线程
    }
    public static void main(String args[]) {
        new SplashWindow();                                   //建立窗口
    }
}
```

(3) 在 xgsl.view 包下新建立一个类 StatusBar，编写代码如下所示。

```java
package xsgl.view;
import java.awt.*;
import java.text.SimpleDateFormat;
import java.util.Date;
import javax.swing.*;
import javax.swing.border.*;
public class StatusBar extends JPanel implements Runnable {
    JLabel labShow = new JLabel("", JLabel.LEFT);
    Thread th = null;                                         //定义线程变量
    public StatusBar() {
        setLayout(new FlowLayout(FlowLayout.LEFT));
        this.setBorder(BorderFactory.createBevelBorder(BevelBorder.LOWERED));
        add(labShow);
        th = new Thread(this);                                //建立线程
        th.start();                                           //启动线程
    }
    public void run() {                                       // 线程执行的内容,即线程体
        while (true) {
            Date dd = new Date();                             //建立时间对象
            SimpleDateFormat ft = new SimpleDateFormat("yy-MM-dd hh:mm:ss");
            labShow.setText(ft.format(dd));                   //在文本框上显示时间
```

```
            try {
                Thread.sleep(1000);          //睡眠 1 秒,即每隔 1 秒执行一次
            } catch (InterruptedException e) {
            }
        }
    }
}
```

(4) 打开 MainWindow,在构造方法中添加一行代码,如下所示。

```
public MainWindow() {
    …
    add(new xsgl.view.StatusBar(),BorderLayout.SOUTH);
    …
}
```

(5) 保存并运行程序。

8.3 线程的状态与优先级

8.3.1 线程的状态

一个线程从被创建到停止执行要经历一个完整的生命周期。在这个生命周期中线程处于不同的状态。线程的状态用来表明线程的活动情况及线程在当前状态中能够完成的功能。线程的生命周期有 5 种状态,如图 8-3 所示。

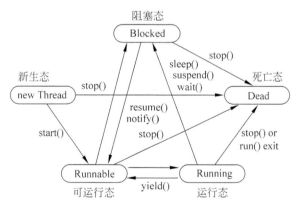

图 8-3 线程的状态

(1) 新生态(创建状态)(new Thread)。

新生态就是一个线程对象刚被 new 运算符生成的状态。如执行下列语句时,线程就处于创建状态。

```
Thread myThread = new MyThreadClass();
```

当一个线程处于创建状态时,它仅仅是一个空的线程对象,系统不为它分配资源。

(2) 可运行态(Runnable)。

对处于创建状态的线程进行启动操作,则该线程进入了可运行态。例如:

```
Thread myThread = new MyThreadClass();
myThread.start();
```

可运行态也称为就绪态。当一个线程处于可运行状态时,系统为这个线程分配了它需要的系统资源,安排其运行并调用线程运行方法,这样就使得该线程处于可运行(Runnable)状态。需要注意的是,这一状态并不是运行状态(Running),因为线程也许实际上并未真正运行。由于很多计算机都是单处理器的,所以要在同一时刻运行所有的处于可运行状态的线程是不可能的,Java 的运行系统必须实现调度来保证这些线程共享处理器。

(3) 运行态(Runnable)。

正在运行的线程处于运行态,此时该线程独占 CPU 的控制权。如果有更高的优先级线程出现,则该线程将被迫放弃控制权进入可运行态。使用 yield()方法可以使线程主动放弃 CPU 控制权。线程也可能由于执行结束或执行 stop()方法放弃控制权进入死亡态。

(4) 阻塞态(Blocked)。

阻塞态也称不可运行态,进入这种状态的原因有如下几个。

① 调用了 sleep()方法。

② 调用了 suspend()方法。

③ 该线程正在等待 I/O 操作完成。

④ 调用 wait()方法。

⑤ 输入输出流中发生线程阻塞。

处于阻塞态的线程回到可运行态,有以下几种情况。

① 调用 sleep()方法进入了休眠状态,等待指定的时间之后,自动脱离阻塞态。

② 如果线程为了等待一个条件变量而调用了 wait()方法进入了阻塞态,需要这个条件变量所在的那个对象调用 notify()或 notifyAll()方法。

③ 如果一个线程调用 suspend()方法被挂起而进入了阻塞状态,必须在其他线程中调用 resume()方法。

④ 如果线程由于等待 I/O 而进入了阻塞状态,只能等待这个 I/O 操作完成之后,系统调用特定的指令来使该线程恢复可运行状态。

(5) 死亡态(Dead)。

线程的终止一般可通过两种方法实现:自然撤销(线程执行完)或是被停止。

8.3.2 线程的控制

线程从创建到灭亡主要经历 5 种状态,借助 Thread 类所提供的方法,可以实现这些状态之间的转换,从而达到对线程的控制。

1. 线程控制的基本方法

1) 启动线程

启动线程使用 start()方法。该方法将启动线程对象,使之从新建状态转入可运行状态。

2) 终止线程

终止后的线程,生命周期结束,即进入死亡态,不能再被调度执行。以下两种情况,线程进入终止状态。

(1) 线程执行完其 run()方法后,会自然终止。

(2) 通过调用线程的实例方法 stop()来终止线程,使之转入到死亡状态。

3) 使线程休眠

使线程休眠使用 sleep()方法。该方法使得当前的线程停止运行,在指定的时间内处于休眠堵塞。这个方法有以下两种格式。

(1) static void sleep(long millis)

(2) static void sleep(long millis, int nanos)

其中,millis 单位为毫秒(千分之一秒),nanos 单位为纳秒(十亿分之一秒)。

4) 检测线程状态

可以通过 Thread 中的 isAlive()方法来获取线程是否处于活动状态;线程启动后,直到其被终止之间的任何时刻,都处于活动状态。

5) 暂停与恢复

线程的暂停和恢复,通过调用线程的 suspend()方法使线程暂时由可运行态切换到不可运行态,若此线程想再回到可运行态,必须由其他线程调用 resume()方法来实现。

6) 线程的等待

join()方法可以使当前正在运行的线程暂时停下来,等待调用该方法的线程结束后,再恢复执行。该方法有以下三种格式。

(1) void join()

(2) void join(long millis)

(3) void join(long millis, int nanos)

后两个方法表明等待指定的时间后,再恢复执行当前线程。

2. 线程控制的改进方法

上面提到的 stop()、suspend()和 resume()等方法在 JDK 1.2 以后的版本中已经被列为过期方法,只是为了支持向下兼容而保留下来的。这些方法在 Java 虚拟机中可能引起一些无法预知或者无法调度的错误。为此做如下改进,利用标记变量来控制线程正常结束;借助 wait()和 notify()实现 suspend()、resume()方法的功能。例如:

```
class MyThread extends Thread {
    …
    private volatile Thread blinker;                    //监视变量,控制线程
    private volatile boolean threadSuspended;           //控制暂停的变量
    MyThread(PicturesSwitch fp) {
        …
        blinker = this;
    }
    @Override
    public void run() {
```

```
            Thread thisThread = Thread.currentThread();
            while (blinker == thisThread) {          //监视变量等于当前线程序则循环,否则停止
                try {
                    Thread.sleep(1000);
                    synchronized (this) {
                        while (threadSuspended && blinker == thisThread) {
                                                     //暂停变量为 true 且监视变量等于当前线程序
                            wait();                  //使线程处于等待状态
                        }
                    }
                } catch (InterruptedException e){
                }
                …
            }
        }
        public synchronized void newstop() {         //停止线程方法
            blinker = null;
            notify();                                //唤醒等待的线程
        }
        public synchronized void newsuspend() {      //暂停线程方法
            threadSuspended = true;
        }
        public synchronized void newresume() {       //恢复线程方法
            threadSuspended = false;
            notify();                                //唤醒等待的线程
        }
    }
```

8.3.3 线程组与线程优先级

1. 线程组

一个线程组是线程的一个集合。有些程序包含相当多的具有类似功能的线程。为了方便,可以将它们合在一起作为一个整体进行操作。例如,可以同时挂起或唤醒同一组的所有线程。

用户创建的每个线程均属于某线程组,这个线程组可以在线程创建时指定,也可以不指定线程组以使该线程处于默认的线程组之中。但是,一旦线程加入某线程组,该线程就一直存在于该线程组中直至线程死亡,不能在中途改变线程所属的线程组。当 Java 的应用程序运行时,JVM 创建名称为 main 的线程组。除非单独指定,在该应用程序中创建的线程均属于 main 线程组。在 main 线程组中可以创建其他名称的线程组并将其他线程加入到该线程组中,以此类推,构成树状关系。

可以通过使用如下代码获取此线程所属线程组的名称。

```
String s = Thread.currentThread().getThreadGroup().getName();
```

以下列出使用线程组的主要步骤。

(1) 创建线程组。

```
ThreadGroup g = new ThreadGroup("groupname");          //groupname 为线程组唯一的名字
```

(2) 使用 Thread 构造方法将一个线程放到线程组中。

```
Thread th = new Thread(g, threadObj, "thread name");
```

(3) 使用 activeCount()确定组里有多少个线程处于运行阶段。

```
int n = g.activeCount();
```

(4) 通过线程组控制线程。与线程类似,可以针对线程组对象进行线程组的调度、状态管理以及优先级设置等。

2. 线程优先级

线程通常是在一个线程队列中等待接受处理机的调度。线程队列根据线程所拥有的优先级和线程就绪的时间来排队。优先级是线程获得 CPU 调度的优先程度。优先级高的线程排在线程队列的前端,优先获得处理机的控制权,可以在短时间内进入运行状态。而优先级低的线程获得处理机控制权的机会就相对小一些。如果两个或多个线程的优先级相同,则操作系统通常采用先进先出的方法对线程进行排队,即根据线程等待服务的时间排序。

Java 中线程的优先级是用数字 1~10 来表示的。并且在 Thread 类中定义了以下三个常量。

(1) NORM_PRIORITY:值为 5。

(2) MAX_PRIORITY:值为 10。

(3) MIN_PRIORITY:值为 1。

默认的优先级为 NORM_PRIORITY。与线程优先级有关的方法有以下两个。

(1) final void setPriority(int newp):修改线程的当前优先级。

(2) final int getPriority():返回线程的优先级。

下面的示例演示了线程优先级的设置对程序运行的影响。程序运行后,主线程等待子线程运行 5s 后,结束停止子线程,两个子线程均计数,由于优先级不同,运行的次数不同,最后统计出的数字不一样,优先级高度要多。运行界面如图 8-4 所示。

图 8-4 数据程序运行结果

```
package exam8_3_3;
import javax.swing.*;
public class PriorityDemo {
    public static void main(String args[]) {
        Count th1, th2;                                    //定义线程
        Thread.currentThread().setPriority(Thread.MAX_PRIORITY);
        th1 = new Count(Thread.MAX_PRIORITY - 1);          //建立新线程序,并设置较高的优先级别
        th2 = new Count(Thread.MIN_PRIORITY + 2);          //建立新线程序,并设置较低的优先级别
        th1.start();
        th2.start();
        try {
```

```java
                Thread.sleep(5000);
            } catch (InterruptedException e) {
                System.out.println(e.getMessage());
            }
            th1.newstop();
            th2.newstop();
            try {
                th1.join();
                th2.join();
            } catch (InterruptedException e) {
                System.out.println(e.getMessage());
            }
            String msg = "优先级高的线程数了" + th1.n + "次\n"
            + "优先级低的线程数了" + th2.n + "次\n";
            JOptionPane.showMessageDialog(null, msg);
            System.exit(0);
        }
    }
    class Count extends Thread {
        long n = 0;
        boolean running = true;
        public Count(int p) {
            setPriority(p);
        }
        @Override
        public void run() {
            while (running) {
                n++;
            }
        }
        public void newstop() {
            running = false;
        }
    }
```

8.3.4 案例 8-2 图片浏览程序

本案例是一个图片浏览程序，能够自动切换图片，运行界面如图 8-5 所示。

【技术要点】

(1) 使用线程控制实现图片自动切换控制，在线程体 run()方法中，通过改变组合框的索引值来切换图片。

(2) 图片的显示使用标签。所有的标签放置在一个 JPanel 面板上，该面板使用了 CardLayout 布局。上、下翻页使用了卡片布局的 next()和 previous()方法实现；组合框切换图片使用卡片布局的 show()方法实现。

【设计步骤】

(1) 在 NetBeans 中建立一个 Java 应用程序项目，命名为 Exam8_3_4。

图 8-5 图片浏览程序运行界面

（2）在项目中建立一个包 exam8_3_4，在该包下建立 PicturesSwitch 类，代码如下所示。

```java
package exam8_3_4;
import java.awt.*;
import java.awt.event.*;
import javax.swing.*;
public class PicturesSwitch extends JFrame implements ActionListener,
ItemListener {
String fname[] = new String[10];                   //图片文件名数组
    MyCard p1;                                     //显示图片的面板
    MyThread th;                                   //线程变量
    JPanel p2 = new JPanel();                      //放置按钮的面板
    JButton[] b = new JButton[6];
    String[] buttonTitle = {"开始","停止","暂停","恢复","下页","上页"};
    JComboBox cc = new JComboBox();                //下拉列表
    public PicturesSwitch() {
        for (int i = 0; i < 10; i++) {
            fname[i] = "y" + i + ".jpg";           //图片文件名 y0.jpg～y9.jpg
            cc.addItem("pic" + i);                 //向下拉列表填加项目
        }
        p1 = new MyCard(this);                     //建立面板
        for (int i = 0; i < 6; i++) {
            b[i] = new JButton(buttonTitle[i]);    //建立按钮
            p2.add(b[i]);
            b[i].addActionListener(this);
        }
        p2.add(cc);
        b[1].setEnabled(false);                    //初始时【停止】按钮为不可用
        b[2].setEnabled(false);                    //初始时【暂停】按钮为不可用
        b[3].setEnabled(false);                    //初始时【恢复】按钮为不可用
        cc.addItemListener(this);
        this.getContentPane().add(p1, "Center");
        this.getContentPane().add(p2, "South");
        setSize(500, 300);
```

```java
            setTitle("图片切换");
            setVisible(true);
        }
        @Override
        public void actionPerformed(ActionEvent e) {
            String s = e.getActionCommand();
            if (s.equals("开始")) {
                th = new MyThread(this);                    //建立线程
                th.start();                                 //启动线程
                for (int i = 0; i < 6; i++) {
                    b[i].setEnabled(false);
                }
                b[1].setEnabled(true);
                b[2].setEnabled(true);
                cc.setEnabled(false);
            } else if (s.equals("停止")) {
                th.newstop();                               //停止线程
                for (int i = 0; i < 6; i++) {
                    b[i].setEnabled(true);
                }
                b[1].setEnabled(false);
                b[2].setEnabled(false);
                b[3].setEnabled(false);
                cc.setEnabled(true);
            } else if (s.equals("暂停")) {
                th.newsuspend();                            //暂停线程
                for (int i = 0; i < 6; i++) {
                    b[i].setEnabled(false);
                }
                b[3].setEnabled(true);
            } else if (s.equals("恢复")) {
                th.newresume();                             //恢复线程
                for (int i = 0; i < 6; i++) {
                    b[i].setEnabled(false);
                }
                b[1].setEnabled(true);
                b[2].setEnabled(true);
            } else if (s.equals("下页")) {
                p1.dd.next(p1);
            } else if (s.equals("上页")) {
                p1.dd.previous(p1);
            }
        }
        public void itemStateChanged(ItemEvent e) {
            p1.dd.show(p1, (String) cc.getSelectedItem());
        }
        public static void main(String args[]) {
            new PicturesSwitch();
        }
    }
    class MyThread extends Thread {
```

```java
        PicturesSwitch fp;
        int n = 0, total = 0;
        private volatile Thread blinker;              //监视变量,控制线程
        private volatile boolean threadSuspended;     //控制暂停的变量
        MyThread(PicturesSwitch fp) {
            this.fp = fp;
            total = fp.fname.length;
            blinker = this;
        }
        @Override
        public void run() {
            Thread thisThread = Thread.currentThread();
            while (blinker == thisThread) {           //监视变量等于当前线程序则循环,否则停止
                try {
                    Thread.sleep(1000);
                    synchronized (this) {
                        while (threadSuspended && blinker == thisThread){
                            wait();                   //使线程处于等待状态
                        }
                    }
                } catch (InterruptedException e) {
                }
                fp.cc.setSelectedIndex(n);
                n = (n + 1) % total;
            }
        }
        public synchronized void newstop() {          //停止线程方法
            blinker = null;
            notify();                                 //唤醒等待的线程
        }
        public synchronized void newsuspend() {       //暂停线程方法
            threadSuspended = true;
        }
        public synchronized void newresume() {        //恢复线程方法
            threadSuspended = false;
            notify();                                 //唤醒等待的线程
        }
    }
}
class MyCard extends JPanel {
    CardLayout dd = new CardLayout();
    MyCard(PicturesSwitch fp) {
        setLayout(dd);                                //设置卡片布局
        for (int i = 0; i < fp.fname.length; i++) {
            add("pic" + i, new JLabel(new ImageIcon(fp.fname[i])));
        }
    }
}
```

(3) 保存并运行程序。

8.4 线程同步与通信

在包含多个线程的应用程序中,线程间有时会共享存储空间。当两个或多个线程同时访问同一共享资源时,必然会出现冲突问题。例如,一个线程可能尝试从一个文件中读取数据,而另一个线程则尝试在同一文件中修改数据。在这种情况下,数据可能会变得不一致。我们需要做的是允许一个线程彻底完成其任务后,再允许下一个线程执行。必须保证一个共享资源一次只被一个线程使用。实现此目的的过程称为同步。同步是 Java 程序设计的重要技术。

8.4.1 Java 线程同步机制

在 Java 语言中,线程同步是通过 synchronized 关键字实现的。被声明为同步的方法只能被线程顺序地使用,在一个线程对该方法的使用结束之前,该方法使用的任何资源是独享的,其他线程处于堵塞状态。

同步是基于"监控器"实现的,在一个对象中,可以定义多个同步方法或同步块,它们共同组成临界区,对于每个对象,系统都为其设定一个监控器(也称管程)。这个监控器类似一把锁,该锁只有一把钥匙,当有一个线程进入临界区时,系统将给临界区上锁,并将钥匙交给该线程,这样其他线程将不能进入临界区,直至进入临界区的线程退出或以其他方式放弃临界区后,其他线程才能有可能被调度进入临界区。注意,一个对象只有一个监控器。

将方法设置为同步的方式为:

```
synchronized  void method() {
    ...
}
```

在程序设计中,如果只想一段代码同步,而不是整个方法,可以使用同步块,设置方法如下。

```
void methd(){
    synchronized (object){
        ...
    }
}
```

其中,object 是被同步的对象的引用。这种设置同步的方法会使程序的执行速度略慢一些,而且程序的可读性也相对较差,但它为线程同步的处理提供了更大的灵活性。

8.4.2 案例 8-3 取款和存款

为了演示同步方法的使用,构建了一个信用卡账户(参见案例 3-3),起初信用额为 100,然后模拟一个账号的多个卡同时取款或存款。图 8-6 和图 8-7 分别为使用同步机制的界面和没有使用同步机制的界面。

图 8-6　使用同步机制的界面

图 8-7　没有使用同步机制的界面

【技术要点】

（1）银行账户对象是个竞争资源，每次操作都有一定的时间，如果一个账号的多个卡同时操作时，不采用同步机制就会出现，当一个卡正在取款，没取完时，另一个卡也要取，也就是说一笔钱可能被取两次。为此，必须在取款和存款的两个方法上加上同步控制。

（2）可以用线程来模拟操作过程，启动多个线程，表示一个账号的多个卡在同时操作。

【设计步骤】

（1）在 NetBeans 中建立一个 Java 应用程序项目，命名为 Exam8_4_2。

（2）在项目中建立一个包 exam8_4_2，将案例 3-3 的账户类 Account 复制到当前项目下，在方法 desposit() 和 withdraw() 前加上 synchronized。

```java
package exam8_4_2;
import java.util.Date;
public class Account {
    …
    //存款
    public synchronized void desposit(double amount) {
        …
    }
    //取款
    public synchronized void withdraw(double amount) {
        …
    }
}
```

(3) 在 exam8_4_2 包中建立一个新的类 Test，编写代码如下所示。

```java
package java8_4_2.exam;
public class Test {
    public static void main(String[] args) {
        Account account = new Account("张三", "1234", 100);
        MyThread t1 = new MyThread("张三", account, 20);
        MyThread t2 = new MyThread("大儿子", account, -60);
        MyThread t3 = new MyThread("二儿子", account, -80);
        MyThread t4 = new MyThread("小儿子", account, -30);
        MyThread t5 = new MyThread("四儿子", account, -10);
        t1.start();
        t2.start();
        t3.start();
        t4.start();
        t5.start();
    }
}
class MyThread extends Thread {
    private Account account;
    private int amount;
    MyThread(String name, Account account, int amount) {
        super(name);
        this.account = account;
        this.amount = amount;
    }
    @Override
    public void run() {
        try {
            Thread.sleep(10);
        } catch (InterruptedException ex) {
        }
        if (amount >= 0) {
            account.desposit(amount);
        } else {
            account.withdraw(-amount);
        }
    }
}
```

(4) 保存并运行程序。

8.4.3　Java 线程通信机制

Java 提供了一种进程间通信的机制，这种通信是通过 wait()、notify() 和 notifyAll() 方法实现的。这些方法是 Object 类中的 final 方法，所有对象都可以使用。但是，这些方法只能在 synchronized 方法中才能被调用。

(1) wait()：告知被调用的线程退出监视器并进入等待状态，直到其他线程进入相同的监视器并调用 notify() 或 notifyAll() 方法。

(2) notify()：通知同一对象上第一个调用 wait()的线程。

(3) notifyAll()：通知调用 wait()的所有线程，具有最高优先级的线程将先运行。

其中，wait()方法有以下三种不同的格式。

(1) void wait()；

(2) void wait(long timeout)；

(3) void wait(long timeout,int nanos)；

第一种格式是使线程一直等待，直到被 notify()或 notifyAll()方法唤醒。后面的两种格式是使线程等待到被唤醒或者经过了指定数量的时间后结束等待。

8.4.4 案例 8-4 哲学家用餐问题

哲学家用餐问题是典型的线程间通信的问题。5 位哲学家坐在餐桌前，他们在思考并在感到饥饿时就吃东西。每两位哲学家之间只有一根筷子，为了吃东西，一位哲学家必须要用两根筷子。如果每位哲学家拿起右筷子，然后等着拿左筷子，问题就产生了。在这种情况下，就会发生死锁。当哲学家放下筷子时，要通知其他等待拿筷子的哲学家。本案例演示了利用 wait-notify 机制实现哲学家用餐问题程序。运行界面如图 8-8 所示。

图 8-8 哲学家用餐问题程序运行界面

【技术要点】

(1) 为筷子单独创建一个类，它有一个标记变量 available 来指明是否可用。

(2) 取筷子调用 takeup()，任何时候只有一位哲学家能拿起一根特定的筷子，因此 takeup()方法需要同步控制。

(3) 哲学家进餐完毕后，放下他的筷子调用 putdown()方法。

(4) 当一位哲学家思考时，调用 think()方法放下两根筷子，使其他哲学家可以用餐。

【设计步骤】

(1) 在 NetBeans 中建立一个 Java 应用程序项目，命名为 Exam8_4_4。

(2) 在项目中建立一个包 exam8_4_4，在该包下建立 ChopStick 类，代码如下所示。

```
package exam8_4_4;
```

```java
public class ChopStick {                                    //筷子类
    boolean available;
    int n;
    public ChopStick(int n) {
        available = true;
        this.n = n;
    }
    public synchronized void takeup(String name) {          //拿起筷子
        while (!available) {
            System.out.println(name + "在等待拿起第" + n + "个筷子");
            try {
                wait();                                     //等待
            } catch (InterruptedException e) {
            }
        }
        available = false;
    }
    public synchronized void putdown() {                    //放下筷子
        available = true;
        notify();                                           //通知其他线程
    }
}
```

（3）在 exam8_4_4 包下建立 Philosopher 类，编写代码如下所示。

```java
package exam8_4_4;
public class Philosopher extends Thread {
    ChopStick left, right;
    String name;
    public Philosopher(String name, ChopStick left, ChopStick right) {
        this.name = name;
        this.left = left;
        this.right = right;
    }
    public void think() {                                   //思考问题
        left.putdown();                                     //放下左筷子
        right.putdown();                                    //放下右筷子
        System.out.println(name + "在思考....");
    }
    public void eat() {
        left.takeup(name);                                  //拿起左筷子
        right.takeup(name);                                 //拿起右筷子
        System.out.println(name + "在吃饭....");
    }
    @Override
    public void run() {
        while (true) {
            eat();
            try {
                Thread.sleep(1000);
            } catch (InterruptedException e) {
            }
            think();
```

```
            try {
                Thread.sleep(1000);
            } catch (InterruptedException e) {
            }
        }
    }
}
```

(4) 在 exam8_4_4 包下建立 Dining 类,编写代码如下所示。

```
package exam8_4_4;
public class Dining {
    static ChopStick cp[] = new ChopStick[5];
    static Philosopher ph[] = new Philosopher[5];
    public static void main(String args[]) {
        for (int n = 0; n < 5; n++) {
            cp[n] = new ChopStick(n);
        }
        for (int n = 0; n < 5; n++) {
            ph[n] = new Philosopher("哲学家" + n, cp[n], cp[(n + 1) % 5]);
        }
        for (int n = 0; n < 5; n++) {
            ph[n].start();
        }
    }
}
```

(5) 保存并运行程序。

8.4.5 "生产者-消费者"问题

有时,当某一个线程进入同步方法后,共享变量并不满足它所需要的状态,该线程需要等待其他线程将共享变量改为它所需要的状态后才能往下执行。由于此时其他线程无法进入临界区,所以就需要该线程放弃监视器,并返回到排队状态等待其他线程交回监视器。"生产者-消费者"问题就是一类典型的问题,设计程序时必须解决:生产者比消费者快时,消费者会漏掉一些数据没有取到的问题;消费者比生产者快时,消费者取相同的数据的问题。对这类问题,一般都设置一个中间类,该类负责对共享变量的读写。读写共享变量的方法需要使用同步控制。有了同步控制并不能完全解决问题,两个线程互相之间还必须能够通知对方"我已经做完了操作,你可以来了",同时还需要一个信号变量,来表明某线程进来时所需共享变量是否已经满足要求,若不满足需要继续等待。为此这类程序也要使用 wait()、notify() 和 notifyAll() 方法。

8.4.6 案例 8-5 吃苹果

本案例是一个模拟吃苹果的程序。爸爸、妈妈不断往盘子里放苹果。三个孩子,老大、老二和老三不断地从盘子里取苹果吃。5 个线程需要同步执行,并且要互相协调。爸爸和妈妈放苹果时,盘子里要有地方,而且两个人不能同时放。三个孩子取苹果时,盘子里要有苹果,而且也不能同时取。此外,三个孩子因吃苹果速度不同,取苹果的频率不一样;又因大小不同,有不同的优先级。程序运行界面如图 8-9 所示。

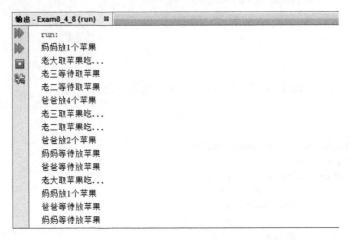

图 8-9　吃苹果程序运行界面

【技术要点】

本问题类似于"生产者-消费者"问题,因此定义一个生产者线程类和一个消费者线程类。盘子类是一个中间类,包含共享数据区和放苹果、取苹果的方法。为了避免冲突,放苹果和取苹果两个方法使用了同步控制机制,即在方法前加了 synchronized 关键字。此外,使用 wait-notify 实现线程之间的协调。

【设计步骤】

(1) 在 NetBeans 中建立一个 Java 应用程序项目,命名为 Exam8_4_6。

(2) 在项目中建立一个包 exam8_4_6,在该包下建立 Dish 类,代码如下所示。

```java
package exam8_4_6;
public class Dish {
    int f = 4;                                          //一个盘子最多可放 4 个苹果
    int num;                                            //可放苹果数
    int n = 0;
    public Dish(int num) {
        this.num = num;
    }
    synchronized void put() {                           // 取苹果方法,采用了同步控制
        while (f == 0) {                                //已经放满苹果,线程处于等待
            try {
                System.out.println(Thread.currentThread().getName() + "等待放苹果");
                wait();
            } catch (InterruptedException e) {
            }
        }
        int x = (int) (Math.random() * f) + 1;
        f = f - x;
        n = n + x;
        System.out.println(Thread.currentThread().getName() + "放" + x + "个苹果");
```

```
            notify();
        }
        synchronized void get() {
            while (f == 4) {                                        //没有苹果
                try {
                    System.out.println(Thread.currentThread().getName() + "等待取苹果");
                    wait();
                } catch (InterruptedException e) {
                }
            }
            f = f + 1;
            System.out.println(Thread.currentThread().getName() + "取苹果吃...");
            notify();
        }
}
```

(3) 在 exam8_4_6 包下建立 Productor 类，代码如下所示。

```
package exam8_4_6;
public class Productor extends Thread {                //放苹果线程，即生产者
    Dish d;                                            //放苹果的盘子
    public Productor(String name, Dish d) {
        super(name);                                   //调用父类构造函数，设置线程名称
        this.d = d;
    }
    @Override
    public void run() {
        while (true) {
            d.put();
            try {
                Thread.sleep(100);
            } catch (InterruptedException e) {
            }
        }
    }
}
```

(4) 在 exam8_4_6 包下建立 Consumer 类，代码如下所示。

```
package exam8_4_8;
public class Consumer extends Thread {
    Dish d;                                            //取苹果的盘子
    int tim;                                           //吃苹果所用时间
    public Consumer(String name, Dish d, int tim) {
        super(name);                                   //调用父类构造函数，设置线程名称
        this.d = d;
        this.tim = tim;
    }
    @Override
    public void run() {
```

```java
        while (true) {
            d.get();
            try {
                Thread.sleep(tim);
            } catch (InterruptedException e) {
            }
        }
    }
}
```

（5）在 exam8_4_6 包下建立 EatApple 类，代码如下所示。

```java
package exam8_4_6;
public class EatApple {
    public static void main(String[] args) {
        Thread th1, th2, th3, th4, th5;
        Dish d = new Dish(20);
        th1 = new Productor("妈妈", d);                    //建立妈妈线程
        th2 = new Productor("爸爸", d);                    //建立爸爸线程
        th3 = new Consumer("老大", d, 1000);               //建立老大线程
        th4 = new Consumer("老二", d, 1200);               //建立老二线程
        th5 = new Consumer("老三", d, 1500);               //建立老三线程
        th3.setPriority(Thread.NORM_PRIORITY - 2);          //设置优先级
        th4.setPriority(Thread.NORM_PRIORITY - 1);
        th5.setPriority(Thread.NORM_PRIORITY);
        th1.start();
        th2.start();
        th3.start();
        th4.start();
        th5.start();
    }
}
```

（6）保存并运行程序。

小结

　　一个进程就是一个执行中的程序。每一个进程都有自己独立的一块内存空间、一组系统资源。线程与进程相似，是一段完成某个特定功能的代码，是程序中的一个执行流；但与进程不同的是，同一个类的多个线程是共享一块内存空间和一组系统资源，线程之间切换比进程容易。

　　Java 中有两种创建线程的方式：实现 Runnable 接口和继承 Thread 类。

　　优先级是线程获得 CPU 调度的优先程度。Java 中线程的优先级是用数字 1～10 来表示的。

　　在包含多个线程的应用程序中，线程间有时会共享存储空间，必须保证一个共享资源一

次只被一个线程使用。实现此目的的过程称为同步。同步是 Java 程序设计的重要技术。在 Java 语言中,线程同步是通过 synchronized 关键字实现的。

Java 提供了一种进程间通信的机制,这种通信是通过 wait()、notify() 和 notifyAll() 方法实现的。这些方法是 Object 类中的 final 方法,所有对象都可以使用。但是,这些方法只能在 synchronized 方法中才能被调用。

习题

一、思考题

8-1 什么是进程?什么是线程?两者之间有何区别与联系?
8-2 线程有哪些状态?这些状态是怎样转换的?
8-3 Java 中建立线程的两种方法有什么不同?
8-4 如何设置线程的优先级?默认优先级是什么?
8-5 sleep() 和 wait() 有什么区别?
8-6 为什么多线程程序中要引入同步机制?在什么情况下可以调用 wait() 和 notify() 方法?

二、编程题

8-7 实现一个数据单元,包括学号和姓名两部分。编写两个线程,一个线程往数据单元中写,另一个线程往外读。要求每写一次就往外读一次。
8-8 模拟打电话的程序,一个电话接听者类,多个打电话者(用线程)。要求不能同时接两个人的电话。

实验

题目:多线程程序设计

一、实验目的

(1) 理解线程的概念;
(2) 掌握线程的建立方法;
(3) 掌握线程控制的基本方法;
(4) 理解线程同步和通信机制;
(5) 培养编写多线程程序的能力。

二、实验要求

写出一组模拟生产者/消费者的协作程序。要求:

（1）包括一个 Message 类，代表消息。

（2）包括一个 MsgQueue 类，为一个队列，提供 put(Message msg)方法和 get()方法。队列的长度为 10，当消息超过 10 个时，put()方法需要阻塞；当消息队列为空时，get()方法需要阻塞。

（3）包括一个 Producer 类，为生产者线程，在其 run()方法中每隔 1s 产生一个 Message 对象并放入 MsgQueue 队列。

（4）包括一个 Consumer 类，为消费者线程，在其 run()方法中不断从 MsgQueue 队列中获取 Message 对象，并显示在屏幕上。

（5）包括一个 TestMain 类，在其 main()方法中，启动两个 Producer 线程和两个消费者线程。

第 9 章　Java 网络编程

【内容简介】

Java 最初是作为一种网络编程语言出现的,它不仅具有适合网络编程的特点,也为网络编程提供了强大的支持。本章首先介绍网络基本概念、网络协议等基础知识,然后详细介绍如何获取网络信息与资源,基于 TCP 和 UDP 的网络通信原理。

本章将通过"读取和下载网上文件"、"TCP 客户端程序"、"TCP 服务器端程序"、"基于 UDP 的网络通信"4 个案例,帮助读者理解 Java 网络编程的基本原理和技术。

通过本章的学习,读者将初步具备利用 Java 语言编写基本网络应用程序的能力。

【教学目标】

- 掌握网络基本概念;
- 理解 TCP 和 UDP 的区别;
- 掌握获取网络资源的编程技术;
- 掌握基于 TCP 网络通程序的设计原理;
- 掌握基于 UDP 网络通程序的设计原理;
- 能编写简单的网络应用程序。

9.1　网络编程基础

网络编程的目的就是指直接或间接地通过网络协议与其他计算机进行通信。网络编程中有两个主要的问题,一个是如何准确地定位网络上的一台或多台主机,另一个就是找到主机后如何可靠高效地进行数据传输。在 TCP/IP 中 IP 层主要负责网络主机的定位、数据传输的路由,由 IP 地址可以唯一地确定 Internet 上的一台主机。而 TCP 层则提供面向应用的数据传输机制,这是网络编程的主要对象,一般不需要关心 IP 层是如何处理数据的。

9.1.1　网络基本概念

1. IP 地址

标识网络地址,由 4 个 8 位的二进制数组成,中间以小数点分隔。例如:

166.111.136.3, 166.111.52.80

2. 主机名

网络地址的助记名,按照域名进行分级管理。例如:

```
www.tsinghua.edu.cn
www.fanso.com
```

3. 端口号

网络通信时同一机器上的不同进程的标识。例如：

```
80,21,23,25,其中 1~1024 为系统保留的端口号
```

4. 协议名

协议名指明获取资源所使用的传输协议，例如：

```
http,ftp,gopher,file
```

5. 资源名

资源名是资源的完整地址，包括主机名、端口号、文件名或文件内部的一个引用。例如：

```
http://www.sun.com/协议名://主机名
http://home.netscape.com/home/welcome.html 协议名://机器名+文件名
```

在 Internet 上，IP 地址和主机名是一一对应的，通过域名解析可以由主机名得到机器的 IP，由于机器名更接近自然语言，容易记忆，所以使用比 IP 地址广泛，但是对机器而言只有 IP 地址才是有效的标识符。

通常一台主机上总是有很多个进程需要网络资源进行网络通信。网络通信的对象准确地讲不是主机，而应该是主机中运行的进程。这时候仅有主机名或 IP 地址来标识这么多个进程显然是不够的。端口号就是为了在一台主机上提供更多的网络资源而采取的一种手段，也是 TCP 层提供的一种机制。只有通过主机名或 IP 地址和端口号的组合才能唯一地确定网络通信中的对象——进程。

9.1.2 网络协议

网络协议是网络上计算机为交换数据所必须遵守的通信规范和消息格式的集合。目前传输层常用的网络协议有 TCP(Transfer Control Protocol,传输控制协议)和 UDP(User Datagram Protocol,用户数据报协议)。

1. TCP

TCP 是一种面向连接的保证可靠传输的协议。通过 TCP 传输，得到的是一个顺序的无差错的数据流。发送方和接收方的成对的两个 Socket(套接字)之间必须建立连接，以便在 TCP 的基础上进行通信，当一个 Socket(通常都是 ServerSocket)等待建立连接时，另一个 Socket 可以请求连接，一旦这两个 Socket 连接起来，它们就可以进行双向数据传输，双方都可以进行发送或接收操作。

2. UDP

UDP 是一种无连接的协议,每个数据报都是一个独立的信息,包括完整的源地址或目的地址,它在网络上以任何可能的路径传往目的地,因此能否到达目的地,到达目的地的时间以及内容的正确性都是不能被保证的。

3. 两种协议的比较

1) 从连接的时间来看

使用 UDP 时,每个数据报中都给出了完整的地址信息,因此无须建立发送方和接收方的连接。使用 TCP,由于它是一个面向连接的协议,在 Socket 之间进行数据传输之前必然要建立连接,所以在 TCP 中多了一个连接建立的时间。

2) 从传输的容量来看

使用 UDP 传输数据时是有大小限制的,每个被传输的数据报必须限定在 64KB 之内。而 TCP 没有这方面的限制,一旦连接建立起来,双方的 Socket 就可以按统一的格式传输大量的数据。

3) 从传输的可靠性来看

UDP 是一个不可靠的协议,发送方所发送的数据报并不一定以相同的次序到达接收方。而 TCP 是一个可靠的协议,它确保接收方完全正确地获取发送方所发送的全部数据。TCP 在网络通信上有极强的生命力,例如,远程连接(Telnet)和文件传输(FTP)都需要不定长度的数据被可靠地传输。相比之下 UDP 操作简单,而且仅需要较少的监护,因此通常用于局域网高可靠性的分散系统中的 Client/Server 应用程序。

4) 从传输的效率来看

TCP 可靠的传输要付出代价,对数据内容正确性的检验必然占用计算机的处理时间和网络的带宽。因此,TCP 传输的效率不如 UDP 高。有许多应用不需要保证严格的传输可靠性,但要求速度,比如视频会议系统,并不要求音频视频数据绝对正确,只要保证连贯性就可以了,这种情况下显然使用 UDP 会更合理一些。

9.2 获取网络信息与资源

获取网络环境的信息与资源对于网络环境的使用是十分必要的,本节将重点学习如何通过 InetAddress 及 URL 类获取网络环境基本信息及资源。

9.2.1 获取网络地址信息

在 Java 中,InetAddress 是 IP 地址的封装类。在 java.net 中有许多类都使用到了 InetAddress,包括 ServerSocket,Socket,DatagramSocket 等。

InetAddress 的实例对象包含以数字形式保存的 IP 地址,同时还可能包含主机名(如果使用主机名来获取 InetAddress 的实例,或者使用数字来构造,并且启用了反向主机名解析的功能)。InetAddress 类提供了将主机名解析为 IP 地址(或反之)的方法。

InetAddress 的构造方法不是公开的,所以需要通过它提供的静态方法来获取。

(1) InetAddress[] getAllByName(String host):在给定主机名的情况下,根据系统上配置的名称服务返回其 IP 地址所组成的数组。

(2) InetAddress getByAddress(byte[] addr):在给定原始 IP 地址的情况下,返回 InetAddress 对象。

(3) InetAddress getByAddress(String host,byte[] addr):根据提供的主机名和 IP 地址创建 InetAddress。

(4) InetAddress getByName(String host):在给定主机名的情况下确定主机的 IP 地址。

(5) InetAddress getLocalHost():返回本地主机地址。

其中,参数 host 可以是机器名(如 java.sun.com),也可以是其 IP 地址的文本表示形式;addr 是 IP 的字节数组。

注意:这些方法可能会抛出异常。如果找不到对应主机的 IP 地址,或者发生其他网络 I/O 错误,这些方法会抛出 UnknowHostException。因此需要处理异常。

下面的示例演示了如何获取 www.yahoo.com 的主机名和 IP 地址。

```java
package exam9_2_1;
import java.net.*;
public class DomainName {
    public static void main(String args[]) {
        try {
            InetAddress address = InetAddress.getByName("www.yahoo.com");
            String host_name = address.getHostName();        //获得主机名
            String IP_name = address.getHostAddress();       //获得 IP 地址
            System.out.println(host_name);
            System.out.println(IP_name);
        } catch (UnknownHostException ex) {
            ex.printStackTrace();
            System.out.println("无法找到 www.yahoo.com");
        }
    }
}
```

上面的示例运行结果为:

```
www.yahoo.com
116.214.12.74
```

9.2.2 获取网络资源属性

通过 URL(Uniform Resource Locator)可以获得网络属性信息。URL 表示 Internet 上某一资源的地址。

1. URL 的组成

URL 的组成如下：

protocol://resourceName

protocol 为协议名，指明获取资源所使用的传输协议，如 http、ftp、gopher、file 等；resourceName 为资源名，是资源的完整地址，包括主机名、端口号、文件名或文件内部的一个引用。例如：

http://www.sun.com/ 协议名://主机名
http://home.netscape.com/home/welcome.html 协议名://机器名 + 文件名
http://www.gamelan.com:80/Gamelan/network.html#BOTTOM 协议名://机器名 + 端口号 + 文件名 + 内部引用

2. 创建一个 URL

为了表示 URL，java.net 中实现了类 URL。可以通过下面的构造方法来初始化一个 URL 对象。

(1) URL(String spec)：通过一个表示 URL 地址的字符串构造一个 URL 对象。例如：

URL url = **new** URL("http://www.263.net/");

(2) URL(URL context, String spec)：通过基 URL 和相对地址的字符串构造一个 URL 对象。例如：

URL net263 = **new** URL ("http://www.263.net/");
URL index263 = **new** URL(net263, "index.html");

(3) URL(String protocol, String host, String file)：通过协议名、主机名和文件构造一个 URL 对象。例如：

URL url = **new** URL("http", "www.gamelan.com", "/pages/Gamelan.net.html");

(4) URL(String protocol, String host, int port, String file)：通过协议名、主机名、端口号和文件构造一个 URL 对象。例如：

URL gamelan = **new** URL("http", "www.gamelan.com", 80, "Pages/Gamelan.netwo

注意：类 URL 的构造方法都声明抛出非运行时异常（MalformedURLException），因此生成 URL 对象时，必须要对这一异常进行处理。

3. 解析一个 URL

一个 URL 对象生成后，其属性是不能被改变的，但是可以通过类 URL 所提供的方法来获取这些属性。

(1) public String getProtocol()：获取该 URL 的协议名。
(2) public String getHost()：获取该 URL 的主机名。

(3) public int getPort()：获取该 URL 的端口号，如果没有设置端口，返回-1。
(4) public String getFile()：获取该 URL 的文件名。
(5) public String getRef()：获取该 URL 在文件中的相对位置。
(6) public String getQuery()：获取该 URL 的查询信息。
(7) public String getPath()：获取该 URL 的路径。
(8) public String getAuthority()：获取该 URL 的权限信息。
(9) public String getUserInfo()：获得使用者的信息。

下面的示例获取 java.sun.com 网站一个地址的属性信息。

```java
package exam9_2_2;
import java.net.*;
public class ParseURL {
    public static void main(String[] args) throws Exception {
        URL Aurl = new URL("http://java.sun.com:80/docs/books/");
        URL tuto = new URL(Aurl, "tutorial.intro.html#DOWNLOADING");
        System.out.println("protocol = " + tuto.getProtocol());
        System.out.println("host  = " + tuto.getHost());
        System.out.println("filename = " + tuto.getFile());
        System.out.println("port = " + tuto.getPort());
        System.out.println("ref = " + tuto.getRef());
        System.out.println("query = " + tuto.getQuery());
        System.out.println("path = " + tuto.getPath());
        System.out.println("UserInfo = " + tuto.getUserInfo());
        System.out.println("Authority = " + tuto.getAuthority());
    }
}
```

上面的示例运行结果为：

```
protocol = http
host  = java.sun.com
filename = /docs/books/tutorial.intro.html
port = 80
ref = DOWNLOADING
query = null
path = /docs/books/tutorial.intro.html
UserInfo = null
Authority = java.sun.com:80
```

9.2.3 获取网络资源

得到一个 URL 对象后，就可以通过它读取指定的 WWW 资源。这时将使用 URL 的方法 openStream()，该方法与指定的 URL 建立连接并返回 InputStream 类的对象以从这一连接中读取数据。

通过 URL 的方法 openStream()，可以从网络上读取数据。如果同时还想输出数据，这时就要用到类 URLConnection 了。此外，URLConnection 类可提供的信息比 URL 类要多，它除了可以获取资源数据外，还可以提供资源长度、资源发送时间、资源最新更新时间、资源编码、资源的标题等许多信息。类 URLConnection 也在包 java.net 中定义，它表示 Java 程序和 URL 在网络上的通信连接。当与一个 URL 建立连接时，首先要在一个 URL 对象上通过方法 openConnection()生成对应的 URLConnection 对象。

例如，下面的程序段首先生成一个指向地址 http://edu.chinaren.com/index.shtml 的对象，然后用 openConnection()打开该 URL 对象上的一个连接。如果连接成功，返回一个 URLConnection 对象；否则，将产生 IOException。

```
try {
    URL url = new URL("http://edu.chinaren.com/index.shtml");
    URLConnection tc = url.openConnection();
}catch (MalformedURLException e) {
    e.printStackTrace();
}catch (IOException e) {
    e.printStackTrace();
}
```

类 URLConnection 提供了很多方法，程序中最常使用的方法如下。

(1) String getContentType()：返回 content-type 头字段的值。
(2) long getLastModified()：返回 last-modified 头字段的值。
(3) Object getContent()：获取此 URL 连接的内容。
(4) String getContentEncoding()：返回 content-encoding 头字段的值。
(5) int getContentLength()：返回 content-length 头字段的值。
(6) String getContentType()：返回 content-type 头字段的值。
(7) InputStream getInputStream()：返回从此打开的连接读取的输入流。
(8) OutputStream getOutputStream()：返回写入到此连接的输出流。

通过返回的输入/输出流可以与远程对象进行通信。例如：

```
try {
    URL url = new URL("http://www.javasoft.com/cgi-bin/backwards");
    URLConnection conn = url.openConnection();
    BufferedReader reader = new BufferedReader(new InputStreamReader(conn.getInputStream()));
                                     // 由 URLConnection 获取输入流，并构造 BufferedReader 对象
    PrintStream ps = new PrintStream(conn.getOutputStream());
                                     // 由 URLConnection 获取输出流，并构造 PrintStream 对象
    String line = reader.readLine(); // 从服务器读入一行
    System.out.println(line);
    ps.println("client");            // 向服务器写出字符串 "client"
}catch (MalformedURLException e) {
    e.printStackTrace();
}catch (IOException e) {
    e.printStackTrace();
}
```

基于 URL 的网络编程在底层其实还是基于后面要讲的 Socket。WWW、FTP 等标准化的网络服务都是基于 TCP 的，所以本质上讲 URL 编程也是基于 TCP 的一种应用。

9.2.4 案例 9-1 读取和下载网上文件

本案例是一个以数据流的方式读取或下载网页源码的程序。程序运行后从文本框中输入网页地址,单击【打开】按钮,在下面的文本区中显示文件内容,单击【下载】按钮,将文件下载到本地。运行界面如图 9-1 所示。

图 9-1 读取网页内容

【技术要点】

(1) 打开文件时先创建一个 URLConnection 对象,利用该对象获得 InputStream,将 InputStream 流再转化成为 BufferedReader 流,再通过 BufferedReader 流读取文本数据。

(2) 下载文件时先通过文件保存对话框选择一个保存位置和文件名,然后创建一个文件输出流,再从网络中获得输入流,以二进制方式读取数据,将不断读取数据写入输出流。

【设计步骤】

(1) 在 NetBeans 下创建一个 Java 应用程序项目,命名为 Exam9_2_4。

(2) 在项目中建立包 exam9_2_4,并在包中建立一个类 DownNetFile,编写代码如下所示。

```java
package exam9_2_4;
import java.awt.event.*;
import java.io.*;
import java.net.*;
import javax.swing.*;
class DownNetFile extends JFrame implements ActionListener {
    JTextField t1 = new JTextField(30);
    JTextArea t2 = new JTextArea();
    JButton b1 = new JButton("打开");
    JButton b2 = new JButton("下载");
    JPanel p = new JPanel();
```

```java
public DownNetFile() {
    p.add(t1);
    p.add(b1);
    p.add(b2);
    b1.addActionListener(this);
    b2.addActionListener(this);
    getContentPane().add(p, "North");
    getContentPane().add(new JScrollPane(t2), "Center");
    setDefaultCloseOperation(JFrame.EXIT_ON_CLOSE);
    setSize(500, 400);
    setTitle("读取网页内容");
    setVisible(true);
}
@Override
public void actionPerformed(ActionEvent e) {
    if (e.getSource() == b1) {
        t2.setText(getDocumentAt(t1.getText()));
    } else {
        JFileChooser chooser = new JFileChooser();
        int returnVal = chooser.showSaveDialog(null);
        if (returnVal == JFileChooser.APPROVE_OPTION) {
            File file = chooser.getSelectedFile();
            String filename = file.getAbsolutePath();
            downDocumentAt(t1.getText(), filename);
        }
    }
}
public String getDocumentAt(String urlString) {
    StringBuilder document = new StringBuilder();
    try {
        URL url = new URL(urlString);
        URLConnection conn = url.openConnection();
        BufferedReader reader = new BufferedReader(new InputStreamReader(conn.getInputStream(), "GBK"));
        String line;
        while ((line = reader.readLine()) != null) {
            document.append(line).append("\r\n");
        }
        reader.close();
    } catch (MalformedURLException e) {
        JOptionPane.showMessageDialog(null, "网络连接失败!");
    } catch (IOException e) {
        JOptionPane.showMessageDialog(null, "读取数据出现异常!");
    }
    return document.toString();
}
public void downDocumentAt(String urlString, String filename) {
    try {
        URL url = new URL(urlString);
        URLConnection conn = url.openConnection();
        File file = new File(filename);
```

```java
            FileOutputStream out = new FileOutputStream(file);
            InputStream in = conn.getInputStream();
            byte buf[] = new byte[1024];
            int n;
            while ((n = in.read(buf, 0, 1024)) > 0) {
                out.write(buf, 0, n);
            }
            in.close();
            out.close();
            JOptionPane.showMessageDialog(null, "下载完毕!");
        } catch (MalformedURLException e) {
            JOptionPane.showMessageDialog(null, "网络连接失败!");
        } catch (IOException e) {
            JOptionPane.showMessageDialog(null, "下载文件时出现异常!");
        }
    }
    public static void main(String args[]) {
        new DownNetFile();
    }
}
```

(3) 保存并运行程序。

9.3 基于 TCP 的网络通信

TCP 是网络上最常用的传输层通信协议。TCP 是以连接为基础的协议,即进行通信时,首先建立连接。Socket 是实现 TCP 通信的重要机制。

9.3.1 客户/服务器模式和套接字

1. 客户/服务器模式

目前较为流行的网络编程模型是客户/服务器(Client/Server,C/S)模式。即通信双方一方作为服务器等待客户提出请求并予以响应,客户则在需要服务时向服务器提出申请。服务器一般作为守护进程始终运行,监听网络端口,一旦有客户请求,就会启动一个服务线程来响应该客户,同时自己继续监听服务端口,使后来的客户也能及时得到服务。客户尝试与服务器建立连接,服务器可以接受也可以拒绝连接。一旦连接建立起来,客户和服务器就可通过套接字进行通信。

2. 套接字

网络上的两个程序通过一个双向的通信连接实现数据的交换,这个双向链路的一端称为一个套接字(Socket)。Socket 通常用来实现客户端和服务器的连接。一个 Socket 由一个 IP 地址和一个端口号唯一确定。Socket 通常用来实现 C/S 结构。

在 Java 应用程序中将 Socket 类和 ServerSocket 类分别用于客户端和服务器端,在任意两台机器之间建立连接。当客户端和服务器端连通后,它们之间就建立了一种双向通信模式。

在使用套接字通信过程中主动发起通信的一方被称为客户端,接受请求进行通信的一方称为服务器。如图 9-2 所示,通过套接字建立连接的过程大体如下。

(1) 服务器建立 ServerSocket 对象,负责接收客户端请求。
(2) 客户端创建一个 Socket 对象,发出通信请求,与服务器试图建立连接。
(3) 服务器接收到客户端请求,产生一个对应的 Socket,接受连接。
(4) 打开到 Socket 的输入、输出流。
(5) 根据协议通信,通过流读写数据。
(6) 通信结束,关闭流和套接字。

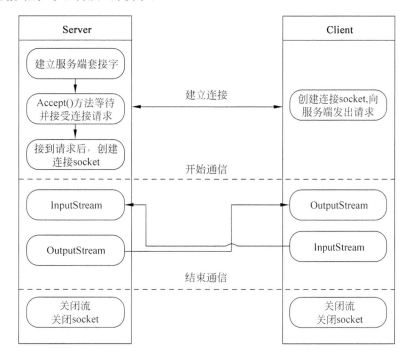

图 9-2 通过套接字建立连接的过程

9.3.2 客户端程序的原理

java.net 包中的 Socket 类用于建立客户端套接字。建立客户端程序基本的步骤如下。

1. 建立 Socket 对象

建立客户端 Socket 的常用方法有以下几种。
(1) Socket():创建一个新的未连接的 Socket。
(2) Socket(Proxy proxy):使用指定的代理类型创建一个新的未连接的 Socket。
(3) Socket(String dstName,int dstPort):使用指定的目标服务器的 IP 地址和目标服

务器的端口号，创建一个新的 Socket。

(4) Socket(String dstName,int dstPort,InetAddress localAddress,int localPort)：使用指定的目标主机、目标端口、本地地址和本地端口，创建一个新的 Socket。

(5) Socket(InetAddress dstAddress,int dstPort)：使用指定的本地地址和本地端口，创建一个新的 Socket。

(6) Socket（InetAddress dstAddress，int dstPort，InetAddress localAddress，int localPort)：使用指定的目标主机、目标端口、本地地址和本地端口，创建一个新的 Socket。

其中，proxy 为代理服务器地址，dstAddress 为目标服务器 IP 地址，dstPort 为目标服务器的端口号(因为服务器的每种服务都会绑定在一个端口上面)，dstName 为目标服务器的主机名。例如：

```
Socket client = new Socket("192.168.1.23", 2012);
                    //第一个参数是目标服务器的 IP 地址，2012 是目标服务器的端口号
```

注意：0～1023 端口为系统保留，用户设定的端口号应该大于 1023。

2. 获得输入输出流

Socket 提供了方法 getInputStream ()和 getOutputStream()，可用来得到对应的输入/输出流。为了便于读/写数据，可以在返回的输入/输出流对象上建立高级流。例如：

```
DataInputStream din = new DataInputStream(socket.getInputStream());
DataOutputStream dout = new DataOutputStream(socket.getOutputStream());
```

3. 进行读写操作

读写数据的方法，依赖所建立的流。例如，如果建立了 DataInputStream 和 DataOutputStream 流，可使用了 readUTF()和 writeUTF()两个方法读写 UTF8 编码的字符串数据。

4. 关闭套接字

每一个 Socket 存在时，都将占用一定的资源，在 Socket 对象使用完毕时要关闭。关闭 Socket 可以调用 Socket 的 close()方法。在关闭 Socket 之前，应将与 Socket 相关的所有的输入/输出流全部关闭，以释放所有的资源。例如：

```
din.close();              //关闭输出流
dout.close();             //关闭输入流
socket.close();           //关闭套接字
```

9.3.3 案例 9-2 TCP 客户端程序

本案例建立一个通过 Socket 与服务器进行通信的 Java 程序。运行界面如图 9-3 所示。单击【连接服务器】按钮与服务器建立连接；单击【断开连接】按钮可以与服务器断开连接；单击【发送】按钮，将文本框中输入的文字发送给服务器。

图 9-3 客户端运行界面

【技术要点】

(1) 利用 java.net 包中的 Socket 类建立一个与服务器连接的套接字。建立连接后,再通过 getInputStream() 方法获得一个输入流,在此基础上建立 DataInputStream;通过 getOutputStream() 方法获得一个输出流,在此基础上建立 DataOutputStream,然后利用这两个流与服务器进行通信。

(2) 等待客户消息的工作交由一个线程来做。

【设计步骤】

(1) 在 NetBeans 中新建一个 Java 应用程序项目,项目命名为 Exam9_3_3。

(2) 在项目中建立包 exam9_3_3,在该包下建立类 Client,代码如下所示。

```java
package exam9_3_3;
import java.awt.*;
import java.net.*;
import java.io.*;
import java.awt.event.*;
import javax.swing.*;
class Client extends JFrame implements ActionListener {
    Socket sock;                          //定义套接字对象
    JTextArea txtMsg = new JTextArea();
    JTextField txtSendMsg = new JTextField(20);
    JButton btnSend = new JButton("发送");
    JButton btnConnect = new JButton("连接服务器");
    JButton btnDisConnect = new JButton("断开连接");
    DataOutputStream out;                 //定义数据输出流
    DataInputStream in;                   //定义数据输入流
    boolean canWaiter = true;
    CWaiter waiter;
    public Client() {
        Container con = this.getContentPane();
        txtMsg.setEditable(false);
        btnConnect.setEnabled(true);
        btnDisConnect.setEnabled(false);
        btnSend.setEnabled(false);
        txtSendMsg.setEditable(false);
        JPanel p1 = new JPanel();
        JScrollPane p2 = new JScrollPane(txtMsg);
        JPanel p3 = new JPanel();
```

```java
        p1.add(btnConnect);
        p1.add(btnDisConnect);
        p3.add(txtSendMsg);
        p3.add(btnSend);
        con.add(p1, "North");
        con.add(p2, "Center");
        con.add(p3, "South");
        txtSendMsg.addActionListener(this);
        btnSend.addActionListener(this);
        btnConnect.addActionListener(this);
        btnDisConnect.addActionListener(this);
        addWindowListener(new WindowAdapter() {
            @Override
            public void windowClosing(WindowEvent e) {
                try {
                    disconnect();
                } catch (Exception ee) {
                }
                dispose();
                System.exit(0);
            }
        });
        setTitle("客户端");
        setSize(340, 200);
        setVisible(true);
    }
    private void connect() {                            //连接服务器
        try {
            sock = new Socket("127.0.0.1", 6000);       //建立与服务器连接的套接字
            OutputStream os = sock.getOutputStream();   //根据套接字获得输出流
            InputStream is = sock.getInputStream();     //根据套接字获得输入流
            out = new DataOutputStream(os);             //根据输出流建立数据输出流
            in = new DataInputStream(is);               //根据输入流建立数据输入流
            out.writeUTF("客户进来");
            txtMsg.append("连接成功\n");
            btnConnect.setEnabled(false);
            btnDisConnect.setEnabled(true);
            btnSend.setEnabled(true);
            txtSendMsg.setEditable(true);
            waiter = new CWaiter();                     //建立线程
            waiter.start();                             //启动线程
        } catch (Exception ee) {
            JOptionPane.showMessageDialog(null, "连接服务器失败!");
        }
    }
    private void sendMsg() {                            //发送消息
        if (!txtSendMsg.getText().equals("")) {
            try {
                out.writeUTF(txtSendMsg.getText());     //向服务器发送信息
                txtMsg.append("客户说:" + txtSendMsg.getText() + "\n");
            } catch (Exception ee) {
```

```java
                    JOptionPane.showMessageDialog(null, "发送消息失败!");
                }
            } else {
                JOptionPane.showMessageDialog(null, "不能发送空消息!");
            }
        }
        private void disconnect() {                                  //断开连接
            btnConnect.setEnabled(true);
            btnDisConnect.setEnabled(false);
            btnSend.setEnabled(false);
            txtSendMsg.setEditable(false);
            try {
                out.writeUTF("disconnect");
            } catch (Exception ex) {
            } finally {
                canWaiter = false;
                try {
                    in.close();                                      //关闭输入流
                    out.close();                                     //关闭输出流
                } catch (Exception ex) {
                } finally {
                    try {
                        sock.close();                                //关闭套接字
                    } catch (Exception ex) {
                    }
                }
            }
        }
        public void actionPerformed(ActionEvent e) {
            if (e.getSource() == btnSend || e.getSource() == txtSendMsg) {
                sendMsg();
                txtSendMsg.setText("");
                txtSendMsg.requestFocus();
            } else if (e.getSource() == btnConnect) {
                canWaiter = true;
                connect();
            } else if (e.getSource() == btnDisConnect) {
                disconnect();
            }
        }
        private class CWaiter extends Thread {                       //用于接收消息的线程
            @Override
            public void run() {
                String msg;
                while (canWaiter) {
                    try {
                        msg = in.readUTF();
                        if (msg.equals("serverStop")) {
                            txtMsg.append("服务器停止\n");
                            break;
                        }
```

```
                txtMsg.append("服务器说:" + msg + "\n");
            } catch (IOException ex) {
                break;
            }
        }
        txtMsg.append("客户离开\n");
        disconnect();
    }
    public static void main(String args[]) {
        new Client();
    }
}
```

9.3.4 服务器程序的原理

服务器端需要一个响应客户端请求通信的程序,该程序利用 ServerSocket 对象接收客户的请求,得到一个 Socket 对象后,再利用该 Socket 对象来与客户端通信。

1. 建立 ServerSocket

ServerSocket 类的构造方法如下。

(1) ServerSocket():使用默认的可用端口创建服务端套接字。

(2) ServerSocket(int port):使用指定的端口创建服务端套接字。

(3) ServerSocket(int port, int backlog):使用指定的端口和接收最大请求数来创建服务端套接字。

(4) ServerSocket(int port, int backlog, InetAddress bindAddr):使用指定的端口、最大请求数和 IP 地址来创建服务端套接字。

下面是一个典型的创建 Server 端 ServerSocket 的过程。

```
ServerSocket serverSock = null;
try {
    serverSock = new ServerSocket(6000);
} catch (IOException e) {
    e.printStackTrace();
}
```

2. 接受请求

有了 ServerSocket 对象后,调用 accept()方法,等待用户请求。执行这个方法,线程处于堵塞状态,一旦有客户请求,它就会返回一个 Socket 对象,程序继续执行。为了不影响主线程的运行,可以把等待请求的工作交给一个单独的线程来做。

```
ServerSocket serverSock = null;
Socket socket = null;
try {
```

```
    serverSock = new ServerSocket(6000);
    socket = serverSock.accept();                    //等待客户请求
}catch (IOException e) {
    e.printStackTrace();
}
```

3．打开输入/输出流、读写数据

通过accept()方法获得的Socket对象,与客户端相对应。再通过这个Socket对象获得的输入/输出流,利用输入/输出流读写数据,从而和客户端通信。为了读写方便,可以将基础流转换为更高级的流。

4．关闭套接字

关闭输入/输出流之后,再关闭Socket对象和ServerSocket对象。

9.3.5 案例9-3 TCP服务器端程序

本案例建立一个与客户端进行通信的服务器端程序,运行界面如图9-4所示。【启动服务器】和【停止服务器】两个按钮用于启动和停止服务器。在服务器没有停止的情况下,如果客户端断开连接,可以再次连接。在客户端连接的情况下,单击【发送】按钮,将文本框中输入的文字发送给客户端。

图9-4 服务器端运行界面

【技术要点】

（1）利用java.net包中的ServerSocket类建立一个服务器套接字对象,再使用该对象的accept()方法接收客户请求,并返回Socket;利用这个套接字得到输入/输出流,再将输入/输出流转换为数据流,然后利用数据流与客户端进行通信。

（2）由于等待客户请求时,服务器处于堵塞状态,不能再响应其他事件,为此,把等待客户请求的工作放在一个线程来做,这样既实现了连续等待请求,也为扩展成多客户做好了准备。此外,等待客户消息的工作交由一个线程来做。

【设计步骤】

（1）在NetBeans中新建一个Java应用程序项目,项目命名为Exam9_3_4。

（2）在项目中建立包exam9_3_4,在该包下建立类Server,代码如下所示。

```java
package exam9_3_4;
import java.awt.*;
import java.net.*;
import java.io.*;
import java.awt.event.*;
import javax.swing.*;
class Server extends JFrame implements ActionListener {
    ServerSocket serverSock;                              //定义服务器套接字
    Socket sock;                                          //定义套接字对象
    JTextArea txtMsg = new JTextArea();
    JTextField txtSendMsg = new JTextField(20);
    JButton btnSend = new JButton("发送");
    JButton btnStart = new JButton("启动服务器");
    JButton btnStop = new JButton("停止服务器");
    DataOutputStream out;                                 //定义数据输出流
    DataInputStream in;                                   //定义数据输入流
    boolean canWaiter = true;
    boolean canAccepter = true;
    Accepter accepter;
    SWaiter waiter;
    public Server() {
        Container con = this.getContentPane();
        txtMsg.setEditable(false);
        btnStart.setEnabled(true);
        btnStop.setEnabled(false);
        btnSend.setEnabled(false);
        txtSendMsg.setEditable(false);
        JPanel p1 = new JPanel();
        JScrollPane p2 = new JScrollPane(txtMsg);
        JPanel p3 = new JPanel();
        p1.add(btnStart);
        p1.add(btnStop);
        p3.add(txtSendMsg);
        p3.add(btnSend);
        con.add(p1, "North");
        con.add(p2, "Center");
        con.add(p3, "South");
        txtSendMsg.addActionListener(this);
        btnSend.addActionListener(this);
        btnStart.addActionListener(this);
        btnStop.addActionListener(this);
        addWindowListener(new WindowAdapter() {
            @Override
            public void windowClosing(WindowEvent e) {
                stopServer();
                dispose();
                System.exit(0);
            }
        });
        setTitle("服务器端");
        setSize(340, 200);
```

```java
            setVisible(true);
    }
    private void startServer() {                            //连接服务器
        try {
            serverSock = new ServerSocket(6000);
            btnStart.setEnabled(false);
            btnStop.setEnabled(true);
            accepter = new Accepter();                      //启动线程序去等待客户了连接
            accepter.start();
        } catch (IOException ee) {
            JOptionPane.showMessageDialog(null, "启动服务器失败!");
        }
    }
    private void sendMsg() {                                //发送消息
        if (!txtSendMsg.getText().equals("")) {
            try {
                out.writeUTF(txtSendMsg.getText());         //向服务器发送信息
                txtMsg.append("服务器说:" + txtSendMsg.getText() + "\n");
            } catch (Exception ee) {
                JOptionPane.showMessageDialog(null, "发送消息失败!");
            }
        } else {
            JOptionPane.showMessageDialog(null, "不能发送空消息!");
        }
    }
    private void stopServer() {                             //停止服务器
        btnStart.setEnabled(true);
        btnStop.setEnabled(false);
        canAccepter = false;                                //停止等待请求
        try {
            out.writeUTF("serverStop");                     //通知客户服务器停止
        } catch (Exception ex) {
        } finally {
            try {
                serverSock.close();
            } catch (Exception ex) {
            } finally {
                disconnect();
            }
        }
    }
    private void disconnect() {                             //断开连接
        btnSend.setEnabled(false);
        txtSendMsg.setEditable(false);
        try {
            out.writeUTF("serverStop");                     //通知客户服务器停止
        } catch (Exception ex) {
        } finally {
            canWaiter = false;                              //停止接收消息线程
            try {
                in.close();                                 //关闭输入流
```

```java
                out.close();                            //关闭输出流
            } catch (Exception ex) {
            } finally {
                try {
                    sock.close();                       //关闭套接字
                } catch (Exception ex) {
                }
            }
        }
    }
    private void acceptConnect() {                      //接收连接
        try {
            OutputStream os = sock.getOutputStream();   //根据套接字获得输出流
            InputStream is = sock.getInputStream();     //根据套接字获得输入流
            out = new DataOutputStream(os);             //根据输出流建立数据输出流
            in = new DataInputStream(is);               //根据输入流建立数据输入流
            String msg = in.readUTF();
            txtMsg.append(msg + "\n");
            btnSend.setEnabled(true);
            txtSendMsg.setEditable(true);
            canWaiter = true;
            waiter = new SWaiter();                     //建立线程
            waiter.start();                             //启动线程
        } catch (Exception e) {
        }
    }
    public void actionPerformed(ActionEvent e) {
        if (e.getSource() == btnSend || e.getSource() == txtSendMsg) {
            sendMsg();
            txtSendMsg.setText("");
            txtSendMsg.requestFocus();
        } else if (e.getSource() == btnStart) {
            canAccepter = true;
            canWaiter = true;
            startServer();
        } else if (e.getSource() == btnStop) {
            stopServer();
        }
    }
    private class Accepter extends Thread {             //用于接收请求的线程
        @Override
        public void run() {
            while (canAccepter) {
                try {
                    sock = serverSock.accept();
                    acceptConnect();
                } catch (Exception ex) {
                    break;
                }
            }
            try {
```

```java
                serverSock.close();                    //关闭服务器套接字
            } catch (Exception ex) {
            }
        }
    }
    private class SWaiter extends Thread {            //用于等待消息的线程
        @Override
        public void run() {
            String msg = null;
            while (canWaiter) {
                try {
                    msg = in.readUTF();
                    if (msg.equals("disconnect")) {
                        txtMsg.append("客户离开\n");
                        break;
                    }
                    txtMsg.append("客户说:" + msg + "\n");
                } catch (Exception e) {
                    break;
                }
            }
            txtMsg.append("断开连接\n");
            disconnect();
        }
    }
    public static void main(String args[]) {
        new Server();
    }
}
```

（3）运行该程序，同时运行案例 9-2 设计的客户端程序，进行测试。

9.4 基于 UDP 的网络通信

基于 UDP 的网络通信采用数据报（Datagram）方式通信。数据报是一种在网络上传播的、独立的、自包含地址信息的格式化信息。数据报通信不需要建立连接，通信时所传输的数据报能否到达目的地、到达的时间、到达的次序都不能准确知道。虽然传输信息的可靠性无法保证，但开销小，传输速度快。

9.4.1 基于 UDP 网络通信的原理

基于 UDP 的通信，某个主机只要知道目标主机的地址和端口，就可以以数据报的方式向目标主机发送数据。每个数据报都是一个独立的信息，不仅包含数据，还包含完整的源地址和目的地址，双方是对等的。采用这种方式通信也可以分为服务器和客户端。客户端是主动发送数据的一方，它需要先知道服务器的 IP 和端口；服务器不用知道客户端的 IP 和端口,当服务器第一次接到客户端发送的数据报,就可以从数据报中得到客户端 IP 和端口,从而服务器就可以向客户端发送数据。

在 java.net 包中提供了两个类 DatagramSocket 和 DatagramPacket 用来支持数据报通信。DatagramSocket 用于在程序之间建立传送数据报的通信连接,DatagramPacket 则用来表示一个数据报。

1. 数据报套接字

用数据报方式编写 C/S 模式程序时,无论在客户方还是服务方,首先都要建立一个数据报套接字对象,用来接收或发送数据。DatagramSocket 的常用的构造方法如下。

(1) DatagramSocket():创建数据报套接字并将其绑定到本地主机上任何可用的端口。

(2) DatagramSocket(int port):创建数据报套接字并将其绑定到本地主机的指定端口。

(3) DatagramSocket(int port, InetAddress laddr):创建数据报套接字,将其绑定到指定的本地地址。

2. 数据报包

数据报包是数据的载体。DatagramPacket 的常用构造方法如下。
(1) DatagramPacket(byte buf[],int length)
(2) DatagramPacket(byte[] buf,int offset,int length)
(3) DatagramPacket(byte buf[],int length,InetAddress address,int port)
(4) DatagramPacket(byte[] buf,int offset,int length,InetAddress address,int port)

其中,buf 为存放数据的缓冲区,length 为数据的长度,address 和 port 指明目的地址和端口,offset 指明数据在 buf 中的偏移位置。前两个用来接收数据,后两个用来发送数据。

3. 接收数据

在接收数据前,要利用上面的前两个构造方法创建 DatagramPacket 对象,给出接收数据的缓冲区及其长度。然后调用 DatagramSocket 的方法 receive()等待数据报的到来。receive()后,处于堵塞状态,将一直等待,直到收到一个数据报为止。例如:

```
DatagramPacket packet = new DatagramPacket(buf, 256);
Socket.receive(packet);
```

接收到数据包后,可以使用 DatagramPacket 的 getData()方法取出数据。还可获得发送方的地址和端口,例如:

```
InetAddress address = packet.getAddress();        //取地址
int port = packet.getPort();                       //取端口
```

4. 发送数据

发送数据前,也要先生成一个新的 DatagramPacket 对象,这时要使用后两个构造方法。

在给出存放发送数据的缓冲区的同时,还要给出完整的目的地址,包括 IP 地址和端口号。发送数据是通过 DatagramSocket 的方法 send()实现的,send()根据数据报的目的地址来寻径,以传递数据报。例如:

```
DatagramPacket packet = new DatagramPacket(buf, length, address, port);
Socket.send(packet);
```

9.4.2 案例 9-4 基于 UDP 的网络通信

本案例创建应用数据报(UDP)通信的程序,该程序不分服务器和客户机,在两个主机上运行的程序基本相同,如果在一台机器测试,只需使用不同的端口。运行界面如图 9-5 和图 9-6 所示。

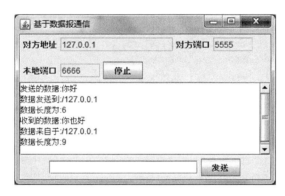

图 9-5 基于数据报的主机 1

图 9-6 基于数据报的主机 2

【技术要点】

(1) 利用 java.net 中的类 DatagramSocket 创建用于收发数据报的套接字对象。

(2) 发送数据时,要建立 DatagramPacket 建立对象,建立时要指定要发送数据的数据、数据长度、接收主机的地址及端口号,再利用 DatagramSocket 实例的 send()方法来完成发送数据报。

(3) 接收数据时,要先建立 DatagramPacket 建立对象,建立时要指定接收数据的缓冲区及大小,再利用 DatagramSocket 类中的 receive()接收数据。

【设计步骤】

(1) 在 NetBeans 中新建一个 Java 应用程序项目,项目命名为 Exam9_4_2。

(2) 在项目中建立包 exam9_4_2,在该包下建立类 HostComputer,代码如下所示。

```java
package exam9_4_2;
import java.awt.*;
import java.awt.event.*;
import java.io.IOException;
import java.net.*;
import javax.swing.*;
public class HostComputer extends JFrame implements ActionListener {
    JTextArea txtMsg = new JTextArea();
    JTextField txtSendMsg = new JTextField(20);
    JTextField txtToAddr = new JTextField(15);
    JTextField txtToPort = new JTextField(5);
    JTextField txtLocalPort = new JTextField(5);
    JButton btnSend = new JButton("发送");
    JButton btnStart = new JButton("开始");
    byte[] buf = new byte[1024];                    //创建缓冲区
    InetAddress toAddress;                          //用于存放服务器地址
    int toPort;                                     //用于存放服务器端口
    int localPort;
    DatagramSocket socket;                          //用于存放套接字
    boolean canWaiter;                              //控制线程的逻辑变量
    public HostComputer() {
        txtSendMsg.setEditable(false);
        txtMsg.setEditable(false);
        txtMsg.setEditable(false);
        btnSend.setEnabled(false);
        Container con = this.getContentPane();
        JPanel p1 = new JPanel(new GridLayout(2, 1));
        JPanel p11 = new JPanel(new FlowLayout(FlowLayout.LEFT));
        JPanel p12 = new JPanel(new FlowLayout(FlowLayout.LEFT));
        JScrollPane p2 = new JScrollPane(txtMsg);
        JPanel p3 = new JPanel();
        p11.add(new JLabel("对方地址"));
        p11.add(txtToAddr);
        p11.add(new JLabel("对方端口"));
        p11.add(txtToPort);
        p12.add(new JLabel("本地端口"));
        p12.add(txtLocalPort);
        p12.add(btnStart);
        p1.add(p11);
        p1.add(p12);
        p3.add(txtSendMsg);
        p3.add(btnSend);
        txtSendMsg.addActionListener(this);
        btnSend.addActionListener(this);
        btnStart.addActionListener(this);
```

```java
            con.add(p1, "North");
            con.add(p2, "Center");
            con.add(p3, "South");
            addWindowListener(new WindowAdapter() {
                @Override
                public void windowClosing(WindowEvent e) {
                    try {
                        stop();
                    } catch (Exception ee) {
                    }
                    dispose();
                    System.exit(0);
                }
            });
            setTitle("基于数据报通信");
            setSize(500, 300);
            setVisible(true);
        }
        private void start() {
            try {
                toAddress = InetAddress.getByName(txtToAddr.getText());
                toPort = Integer.parseInt(txtToPort.getText());
                localPort = Integer.parseInt(txtLocalPort.getText());
                socket = new DatagramSocket(localPort);
                canWaiter = true;
                (new Waiter()).start();
                txtToAddr.setEditable(false);
                txtToPort.setEditable(false);
                txtLocalPort.setEditable(false);
                txtSendMsg.setEditable(true);
                btnSend.setEnabled(true);
                btnStart.setText("停止");
            } catch (Exception ex) {
                JOptionPane.showMessageDialog(null, "启动失败!");
            }
        }
        private void stop() {
            try {
                txtToAddr.setEditable(true);
                txtToPort.setEditable(true);
                txtLocalPort.setEditable(true);
                txtSendMsg.setEditable(false);
                btnSend.setEnabled(false);
                canWaiter = false;
                toAddress = null;
                socket.close();
                btnStart.setText("开始");
            } catch (Exception ex) {
            }
        }
        private void send() {    //发送数据
```

```java
            try {
                if (!txtSendMsg.getText().equals("")) {
                    byte[] b = txtSendMsg.getText().getBytes();
                    DatagramPacket packet = new DatagramPacket(b, b.length,
                toAddress, toPort);                          //创建 DatagramPacket
                    socket.send(packet);                     //发送数据
                    txtMsg.append("发送的数据:" + txtSendMsg.getText() + "\n");
                    txtMsg.append("数据发送到:" + toAddress + "\n");
                    txtMsg.append("数据长度为:" + packet.getLength() + "\n");
                    txtSendMsg.setText("");
                    txtSendMsg.requestFocus();
                } else {
                    JOptionPane.showMessageDialog(null, "不能发送空消息");
                }
            } catch (Exception ee) {
                ee.printStackTrace();
            }
        }
        public void actionPerformed(ActionEvent e) {
            if (e.getSource() == txtSendMsg || e.getSource() == btnSend) {
                send();
            } else if (e.getActionCommand().equals("开始")) {
                start();
                txtSendMsg.requestFocus();
            } else if (e.getActionCommand().equals("停止")) {
                stop();
            }
        }
        class Waiter extends Thread {
            @Override
            public void run() {
                while (canWaiter) {
                    try {
                        DatagramPacket parket = new DatagramPacket(buf, buf.length);
                        socket.receive(parket);                //接收数据
                        String received = new String(parket.getData(), 0,
                    parket.getLength());                       //取出数据
                        txtMsg.append("收到的数据:" + received + "\n");
                        txtMsg.append("数据来自于:" + parket.getAddress() + "\n");
                        txtMsg.append("数据长度为:" + parket.getLength() + "\n");
                    } catch (IOException ex) {
                    }
                }
            }
        }
        public static void main(String[] args) {
            new HostComputer();
        }
    }
```

(3) 保存运行程序。运行两次,出现两个窗口,进行通信。

小结

Java 为网络编程提供了强大的支持。java.net 包中包含用于网络编程的许多类。

InetAddress 是 IP 地址的封装类。在 java.net 中有许多类都使用到了 InetAddress。

URL 表示 Internet 上某一资源的地址，在 Java 中用 java.net.URL 类来表示，可用于获取一网络资源属性或访问网络资源。

URLConnection 代表应用程序和 URL 之间的通信链接，它不仅可以读取数据，还可以输出数据。它提供的信息比 URL 类要多，除了可以获取资源数据外，还可以提供资源长度、资源发送时间、资源最新更新时间、资源编码、资源的标题等许多信息。

Socket 是实现 TCP 通信的重要机制。一个 Socket 由一个 IP 地址和一个端口号唯一确定。在 Java 应用程序中将 Socket 类和 ServerSocket 类分别用于客户端和服务器端，在任意两台机器之间建立连接。当客户端和服务器端连通后，它们之间就建立了一种双向通信模式。

数据报（Datagram）是一种在网络上传播的、独立的、自包含地址信息的格式化信息。数据报通信使用 UDP。在 java.net 包中提供了两个类 DatagramSocket 和 DatagramPacket 用来支持数据报通信。DatagramSocket 用于在程序之间建立传送数据报的通信连接，DatagramPacket 则用来表示一个数据报。

习题

一、思考题

9-1　什么是网络协议？TCP 和 UDP 有什么异同？

9-2　什么是 URL？一个 URL 由哪些部分组成？

9-3　简述使用 URL 类访问网络资源的基本步骤。

9-4　URLConnection 与 URL 有什么不同？

9-5　什么是套接字？Socket 类有哪些主要的方法？

9-6　简述基于 TCP 通信的基本步骤。客户端程序与服务器程序的主要区别是什么？

9-7　简述基于 UDP 通信的基本步骤。

二、程序题

9-8　设计一个程序，利用 URL 类获取网上图像资源，能将图像保存在本地磁盘。

9-9　编写一个关于时间的服务器和客户端程序，当该服务器接收到客户端请求时，将当前的系统时间发送给客户端，客户端接到信息后，把时间显示出来。

9-10　编写一个简单的 C/S 应用程序，其中，客户端为 GUI 程序，用于提供界面输入两个浮点数，并使用 4 个按钮分别表示加、减、乘以及发送，另外还有一个文本框用于输出传来的结果；服务器端用于监听数据，计算，送回计算结果。

实验

题目：一对多网络聊天程序

一、实验目的

(1) 进一步掌握图形界面的编程方法。
(2) 理解 TCP/IP。
(3) 掌握网络程序设计的基本方法。
(4) 理解线程及其使用方法。
(5) 培养设计网络程序的能力。

二、实验要求

设计一个一对多的网络聊天程序，要求：
(1) 基于 TCP/IP 设计聊天程序。
(2) 采用图形界面设计。
(3) 能够进行一对多聊天。

参 考 文 献

[1] [美]Y Daniel Liang.Java 语言程序设计.王镁,等译.北京:机械工业出版社,2005.
[2] [美]Kathy Walrath,等.JFC Swing 标准教材.北京:电子工业出版社,2005.
[3] 郑莉,王言行,马素霞.Java 语言程序设计.北京:清华大学出版社,2006.
[4] 殷兆麟.Java 语言程序设计.北京:高等教育出版社,2002.
[5] 刘晓华.Java 核心技术.北京:电子工业出版社,2003.
[6] 张跃平,王克宏.Java 2 使用教程.北京:清华大学出版社,2001.
[7] 宛延闿,鲁玛勒,等.使用 Java 程序设计教程.北京:机械工业出版社,2004.
[8] 杜江,管佩森.Java 实用教程 100 例.北京:中国铁道出版社,2004.
[9] 孙一林,彭波.Java 网络编程实例.北京:清华大学出版社,2003.
[10] 朱喜福,林建民,唐永新.Java 程序设计.北京:人民邮电出版社,2001.
[11] 孙卫琴,李洪成.Tomcat 与 Java Web 开发技术详解.北京:电子工业出版社,2005.
[12] 孙卫琴.精通 Struts:基于 MVC 的 Java Web 设计与开发.北京:电子工业出版社,2005.
[13] 张晨,付冰,赵军,等.Java 2 应用编程 150 例.北京:电子工业出版社,2003.
[14] 朱喜福.Java 语言程序设计.北京:清华大学出版社,2005.
[15] 方逵.JSP 编程技术与应用.北京:高等教育出版社,2003.
[16] 吴其庆.Java 程序设计 35 讲.北京:冶金工业出版社,2003.
[17] 潘传邦,杨瑞峰,王建军.Java 实效编程百例.北京:人民邮电出版社,2003.
[18] 黄嘉辉.Java 网络程序设计.北京:清华大学出版社,2002.
[19] 印旻.Java 语言与面向对象程序设计.北京:清华大学出版社,2000.
[20] 葛朝军,刘伟.Java 2 实用培训教程.北京:清华大学出版社,2005.
[21] 吴晓东.Java 程序设计基础.北京:清华大学出版社,2002.
[22] 雷富强,王志勇.JSP 网络编程实例.北京:中国水利水电出版社,2002.
[23] 邱桃荣,等.Java 语言程序设计教程.北京:机械工业出版社,2004.
[24] 杨树林,胡洁萍.Java 语言最新实用案例教程(第 2 版).北京:清华大学出版社,2010.
[25] 杨树林,胡洁萍.C#程序设计与案例教程(第 2 版).北京:清华大学出版社,2014.